网络与信息安全前沿技术丛书

谢小权　王　斌　段翼真　王红艳
王晓程　陈志浩　赵晓燕　编著

大型信息系统信息安全

Information Security Engineering and Practice in Large-scale Information Systems

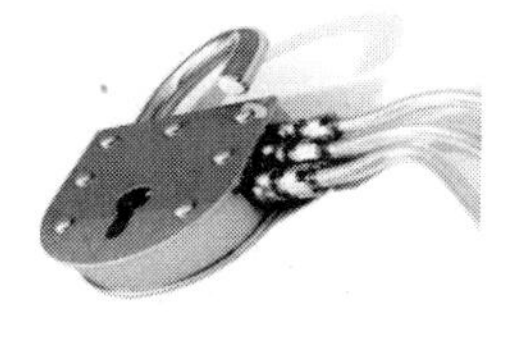

目前，国家大力推进网络强国战略，加快构建高速、移动、安全、泛在的新一代信息基础设施，网络安全和信息化作为网络强国战略这辆“列车”的“驱动之双轮”，需协调一致、同步前进。大型信息系统具有系统规模大、结构复杂、跨地域、数据量大、用户多、专业交叉等特点，其安全防护技术较一般系统的防护技术有许多不同的功能需求和特性要求。本书作为国内第一本系统介绍大型信息系统信息安全工程的书籍，立足作者单位多年的大型工程实践经验和案例，总结提炼大型信息系统信息安全工程模式、实践方法和关键技术。相信本书能够为大型信息系统信息安全工程实践的规划、实施、管理等提供有效的指导，适合广大信息安全从业技术和管理人员。

国防工业出版社
National Defense Industry Press
·北京·

图书在版编目(CIP)数据

大型信息系统信息安全工程与实践/谢小权等编著.
—北京:国防工业出版社,2015.12
(网络与信息安全前沿技术丛书)
ISBN 978-7-118-10581-0

Ⅰ.①大... Ⅱ.①谢... Ⅲ.①信息系统-安全技术
Ⅳ.①TP309

中国版本图书馆 CIP 数据核字(2015)第 302189 号

※

国防工业出版社出版发行
(北京市海淀区紫竹院南路 23 号 邮政编码 100048)
北京嘉恒彩色印刷有限责任公司
新华书店经售

*

开本 710×1000 1/16 **印张** 15½ **字数** 281 千字
2015 年 12 月第 1 版第 1 次印刷 **印数** 1—3000 册 **定价** 86.00 元

国防书店:(010)88540777 发行邮购:(010)88540776
发行传真:(010)88540755 发行业务:(010)88540717

致　读　者

本书由国防科技图书出版基金资助出版。

国防科技图书出版工作是国防科技事业的一个重要方面。优秀的国防科技图书既是国防科技成果的一部分,又是国防科技水平的重要标志。为了促进国防科技和武器装备建设事业的发展,加强社会主义物质文明和精神文明建设,培养优秀科技人才,确保国防科技优秀图书的出版,原国防科工委于1988年年初决定每年拨出专款,设立国防科技图书出版基金,成立评审委员会,扶持、审定出版国防科技优秀图书。

国防科技图书出版基金资助的对象是:

1. 在国防科学技术领域中,学术水平高,内容有创见,在学科上居领先地位的基础科学理论图书;在工程技术理论方面有突破的应用科学专著。

2. 学术思想新颖,内容具体、实用,对国防科技和武器装备发展具有较大推动作用的专著;密切结合国防现代化和武器装备现代化需要的高新技术内容的专著。

3. 有重要发展前景和有重大开拓使用价值,密切结合国防现代化和武器装备现代化需要的新工艺、新材料内容的专著。

4. 填补目前我国科技领域空白并具有军事应用前景的薄弱学科和边缘学科的科技图书。

国防科技图书出版基金评审委员会在总装备部的领导下开展工作,负责掌握出版基金的使用方向,评审受理的图书选题,决定资助的图书选题和资助金额,以及决定中断或取消资助等。经评审给予资助的图书,由总装备部国防工业出版社列选出版。

国防科技事业已经取得了举世瞩目的成就。国防科技图书承担着记载和弘扬这些成就,积累和传播科技知识的使命。在改革开放的新形势下,原国防科工委率先设立出版基金,扶持出版科技图书,这是一项具有深远意义的创举。此举势必促使国防科技图书的出版随着国防科技事业的发展更加兴旺。

设立出版基金是一件新生事物,是对出版工作的一项改革。因而,评审工作需要不断地摸索、认真地总结和及时地改进,这样,才能使有限的基金发挥出巨大的效能。评审工作更需要国防科技和武器装备建设战线广大科技工作者、专家、教授,以及社会各界朋友的热情支持。

让我们携起手来,为祖国昌盛、科技腾飞、出版繁荣而共同奋斗!

国防科技图书出版基金
评审委员会

丛书序

网络的触角正伸向全球各个角落，高速发展的信息技术已渗透到各行各业，不仅推动了产业革命、军事革命，还深刻改变着人们的工作、学习和生活方式。然而，在人们享受信息技术带来巨大利益的同时，一次又一次网络信息安全领域发生的重大事件告诫人们，网络与信息安全已直接关系到国家安全和社会稳定，成为我们面临的新的综合性挑战，没有过硬的技术，没有一支高水平的人才队伍，就不可能在未来国际博弈中赢得主动权。

网络与信息安全是一门跨多个领域的综合性学科，涉及计算机科学、网络技术、通信技术、密码技术、信息安全技术、应用数学、数论、信息论等。“道高一尺、魔高一丈”，网络与信息安全技术在博弈中快速发展，出版一套覆盖面较全、反映网络与信息安全方面新知识、新技术、新发展的丛书有着十分迫切的现实需求。

适逢此时，欣闻由我国网络与信息安全领域著名专家何德全院士任编委会主任，以国家保密通信重点实验室为核心，集聚国内信息安全界知名专家学者，潜心数年编写的“网络与信息安全前沿技术丛书”即将分期出版。丛书有如下特点：一是全面系统。丛书涵盖了密码理论与技术、网络与信息安全基础技术、信息安全防御体系，以及近年来快速发展的大数据、云计算、移动互联网、物联网等方面的安全问题。二是适应面宽。丛书既很好地阐述了相关概念、技术原理等基础性知识，又较全面介绍了相关领域前沿技术的最新发展，特别是凝聚了作者们多年来在该领域从事科技攻关的实践经验，可适应不同层次读者的需求。三是权威性好。编委会由我国网络和信息安全领域权威专家学者组成，各分册作者又均为我国相关领域的知名学者、学术带头人，理论水平高，并有长期科研攻关的丰富积累。

我认为该丛书是一套难得的系统研究网络信息安全技术及应用的综合性书籍，相信丛书的出版既能为公众了解信息安全知识、提升安全防护意识提供很好的选择，又能为从事网络信息安全人才培养的教师和从事相关领域技术攻关的科技工作者提供重要的参考。

作为特别关注网络信息安全技术发展的一名科技人员，我特别感谢何德全院士等专家学者为撰写本书付出的艰辛劳动和做出的重要贡献，愿意向读者推荐该套丛书，并作序。

前言

随着现代科学技术的发展,以及信息技术广泛深入的应用,国家政府部门、军队、企业、通信、金融、交通等领域中用来感知、接收、存储和传输信息的系统已经发展到了前所未有的规模。这些不断涌现的大规模系统涉及国家安全、国民经济等领域的信息处理,已经成为保障国防、经济安全的重要部分。但是随着网络攻防技术的发展,上述大型信息系统面临着严峻安全形势与挑战,如何保障其安全、可靠运行成为人们关注的焦点之一。

大型信息系统具有系统规模大、结构复杂、跨地域、数据量大、用户多、专业交叉等特点,其安全防护技术较普通系统有许多不同的功能需求和特性要求。其信息安全问题不仅涉及安全技术、安全产品,还涵盖了法规、标准、管理等多方面,需采用系统化的方法解决,应把大型信息系统的信息安全作为一项系统工程看待。因此,迫切需要建立起密切结合大型信息系统特点的信息安全工程方法和实践技术,使之应用于大型信息系统。信息安全工程需要结合信息系统的特点对各个环节进行综合考虑、规划和架构,构建完善的技术体系、组织体系和规范体系。信息安全工程是一门涉及计算机科学、网络技术、通信技术等多种学科的综合性科学,涉及领域众多、实现过程复杂。

本书基于多年的信息安全工程建设经验,深入分析总结了大型信息系统的特点、安全脆弱性,以及面临的安全挑战,归纳了大型信息系统信息安全工程的需求分析技术方法,梳理了信息安全的设计规范。同时,结合大型信息系统信息安全工程建设的特殊需求,提出了在信息安全实践中的关键技术,提供了相应的解决方案和案例。最后,在大型信息系统信息安全工程实践经验的基础上,建设性地提出了信息安全工程实践的重要流程和具体的实践方法。

本书由谢小权研究员主持编写,谢小权、王斌、段翼真、王红艳、王晓程、陈志浩、赵晓燕对全书进行了审校。第1、2章由谢小权、海然编著,第3章由曾颖明、段翼真、王斌编著,第4章由张继业编著,第5章由牛中盈编著，第 6 章由石波、郭旭东编著，第 7 章由张艳丽、毛俐旻编著，第 8 章由于石林编著，第 9 章由段翼真、王晓程、王斌编著，第 10 章由王红艳、陈志浩、赵晓燕编著。

在本书的编著过程中，我们参考了大量的技术文献、著作和教材等，受益匪浅，为本书的编写奠定了宝贵的基础，同时，也得到了国家国防科工局科技与质量司王青、中国航天系统科学与工程研究院院长王崑声、北京理工大学教授胡昌振、中国电子科技集团公司电子科学研究院首席专家王积鹏等专家的热情指导和帮助。在此，我们向这些文献、著作和教材的作者致以崇高的敬意和诚挚的谢意。

感谢北京计算机技术及应用研究所的领导和全体员工，没有他们的鼓励和支持，就不可能有此书的诞生。

在本书的出版过程中，得到国防科技出版基金评审委员会全体专家提出的宝贵意见与支持，国防工业出版社王晓光编审给予了热情的帮助与指导，特此致谢。

由于时间仓促和技术水平的限制，书中难免有错误与不足之处，敬请读者批评指正。

编者

2015 年 10 月

目　录

Contents

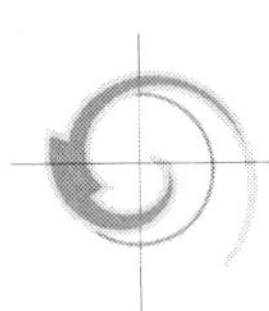

第1章 大型信息系统信息安全概论

随着现代社会信息化、网络化的发展，在通信、金融、能源、交通等各个领域出现了规模庞大的信息系统。这些大型信息系统在国家关键基础设施、经济命脉等行业的普遍应用，使得其安全问题深刻和广泛地影响着社会稳定、经济发展和国家安全。随着信息安全事件层出不穷，新型攻击手段不断演化，新兴安全威胁不断涌现，全球已对大型信息系统的安全问题给予更多的关注。

本章首先介绍了大系统的概念、特点和应用，其次给出了大型信息系统的定义和特点，然后分析了当前国内外的信息安全形势，以及信息安全热点事件，最后总结了大型信息系统面临的信息安全挑战。

1.1 大系统概述

本节概述了大系统的概念、分类、特点以及研究现状。

1.1.1 大系统的概念

由于现代社会信息化、系统化、网络化的发展和需求，在工程技术、社会经济、生态环境各领域，已经形成或正在兴建各种规模庞大、结构复杂、功能综合、因素众多的复杂大系统[1]。

关于大系统的定义，国内外有很多不同的看法，对大系统的概念至今没有统一的定义。以下是几种对大系统的定义。

(1) 涂序彦教授提出的“大系统”[1]是指：涉及工程技术、社会经济、生物生态等各个领域的，规模庞大、结构复杂、功能综合、因素众多的系统。

(2) Ho 和 Mitter 于 1976 年将大系统[2]定义为：为了便于计算或实际应用，若能将系统分解成多个互联的子系统或“小规模系统”，则这样的系统为大系统。

(3) Viahmoud1 于 1977 年将大系统[2]定义为：当系统的维数大到用常规的建模、分析、设计和计算的方法不能以合理的计算量来求解时，或者所有系统需要的控制器多于一个时，这个系统则被认为是大系统。

(4) Mo Jamshidi 将大系统[3]定义为:如果一个系统可以被分解为多个可相互交互或具有层次结构的子系统,则称为大系统。

(5) 维基百科中对超大型系统(Ultra - large - scale system)[4]的定义为:用于计算机科学、软件工程、系统工程领域,描述那些具有空前数量的硬件,大量的源代码、用户和数据的软件密集型系统。

(6) 卡内基梅隆大学软件工程研究所(SEI)对超大型系统[5]的定义为:一种多维系统,其中至少有一维的规模极其巨大,以至于使用 21 世纪初期主流开发过程和技术无法解决系统构建任务,具有分散性、不一致性、未知性、需求多样性、进化和部署的持续性、部件的异质性、人和系统边界的模糊性,以及系统失效的常态性。

1.1.2 大系统分类及特点

根据大系统涉及的领域,涂序彦教授将大系统分为工程技术大系统、社会经济大系统和生态环境大系统[1],如图 1.1 所示。工程技术大系统主要包括电力、能源、交通、通信等领域的大系统,社会经济大系统主要包括政府部门、军队、经济、社会服务等领域的大系统,生态环境大系统主要包括地球、环境等大系统。

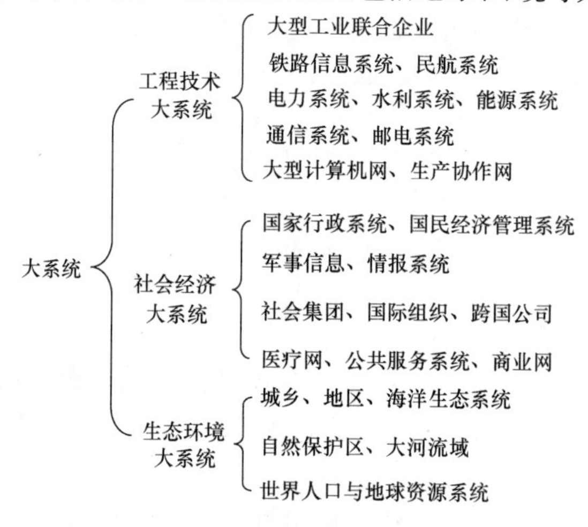

图 1.1 大系统分类

大系统具有下列共性[1]。

(1) 规模庞大。大系统包含的子系统(小系统)、部件、元件甚多。通常,大系统占有的空间大,经历的时间长,涉及的范围广,具有分散性。

(2) 结构复杂。大系统中各子系统、部件、元件之间的相互关系复杂。通常,大系统中不仅包含有物,还包含有人,具有"人—物"、"人—人"、"物—物"之间的多种复杂关系,是主动系统。

(3) 功能综合。通常,大系统的目标是多样的(技术的、经济的、生态的……)，因而，大系统的功能必是多方面的（质量控制、经济管理、环境保护……）、综合性的。

(4) 因素众多。大系统是多变量、多输入、多输出、多目标、多参数、多干扰的系统。因而，不仅有“物”的因素，还有“人”的因素，不仅有技术因素，还有经济因素、社会因素等，具有不确定性和不确知性。

1.1.3 大系统的研究和应用现状

大系统逐渐成为国家建设的关键基础设施，是各行各业稳定运行的基础，是人们关注的热点之一。

大系统是许多重要国际学术会议关注的问题[1]，例如 IFAC 国际自动控制联合会、IFIP 国际信息处理联合会等，并召开过多次关于大系统的专题学术会议。美、英、法等国家的研究机构、高等院校等都进行了有关大系统的研究工作。大系统是控制理论、运筹学、信息处理等方面学术刊物的重要专题。

卡内基梅隆大学软件工程研究所（SEI）发布的题为《超大规模系统：软件未来的挑战》的报告详细分析了未来的超大规模系统的特征[5]，以及这种未来的系统和现在的软件主流开发理念之间的差距，着重分析了未来的超大规模系统对软件开发提出的新挑战，以及应对这些挑战必须进行研究的七个领域和课题，并为超大规模系统的研发提出了路线图。

SEI 报告中以美国国防部发表的美国防务评审报告（QDR）中提出的三项与未来超大规模系统密切相关的任务作为切入点，提出了相应的能力要求，其中与大规模系统信息安全相关的包括：确保超大规模系统在遭受攻击后能够正常运行，以及信息在美军系统中的有效运行和传输，并拒绝为地方提供信息；确保有效地、安全地使用信息，具有管理超大规模数据的能力，保证数据不被敌方篡改和窃取；将地方环境资源应用至全球信息资源，确保在任何时间、任何地点，都能得到任务所需要的正确数据等。

1.2 大型信息系统的定义与特点

随着信息技术在大系统中的广泛应用，于是便出现了大型信息系统。本节给出了本书中大型信息系统的定义，并分析了其特点。

1.2.1 大型信息系统的定义

随着应用领域的拓宽，国家政府部门、企业、通信、金融、交通等领域中的大系统已经发展到了前所未有的规模。这些不断涌现的大规模系统解决了很多难题，如国土安全、通信、交通运输等，已经成为保障国家安全、通信、开展业务的重要组成部分。随着信息技术的广泛深入应用，计算机技术、通信技术、信息处理技术、控制技术等应用到这些大系统中，出现了物联网、电子政务网、网上银行、工业控制系统等大型信息系统。

本书将大型信息系统定义为：以信息技术和通信技术为支撑，规模庞大，分布广阔，采用多级网络结构，跨越多个安全域，处理海量的，复杂且形式多样的数据，提供多种类型应用的大系统。

大型信息系统是信息技术渗透到国家政府部门、企业、通信、金融、交通、医疗、工业控制等社会政治、经济、生活的各个领域，通过深入开发和广泛利用信息资源，提升国家现代化进程的基础设施。可以说，大型信息系统是信息化发展到一定阶段的必然产物，是信息技术在大系统中应用的结果。

从大型信息系统组成的角度看，大型信息系统是由人员、计算机硬件、计算机软件、网络、通信设备，以及各种规章制度组成的人机交互系统。从大型信息系统使用者的角度看，大型信息系统是用来实现各种功能的，其作用在于支持使用者完成信息的收集、处理、存储、分发。从大型信息系统功能的角度看，大型信息系统总是有一个目标，具有多种功能，功能之间又存在种种信息联系，构成一个有机的整体，形成一个功能结构。

物联网、智慧城市、电子政务网、大型企业内网、大型赛事安全保障系统、工业控制系统、金融系统、民航系统、电力系统等都是典型的大型信息系统。

由于大型信息系统自身存在多种安全脆弱性，易遭受来自内部和外部的攻击，需要在系统整个生命周期的各个阶段采取安全防护措施保障其安全。

1.2.2 大型信息系统的特点

大型信息系统作为一种典型的大系统，除具有大系统的一些共性特点，同时具备其独有的特点，主要有：

1）规模庞大

大型信息系统包含的独立运行和管理的子系统甚多。例如，大型赛事的安全保障系统，包括分散在全国各地的数百个指挥中心、上百个场馆，核心指挥中心之间通过双链路互联，分指挥中心与核心指挥中心之间建立万兆连接，各场馆通过交换设备和千兆链路接入所属的分指挥中心。

2）跨地域性

大型信息系统分布广阔，部署不集中。例如某银行系统，有上万个网点分布在全国各个省市，上百个网点分布在海外；在物流系统中，通常订货方和接受订货方一般不在同一场所，发货人和收货人不在同一个区域等，这种在场所上相分离的企业或人之间的信息传送需要通过所处不同地域的系统来完成。

3）网络结构复杂

大型信息系统一般采用多级网络结构、跨越多个安全域、网络关系复杂、接口众多。例如，大型企业的内网包含总部、研究院、研究所三级网络，鉴于业务和管理的需要，各研究所划分为独立的安全域，接受研究院的管理，研究院作为独立的安全域接受总部的管理。同时大型企业内网通常涉及对敏感信息或涉密信息的传输、访问、存储等，通常在企业内部网络划分多个不同级别的安全域，保障对信息资源的访问控制。

4）业务种类多

大型信息系统提供的应用种类繁多，业务的处理逻辑复杂，各种业务之间的关联关系复杂。例如大型企业内网，每一家单位的科研生产网除了部署门户网站、ERP 系统、OA 办公系统、物资采购系统、财务系统、科研管理系统等自行独立管理和使用的业务系统外，还部署了各类管理系统，例如公文流转系统、网络会议系统、电子邮件系统等，各类业务系统之间存在着信息流转。

5）数据量大

大型信息系统处理的业务和信息量大，存储的数据复杂、内容多且形式多样。例如，政府、银行、证券等行业，平均每家企业存储数据总量已经超过 1PB，存储数据量最高的证券领域的大型信息系统，平均存储数据量已经近 4PB。

6）用户多

大型信息系统的使用者多，角色多，对系统的访问、操作多。例如银行系统，每天包括分散在总行、分行、支行的银行工作人员，以及分布在全国各地的用户等使用者访问系统，完成各种交易、操作。

1.3 大型信息系统面临的信息安全威胁与挑战

本节首先简要分析了当前国内外信息安全的形势，然后总结分析了近几年发生的信息安全热点事件，最后提出了大型信息系统面临的信息安全挑战。

1.3.1 信息安全形势

1.3.1.1 国外信息安全形势

随着信息革命的爆发和科学技术的飞速发展，特别是信息网络技术在社会经济生活各个领域的广泛应用，人们对于国家安全的认识得到了进一步的深化和扩展。信息安全成为国家安全中最突出、最核心的问题，直接影响国家政治稳定、社会安定、经济有序发展。当前国际环境复杂多变，网络空间成为国家竞争的新战场，成为各国争夺网络主权和话语权的新的国际战略制高点，与此同时，网络攻击呈现组织化、更加有针对性，网络空间的攻防对抗日趋复杂严峻。

1）网络空间主导权争夺日益激烈

网络空间成为领土、领海、领空和太空之外的第五空间，是国家主权延伸的新疆域。网络空间的迅速发展已对国家主权产生重大影响，如何维护本国在网络空间的国家主权正成为网络空间国际竞争的新焦点。以美国为首的西方国家为强化本国网络空间的威慑力，已开始加紧制定网络空间领域的战略规划、加速网络空间军事化进程、加强网络攻防演习，争夺对网络空间的垄断权和主导权。

（1）加紧制定网络空间战略规划。美国在奥巴马总统上台后，将国家网络安全战略“从网络防御转向网络威慑”，将网络空间治理重点“从国内扩展到国际”，相继发布了《网络空间国际战略》《网络空间行动战略》《网络空间策略报告》《国家网络作战军事战略》等战略文件，强调美国21世纪的经济繁荣将依赖于网络空间安全，网络空间是与太空、海洋并列的第三大全球公地，保护网络这一基础设施是美国国家安全的优先事项。

2011年5月发布的《网络空间国际战略》[6]，从政治、经济、军事等多个方面阐释了美国对全球互联网空间未来发展、治理与安全的战略目标，意在主导网络空间国际规则的制定，并明确对危害其国家利益的网络攻击可以采取包括军事打击在内的应对手段。《网络空间国际战略》向外界传递了两个明确的信号：一是，进一步确立美国的全球主导地位，互联网进一步成为美国在海外推进民主、干涉他国内政从而巩固美国在全球的主导地位的重要工具和全新领域；二是，美国有能力采取所有可能的手段（包括军事打击）来应对危及其国家利益的网络攻击。这一文件的出台，标志着美国政府的互联网政策正式从基于防卫角度的单纯技术垄断、技术控制发展为基于进攻基调的推广美国价值观的重要工具。

美国政府高调出台《网络空间国际战略》两个月后（即2011年7月），美国国防部又发布了题为《网络空间行动战略》的重要文件。这是美国国防部推出的首份关于网络空间行动的战略性文件，评估了美国国防部在网络空间领域面临的巨大机遇和严峻挑战，并为美国国防部在网络空间领域制定了明确的战略方针和行动原则[7]。

美国国防部协助美国政府推进网络空间策略的发展，2014年出台了《3－38号战地网络电磁行动手册（2014版）》，指出网络空间作战是网络电磁三位一体战场的重要组成部分，有效对抗来自网络的攻击威胁是美军战地指挥官必须具备的能力。

除了美国政府，美国各军种也相继出台了网络空间相关策略。

2012年美国海军出台了《美国海军制信息权战略2013—2017》《美国海军网络空间作战力量2020》等制信息权战略文件，指出“过去信息是战争的客体，而现在信息越来越成为战争的主体”。

2013年美国海军制定了《海军远期计划目标》，将美国海军未来威胁定位在来自指挥、控制、计算机、情报和卫星系统的技术威胁，确定了从平台中心战转向网络中心战的作战概念与作战思想，明确了海军要重点发展以数据链以及信息化主战平台和信息化弹药为主体的装备体系。

英、法、德也分别出台了《新版英国网络安全战略》《信息系统防御和安全战略白皮书》《国家网络安全战略》等报告，明确将把网络空间威胁列为国家生存发展所面临的“第一层级”威胁和“核心挑战”，网络安全被提升至国家战略高度，并视网络攻防建设与陆海空三军建设同等重要。

北约网络防务中心也发布了《网络战适用国际法手册》，该手册是国际上首个就网络战适用国际法问题做出规范的文件，明确提出网络战在现实中可能产生与实战相似的效果，并不因为发生在互联网上就不是战争，国际法同样适用于网络战，标志着网络战日益从“概念”走向“现实”，网络安全逐步上升为西方国家关注的核心问题之一。

（2）加快网络空间军事化进程。鉴于网络空间在政治、经济、外交等方面的重大影响，国家在网络空间的地位将直接影响现实世界格局，网络空间实际已经成为有史以来第一个全球性的战场，网络战将成为未来战争的重要形式。

美国是世界上第一个提出网络战概念的国家，也是第一个将其应用于实战的国家。2010 年 5 月 21 日，美国“网络战司令部”正式启动，用以整合网络作战力量、打击敌对国家和黑客的网络攻击。网络战司令部的成立意味着美国准备加强争夺网络空间霸权的行动。2013 年 1 月，美国海军成立名为“海军作战小组”的战略概念部门，负责“提出用于形成未来海军需求，以及充实海军战略和作战理论的创新战略概念”，是海军在网电对抗等非对称作战概念研究方面的领导机构。2013 年 9 月，美军网络司令部司令透露，旨在保护美国国内电网、核电站等基础设施计算机系统的网络部队已投入运行。2014 年 3 月 4 日，美国国防部公开的《四年防务评估报告》中首次公开了“网军”的建军目标。报告称美国网络战部队正式命名为：“网络任务军”，其下属的作战部队包括：13 支“国家任务部队”及 8 支“国家支持部队”、27 支“作战任务部队”及 17 支“作战支持部队”、18 支“国家网络防御部队”、24 支“国家网络防御维护部队”、26 支“作战指挥与国防部信息网络防御部队”，这意味着美国将组建至少 133 支网络战部队，其中超过 40 支为进攻型网络部队。

不仅美国，世界各国都在加快建设网络部队，加强信息战的研究和投入，发展网络攻击力量，推动“网络建军潮”的到来。英国军方组建了“第 77 旅”信息战部队，俄罗斯战略导弹部队（SMF）建立了负责检测和组织网络攻击的“火山”部队，日本成立了自卫队网络战专门部队“网络防卫队”等。

（3）加强网络攻防演习。美国为了强化软打击作战能力、体现信息战“一霸独大”的思想、显示“全球到达”的威慑力和推进信息战国际联盟的形成，在 2006 年、2008 年、2010 年举行了三次“网络风暴”演习，检验国家应对攻击的能力和应急响应的能力。

2006 年 2 月 6 日至 10 日，美国举行了“网络风暴 I” 演习。此次演习由美国政府主导、国土安全部国家网络安全局担任“总指挥”，共有 115 家政府部门、私营机构和国际组织参加了这次演习，演习耗资 300 多万美元。演习的目标是联邦基础设施中的重要机构，包括国家网络响应协调小组(NCRCG)和跨部门事件管理小组(IIMG)。演习模拟恐怖分子、黑客发起破坏性网络攻击，导致能源、运输和医疗系统瘫痪，网络银行和销售系统出错等。此次演习通过对模拟事件的响应、协调和恢复，给参与者提供了一个可控的环境，检验了在发生国家层面网络安全事件时，如何进行形势评估，如何制定应急决策，如何向公众传达信息和建立信息共享机制等。

2008年3月10日至14日，美国举行了“网络风暴Ⅱ”演习。此次演习基于美国计算机和通信网络面临“不断加剧的威胁”和“总统对此予以更多的关注”而举行。此次演习仍由美国国土安全部国家网络安全局组织，演习指挥部设在华盛顿特工处办公室，共有18个联邦机构、9个州、40家公司以及英国、加拿大等盟国参与。演习耗资620万多美元。此次演习针对网络风暴Ⅰ存在的问题，着重检验自上次演习以来政府和私营企业所采用的网络安全措施，检验政府与私人公司合作抗黑客袭击的能力。此次演习和网络风暴Ⅰ一样，采用特制系统模拟真实环境中发生过的情况，对网络发起攻击，演练了应对来自全球的网络基础设施的多方位协同攻击的流程、程序、工具以及组织应急响应。网络风暴Ⅱ为分布式演习，场景比网络风暴Ⅰ要复杂得多，且具有“真实化”的特点。参与演习的某官员认为，网络风暴Ⅰ是桌面演习，而网络风暴Ⅱ则是真枪实弹的演习。

2010年，美国举行了“网络风暴Ⅲ”演习。美国国土安全部、商务部、国防部、能源部、司法部、交通部和财政部七个政府部门，联合澳大利亚、加拿大、法国、德国、匈牙利、意大利、日本、荷兰、新西兰、瑞典、瑞士，英国作为国际伙伴参加演习。演习进攻方由职业黑客组成，他们的任务是入侵一个有一万名假想居民的虚拟网络，通过切断通信联络、破坏电网，使城市应急系统陷于瘫痪。演习模拟了“关键基础设施遭受大型网络攻击”的情景，包括通信、电力系统等重要部门正常运转受到重创。此次演习模拟了多达1500起以上的情景，比起前两次演习只涉及能源、交通、银行、通信等行业，涵盖面更广。

2013年11月，北约开展了为期三天的“2013网络联盟”演习，这是该组织举行的规模最大的网络安全演习，旨在测试联盟保护其网络免遭攻击的能力。此次演习在北约27个成员国共建的爱沙尼亚网络防御中心进行，来自30多个欧盟国家的400名IT、法律及政府专家参加，其中100人被分配在爱沙尼亚塔图网络防御中心，来自32个国家的另外300人在各自国家首都参战。此次演习检验了北约及其盟友在防御多个模拟网络攻击中的协调能力。

2）网络攻击行为呈现组织化更具目标性，网络攻击手段日新月异

技术日新月异的今天，网络攻防永无止日，技术的发展使得网络攻击形态不断变化，黑客行动日渐组织化、规模化，攻击造成的损失越来越大，网络攻击手段日新月异。

(1) 黑客行为组织化，出现了政府支持的攻击。近年来，针对政府、大型商业

机构等信息系统的大规模的、有组织的、持续性的攻击行为增多,攻击者既包括 Anonymous 等知名黑客组织,也可能包括一些国家政府等。

2011 年,黑客组织 Anonymous 对意大利政府网站、美国参议院警卫办公网站、巴西总统网站等发动攻击,造成上述网站或者无法访问,或者重要信息和情报被窃取。2012 年 2 月,该组织令美国中情局的网站瘫痪长达数小时,将美国一家国际情报分析公司的 500 万份电子邮件公诸于世。2015 年 2 月,该组织袭击了大量极端组织使用的网站和社交网站账户。2014 年 11 月,索尼影业遭受到黑客攻击,公司办公室所有电脑均无法操作,索尼创建的十几个 Twitter 账号也遭到攻击,不停地发送相同的消息,黑客们窃取并公开了员工个人信息、企业的内部合同、尚未开拍的剧本和五部已经拍摄完成但尚未放映的电影高清版本等各种高度机密信息,令索尼影业不知所措。2015 年 2 月,联想官方网站遭到黑客攻击,黑客将联想网站的服务器转移至 CloudFlare,从而使其导向一个钓鱼网站。用户访问联想官方网站看到了一些叛逆的年轻人的照片,黑客还放出了几张联想员工内部邮件截图。2015 年 3 月,斯诺登爆出,近 10 年来美国中央情报局一直在试图破解苹果 iPhone 手机和 iPad 平板电脑的安全系统。中央情报局人员开发了一系列黑客程序,可以向苹果 App Store 应用商店中的应用程序植入后门用于监听。

这些有组织、目标性极强的攻击背后都有强大的人力和财力支持,而且发起攻击的效率非常高,造成的危害十分巨大。同时针对政府组织的黑客攻击行为也从单纯展示技术能力、发泄不满等目的,逐步向宣扬政治理念扩展。

(2)网络攻击造成的经济损失触目惊心。网络攻击带来的经济损失越来越严重,2014 年美国战略和国际问题研究中心报告显示,网络犯罪每年给全球带来高达 4450 亿美元的经济损失。

2014 年 2 月黑客攻破并改写了全球最大比特币(Bitcoin)交易平台 Mt. Gox 的系统,导致该平台比特币交易异常,直接导致该平台在 2 月底宣布申请破产。2014 年 5 月黑客攻破著名零售网站 eBay 的数据库,获取了该网站超过 1 亿活跃用户的密码、电话号码、地址及其他个人数据。2014 年 8 月摩根大通遭受黑客攻击,数百万客户数据被盗,之后黑客又对其他十数家银行展开攻击,其中四家银行的支票户口及储蓄户口的资料被盗。2014 年 9 月谷歌邮箱数据库遭黑客攻击,数百万用户名和密码被盗,并被曝光于一家俄罗斯网站上,这些密码不仅可以用来打开谷歌邮箱,还能使用其他谷歌服务,如谷歌钱包等。2015 年 2 月,世界 30 个国家超过 100 家银行系统遭受网络攻击,造成数以亿万计的美元被盗。

网络攻击越来越复杂、高级,针对关键基础设施、大型信息系统的网络攻击一旦成功,将造成不可估量的影响和损失。

(3)针对云计算、移动互联网等新型技术的网络攻击不断涌现。随着云计算、移动互联网、物联网等新型技术的不断发展,包括云服务、移动终端在内的多个新兴领域均发生了信息安全事件。

在云计算安全方面,由于数据集中在"云"端,如何保护云端数据的安全已成为云计算面临的安全挑战。2014 年 5 月,Incapsula 公司(美国知名云安全服务提供商)称,中国和加拿大的两家抗 DDoS 服务商系统被黑客用来发起面向 Incapsula 用户的 DDoS 攻击。据 Incapsula 称攻击请求流量达到 25 兆脉冲/s,总攻击(DNS requests)达到 630 亿次,攻击持续七小时。2014 年 11 月,卡巴斯基实验室发现,攻击者正在筹划一个代号为"云图"(CloudAtlas)的新兴网络间谍活动,云图使用的命令与控制(C&C)服务器来自瑞典云供应商 CloudMe,主要通过钓鱼方式展开针对东欧、苏联成员国和中亚国家的攻击。2013 年 10 月,黑客攻击了以色列公路网络,控制了连接 Haifa 市南北的 Carmel 隧道的信号灯,导致 20 分钟交通中断,第二天隧道中断更是长达八个小时。

由于物联网连接和处理的对象主要是机器或物,以及相关的数据,在物联网环境中需要确保信息的安全性和隐私性,防止个人信息、业务信息和财产丢失或被他人盗用。俄罗斯的 Insecam. com 网站积累了大量物联网设备的登录权限,甚至建立了物联网设备"搜索引擎",能够在线搜索从安全摄像头到汽车、家庭供暖系统等具有网络功能的设备,该网站甚至可以"直播"世界各地 IP 摄像头的影像信息。2014 年 11 月 24 日,赛门铁克(Symantec)发现木马软件"Regin",该木马被怀疑与美国安全局(NSA)和英国政府通信总部(GCHQ)有关。"Regin"能够隐藏在知名软件中,借助移动运营商平台,监听用户通话、窃取国家和商业机密、甚至控制整个网络,欧盟国家政府网络和比利时电信网络都不同程度上遭受了该攻击。

移动终端用户的个人隐私存在泄露和被非法利用的风险,移动终端的恶意软件给用户造成资费消耗、隐私窃取的损失。2014 年 11 月,美国移动安全公司 Zimperium 指出,黑客利用手机重定向协议漏洞对智能手机进行攻击,攻击者可窃取邮箱 ID、登录凭证、银行信息等,还可以在目标机器上安装木马等恶意软件。2014 年,美国 Hacking Team、FinFisher 已经开始利用智能终端发起各类网络攻击,个人手机、平板、家用路由器甚至 ARM – Based 的家电等系统正成为黑客的攻击发起源。

(4) 工业控制系统的安全风险增大。由于工业控制系统越来越多地采用通用协议、通用硬件和通用软件,以各种方式与互联网等公共网络连接,且工业控制系统大多没有严格的安全防范措施,因此很容易被攻击者利用实施破坏活动。

以美国为首的西方国家开发了"震网"(Stuxnet)、"毒区"(Duqu)、"火焰"(Flame)等大量工业控制系统病毒,并且主导了众多针对敏感信息系统的攻击。俄罗斯恶意软件 BlackEnergy 侵入了可以控制美国电力涡轮机的软件系统,为黑客留下了后门,以便他们植入破坏性代码。

2011 年到 2013 年披露的工业控制漏洞超过 300 个,各类利用工业控制漏洞的攻击层出不穷。2013 年 4 月至 2014 年,黑客成功闯入全美 37% 的能源企业,2014 财年,美国电网遭受到 79 次黑客攻击。

1.3.1.2 国内信息安全形势

随着全球范围内信息安全事件频发、安全隐患不断暴露，我国金融、交通、能源、电力等关系国计民生的大型信息系统被渗透、被控制的安全风险持续增大，对安全可控的要求不断升级。近年来，国家层面针对信息安全领域的各种政策密集出台、信息安全产业迅速发展，信息安全问题上升到国家战略层面。

1）加快信息安全立法，提升我国信息安全保障能力和水平

近年来，党中央、国务院及国家有关部委高度重视信息安全保障工作，将发展信息安全保障作为推进我国信息化建设的一项重要任务，明确提出要加强信息安全保障工作，要积极防御、综合防范，大力建设国家信息安全保障体系，并发布了一系列政策性文件用于指导信息安全建设。

（1）党中央。

党中央高度重视信息安全保障工作，在十六届四中全会将信息安全与政治安全、经济安全和文化安全提到同等高度，党的十八大强调指出“要适应国家发展战略和安全战略新要求”，“高度关注海洋、太空、网络空间安全”。

2014 年 2 月 27 日，中央网络安全和信息化领导小组成立。该领导小组着眼国家安全和长远发展，统筹协调涉及经济、政治、文化、社会及军事等各个领域的网络安全和信息化重大问题，研究制定网络安全和信息化发展战略、宏观规划和重大决策，推动国家网络安全和信息化法治建设，不断增强安全保障能力。

（2）国务院。

国务院按照党中央信息安全方面的战略要求，发布了一系列文件指导和保障信息安全建设。

2012 年 6 月，国务院在文件《关于大力推进信息化发展和切实保障信息安全的若干意见》中对加快下一代网络基础设施建设、三网融合、信息化和工业化深度融合等方向做出了规划，并将重要信息系统和基础信息网络的安全防护能力列为重点建设内容，用于指导我国的信息化推进和信息安全保障规划。

2013 年 2 月，国务院在文件《国家重大科技基础设施建设中长期规划（2012—2030 年）》中将信息技术确定为重点科学领域，并将三网融合、云计算和物联网等新兴技术的可扩展性、安全性、移动性、能耗和服务质量保障实验设施建设列为“十二五”时期建设重点。

2013 年 2 月，国务院在文件《关于推进物联网有序健康发展的指导意见》中将物联网安全保障列为十项专项行动计划之一，要求提高物联网信息安全管理和数据保护水平，加强信息安全技术的研发，推进信息安全保障体系建设，有效保障物联网信息采集、传输、处理、应用各环节的安全可控。涉及国家公共安全和基础设施的重要物联网应用。其系统解决方案、核心设备以及运营服务必须立足于安全可控。

(3) 国家相关部委。

国家工业与信息化部(工信部)、科学技术部、国家发展和改革委员会(发改委)等国家有关部委按照党中央信息安全方面的战略要求,发布了一系列文件保障和支持信息安全建设。

2011 年 4 月,工信部、科技部、财政部、商务部和国资委共同签发了《关于加快推进信息化与工业化深度融合的若干意见》(工信部联信〔2011〕160 号),将积极推动云计算和物联网应用列为促进信息化和工业化深度融合的发展目标和主要任务,具体包括支持云计算等关键技术研发,积极发展面向服务、支持制造资源按需使用、制造能力动态协同的云制造服务平台。围绕基础设施、工业控制、现代物流等重大应用领域,开展物联网应用示范。加快网络设备、智能终端、RFID、传感器以及重要应用系统的研发和产业化。

2011 年 11 月,工信部制定了《信息安全产业"十二五"发展规划》,指出要大力发展信息安全关键技术,加大新型信息安全架构的研发力度,积极开发主动防护技术。发展数据隔离与交换、虚拟化安全、安全认证等支撑云计算、物联网、移动互联网等应用的信息安全技术,重点发展保障下一代国家宽带基础网络相关的网络空间安全防护技术。

2013 年 8 月,工信部制定了《信息化和工业化深度融合专项行动计划(2013—2018 年)》,提出以信息化带动工业化,以工业化促进信息化的工业转型升级思路,并指出要加强网络与信息安全保障,加强新技术、新业务信息安全评估,强化信息产品和服务的信息安全检测和认证,支持建立第三方信息安全评估与监测机制。结合专项行动,推广电子签名应用,加快推进网络信任体系建设。

2013 年 8 月,发改委发布了《国家发展改革委员会办公厅关于组织实施 2013 年国家信息安全专项有关事项的通知》,针对金融、云计算与大数据、信息系统保密管理、工业控制等领域面临的信息安全实际需求,对重点领域的产业化、重点信息系统安全可控试点建设进行了专项重点支持。

2) 加速自主信息安全基础产业的发展

目前,国内信息安全产业快速发展,各信息安全厂商加大了对信息安全产业技术研究和产业化投入,已具备了一定的防护、监管、控制能力。安全产品日益丰富,具有符合技术发展潮流的产品,初步形成了信息安全产品体系;信息安全服务逐步成为发展重点,各信息安全服务商纷纷提出自己的安全服务体系。

但与信息化快速发展相比,我国的信息安全体系在保障关键基础设施安全运行、规范网络空间秩序方面还存在不小差距。现有的信息安全体系仍基于国外技术,元器件、通用协议、网络设备等核心软硬件需要依赖进口,自主能力较弱,无法实现事实上的自主可控安全防护能力。同时,目前采用的安全防护装备叠加的防护机制难以实现主动、自适应的安全防护,无法应对 APT 类高强度攻击。

1.3.2 信息安全热点事件分析

近几年对于信息安全界可称得喧嚣不断,事件频出。“棱镜门”创造了历史上最大规模的泄密事件,“维基解密”事件引起了国际外交界的大震荡,“震网”病毒被一些专家定性为全球首个投入实战舞台的“网络武器”,“高级可持续攻击”成为信息安全最大的威胁之一,“心脏出血”和“Shellshock”漏洞表明网络出现了“致命的内伤”。

1.3.2.1 棱镜门事件

棱镜计划(PRISM)是一项由美国国家安全局(NSA)自2007年小布什时期起开始实施的绝密电子监听计划,该计划的正式名号为“US-984XN”。美国情报机构一直在微软、雅虎、谷歌、苹果等九家知名互联网公司中进行数据挖掘工作,从音频、视频、图片、邮件、文档及连接信息中分析个人的联系方式与行动。监控的类型共计十类:信息电邮、即时消息、视频、照片、存储数据、语音聊天、文件传输、视频会议、登录时间、社交网络资料的细节。其中包括两个秘密监视项目:一是监视、监听民众电话的通话记录,二是监视民众的网络活动。

2013年6月,美国中情局(CIA)前职员爱德华·斯诺登(Ednard Snowden)将两份绝密资料交给英国《卫报》和美国《华盛顿邮报》,并告之媒体何时发表。按照设定的计划,2013年6月5日,英国《卫报》先扔出了一颗舆论炸弹:美国国家安全局有一项代号为“棱镜”的秘密项目,要求电信巨头威瑞森公司必须每天上交数百万用户的通话记录。6月6日,美国《华盛顿邮报》披露,过去六年,美国国家安全局和联邦调查局直接进入美国网络公司的中心服务器里挖掘数据、收集情报,包括微软、雅虎、谷歌、苹果等在内的九家国际网络巨头皆牵涉其中。美国国家安全局利用“棱镜计划”对中国大陆和中国香港的网络和通信系统已开展了长达15年的有组织有计划有目标的入侵、攻击、窃取、监视等行动,并将中国和德国一同列为黄色监控级别。

棱镜计划只是美国四大监控计划的冰山一角,其他三个分别为“大道”、“船坞”和“核子”。2013年7月,斯诺登爆料了美国更大规模监控计划——“Xkeyscore”。斯诺登通过英国《卫报》发布的文件资料显示,该计划在全球六个大洲(包括南极洲)运转着一个有700多台服务器的庞大网络,通过美国国家安全局在全球的大约150个站点截取网络信息,可以在最大范围内收集互联网数据,内容包括电子邮件、网站信息、搜索和聊天记录等,几乎可以涵盖所有网上信息和行为。只要有相应的电子邮件地址,就可以对任何人进行监控,下至平民百姓,上至法官总统。该系统是美国国家安全局拥有的“范围最广”的情报系统,还精通两门外语:阿拉伯语和中文。

2013年12月21日,“棱镜门”又有新进展。据路透社报道,美国国家安全局曾与加密技术公司RSA达成了1000万美元的协议,要求在移动终端广泛使用的加密技术中放置后门。知情人士称,RSA收受了1000万美元,将NSA提供的程序设定为BSafe安全软件的优先或默认随机数生成算法。此举让NSA通过随机数生成算法BSafe的后门程序轻易破解各种加密数据。简而言之就是,NSA首先利用NIST(美国国家标准研究所)认证了这种有明显漏洞的算法为安全加密标准,然后再让RSA基于这种算法推出安全软件BSafe,而对于企业级用户来说,则认为是采购了经NIST认证的加密标准开发的安全软件。

RSA的加密算法如果被安置后门,将造成非常大的影响。据悉,RSA目前在全球拥有8000万客户,客户基础遍及各行各业,包括电子商贸、银行、政府机构、电信、宇航业、大学等。超过7000家企业,逾800万用户(包括财富杂志排行前百家企业的80%)均使用RSA SecurID认证产品保护企业资料,而超过500家公司在逾1000种应用软件安装有RSA BSafe软件。

2014年12月5日,斯诺登又曝光了代号为"AURORAGOLD"(极光黄金)的机密行动,披露美国国家安全局秘密监视全球手机运营商。该秘密监视计划至少从2010年就开始实施了,美国国家安全局对与全球主要手机运营商相关的1200多个电子邮件账户的通信往来进行持续监视,从中截获关于运营商通信系统的技术信息。美国国家安全局利用手机运营商通信网络中存在的安全漏洞窃取其手机通话和短信,甚至为达到窃取目的还在手机中秘密植入新的安全漏洞。多国军方及包括德国总理默克尔在内的35名政要遭到了监听。

美国国家安全局的一个重点监视对象是总部设在英国的全球移动通信协会,该协会有来自约200个国家和地区的800多家会员公司,包括美国电话电报公司、微软、思科、三星等行业巨头。该组织对提升全球手机网络安全发挥着重要的作用,经常组织工作会议讨论新技术、新政策,这些工作会议成为美国国家安全局特别关注的监视目标。

2015年5月20日,斯诺登的爆料网站披露称,美国国家安全局曾计划利用安卓系统的漏洞,搜集使用安卓系统的智能手机的用户信息。该项目代号为"刺耳号角",是利用间谍软件捕获用户与谷歌、三星安卓应用之间的数据交换,通过定位手机,植入黑客软件。用户在下载和安装合法应用的同时,也将恶意软件装入了手机。间谍软件在后台完成信息收集工作,将通话、短信、邮件、上网记录、文件等用户信息传回,美国国家安全局对数据进行分析。除美国外,参与该项目的还有英国、加拿大、澳大利亚和新西兰。

"棱镜门事件"证实了没有自主权就没有安全。目前我国国家关键基础设施的建设几乎均是采用国外的产品,政府、海关、邮政、金融、铁路、民航、医疗,每一个部门几乎都有美国科技巨头的影子,从办公软件到操作系统,从搜索引擎到无线通信技术,美国的思科、IBM、Google、高通、英特尔、苹果、Oracle、微软等厂商的产品渗透到中国网络的每一个环节。国外产品的安全底数不清,可能存在难以控制的木马、后门等恶意程序，信息处理、传输、存储都依赖这些产品，存在不可预知的安全风险，根本安全难以保障。因此要保障我国大型信息系统的安全从根本上来说还是要提高自身的科技含量，降低对国外设备、技术、服务的依赖。

1.3.2.2 维基解密事件

维基解密(WikiLeaks)是一个国际性非营利媒体组织，是一个专为揭露政府、企业腐败行为而成立的网站。网站成立于2006年12月，成立一年后，网站宣称其文档数据库已有逾120万份。维基解密网站专门公布机密“内部”文件，其宣称要揭发政府或企业的腐败甚至是不法的内幕，追求信息透明化。网站专门致力于“解密”，平均每天贴出30份敏感文件。

2010年4月，网站披露了美国直升机滥杀伊拉克平民的视频，使“维基解密”网站名声大噪。2010年“维基解密”网站连续三次大规模公开美国军事外交秘密，引起了轰动:7月，公开了9万份阿富汗战争文件;10月，公开50万份伊拉克战争文件;11月，陆续公开了美国驻外使领馆发送给国务院的25万份秘密电报。2011年4月，该网站公开了与被关押在关塔那摩海湾拘留中心的囚犯有关的779份机密文件。

“维基解密”事件给人们敲响了数据安全防护的警钟。大型信息系统存储、传输和处理海量的信息，包括政府宏观调控决策、商业经济信息、银行资金转账、科研数据等，其中不乏敏感信息，甚至国家机密。大量数据的聚合、集中存储等增加了数据泄露风险;一些敏感数据的所有权和使用权并没有明确界定，很多基于大数据的分析都未考虑到其中涉及的个体隐私问题，数据的滥用增加了个体隐私泄露的风险。应建立完善的数据安全防范措施，保证大型信息系统中数据资源免受各种类型的威胁、干扰和破坏。

从上述事件中还可以看出，政府、军队的内部泄密是信息泄露的主要根源。根据我国国家信息安全评测中心的数据，企业重要资料泄密80%以上由内部员工造成。大型信息系统中用户群庞大，为数据交互提供便利的信息共享手段、日新月异的存储设备等，使得内部人员获取敏感信息变得更加容易。建立完整的用于维护大型信息系统运行秩序的管理体系、提升人员安全意识是当前我国大型信息系统信息安全制度建设的重点内容之一。

1.3.2.3 震网病毒

2010年9月24日，伊朗核设施遭受“震网”(Stuxnet)病毒的攻击，导致其核设施不能正常运行。由于“震网”病毒在伊朗感染的计算机占全球范围的60%，其首要目标就是伊朗的核设施，且技术实现复杂，很多专家推测该病毒发起的攻击很可能是某些国家出于政治目的而操纵实施的。

根据著名网络安全公司赛门铁克的研究反映，早在2009年6月，“震网”病毒首例样本就被发现。2010 年 6 月,“震网”病毒开始在全球范围大肆传播,截至 2010 年 9 月,已感染超过 4.5 万网络及相关主机。其中,近 60% 的感染发生在伊朗,其次为印尼和印度(约 30%),美国与巴基斯坦等国家也有少量计算机被感染。数据显示“震网”病毒大约在 2009 年 1 月左右就开始大规模感染伊朗国内相关计算机系统。2010 年 8 月布什尔核电站推迟启动的事件,将“震网”病毒推向前台,并在社会各界迅速升温。2010 年 11 月 29 日,黑客对伊朗境内一些浓缩铀设施离心机发起攻击,破坏了伊朗核设施中的 1000 台离心机。由于“震网”病毒的侵袭,伊朗的核计划至少拖后了两年。

2010 年 7 月,我国某知名安全软件公司就监测到了“震网”病毒的出现,并发现该病毒已经入侵我国。该公司反病毒专家警告说,“震网”病毒也有可能在我国企业中大规模传播。2010 年 10 月 3 日,中国国家计算机病毒应急处理中心向我国网络用户发出“震网”病毒的安全预警,要求我国能源、交通、水利等部门立即采取措施,加强病毒防范工作。

“震网”病毒虽然对多数受到感染的计算机系统没有带来明显的冲击,但其攻击目标明确、针对性强,能够精确到重要关键基础设施的工业控制系统。与传统的电脑病毒相比,“震网”病毒不以普通个人计算机为破坏对象,只是将其作为传播中介,其攻击目标主要集中在工业专用计算机系统。在传播过程中,病毒会自动搜索网络中的工业控制芯片并与其建立连接,继而将计算机程序指令转换为工业控制指令。一旦工业设备被感染,该病毒便会进入休眠状态,直到该设备满足特定状态,破坏程序被激活。对于工业控制系统来说,这将会产生灾难性的后果。“震网”病毒除了针对性强、攻击对象固定,还具有极强的隐蔽性:病毒在传播过程中不会出现任何死机或软件崩溃现象;受感染的计算机不会表现出异常;能伪造和使用某些合法有效的数字签名,从而绕过安全产品的检测。

“震网”病毒表明攻击从开放的互联网向封闭的工业控制系统蔓延,给物理隔离网络安全带来了新的启示。政府重要机构、大型企业内网等大型信息系统与互联网实施了物理隔离,不能仅仅凭借内网隔离,而疏于防范,应加强企业内网安全建设,建立完善的安全管理制度和策略,通过“深度防御”实现有效的安全防护。同时内网中的每一台终端都有可能成为病毒攻击的入口,应加强内网主机的安全防护以及对于外来终端进入内网的准入控制。

物理隔离使得内部网络遭受攻击的风险大大降低,也正因如此,容易使管理人员疏忽大意,一旦有攻击发生便手忙脚乱。因此,应大力加强内网安全应急响应体系建设,提高应急响应处理能力,快速定位安全问题,以最快的速度响应和处理突发事件。同时建立落实日常安全检查制度,积极研究、探讨针对关键基础设施控制系统安全检查和风险评估政策、制度,建立安全风险评估组织和机制,确保大型信息系统关键基础设施的运行安全。

1.3.2.4 高级可持续威胁

高级可持续威胁(Advanced Persistent Threat,APT)是一种有组织、有特定目标、隐蔽性强、破坏力大、持续时间长的新型攻击。APT 攻击综合多种最先进的攻击手段,多方位地对重要目标的基础设施和部门进行持续性攻击,其攻击手段包含各种社会工程攻击方法,常利用重要目标内部人员作为跳板进行攻击,获取进入组织内部的权限,不断收集各种信息,直到收集到重要情报。传统的 APT 攻击大多采用鱼叉式的攻击手法,攻击者通过有针对性地给攻击对象发送垃圾短信或精心设计好的欺诈邮件,在附件或链接中植入木马或病毒,用户只要点击就会中招。不过随着人们对钓鱼邮件的警觉性逐渐增强,钓鱼邮件的成功率已大大降低。因此攻击者的攻击方式不断复杂化,攻击者不再直接攻击最终目标,而是转向对方信任且经常访问的网站,当攻击目标前往该网站时,木马病毒就会被植入对方终端。通过这种新型 APT 攻击方式,攻击者屡屡得逞,安全厂商防不胜防。

APT 攻击作为一种高效、精确的网络攻击方式,在近几年被频繁用于各种网络攻击事件之中,使得国家政府机关、军队、银行、商业公司等机构面临着严峻的威胁。2011 年 3 月 RSA(国际顶级安全厂商,众多大型公司和政府机构采用 RSA SecureID 作为认证凭据)遭到 APT 攻击,部分 SecureID 技术信息及客户资料被窃取。随后包括洛克希德 · 马丁公司在内的,使用 SecureID 作为认证凭据建立 VPN 网络的美国国防外包商,先后遭到攻击,重要资料被窃取。

2014 年 11 月,以匿名、安全、隐私著称的“洋葱”网络(Tor)遭到了俄罗斯黑客的攻击,俄罗斯黑客采用了 MiniDuke APT 攻击方式,入侵到 Tor 节点上进行流量监听,通过控制 Tor 网络出口节点,实现篡改用户的网络流量。2014 年 12 月,卡巴斯基实验室发现了恶意程序 Turla 的新变种 Penquin Turla。该程序可能是莫斯科政府网络武器(cyber weapon)计划的一部分,它能够在用户不知情的情况下,在其电脑上安装后门、收集用户信息的软件;能够削弱用户对其使用历史、隐私和系统安全的物质控制能力;使用用户的系统资源,包括安装在他们电脑上的程序;搜集、使用并散播用户的个人信息或敏感信息。Turla 被卡巴斯基实验室认定是历史上最复杂的 APT 间谍软件。

APT 攻击不是一种单一的攻击手段,而是多种攻击手段的组合,很难通过单一的防护手段进行阻止和防御。政府、金融等领域的大型信息系统是 APT 攻击者的重要目标,因此需要在传统的纵深防御的基础上,构建完整、联动、共享、快速响应的综合防护体系,即安全设备自适应的联动防护、安全信息共享,提升大型信息系统的综合防御水平。

1.3.2.5 心脏出血漏洞

2014 年 4 月,安全协议 OpenSSL 被曝存在一个十分严重的安全漏洞,被命名为“心脏出血”(Heartbleed)漏洞。

OpenSSL 被广泛应用于 SSL(Secure Sockets Layer,安全套接层)和 TLS(Transport layer Security,传输层安全协议)上,SSL 是一种流行的加密协议,可以保护用户通过互联网传输的隐私信息,当用户访问安全网站时,会在 URL 地址旁看到一个“锁”,表明在该网站上的通信信息都被加密。“心脏出血”漏洞被描述为:SSL 标准包含一个心跳选项,允许 SSL 连接一段的电脑发出一条简短的信息,确认另一端的电脑仍然在线并获取反馈。可以通过发出恶意心跳信息,欺骗另一端的电脑泄露机密信息,受影响的电脑可能会因受到欺骗而发送服务器内存中的信息。

该漏洞的严重性不容小觑:当今最热门的两大网络服务器 Apache 和 Nginx 都使用 OpenSSL 协议,这两种服务器约占全球网站总数的三分之二,众多网络路由器厂商包括 Cisco、Juniper 等也使用该协议,因此黑客利用该漏洞,能够窃取大量的用户名、密码、密钥等敏感信息;用户即使不登录存在 OpenSSL 漏洞的网站,当访问被黑客控制或伪造的 https 网站时也面临被攻击的风险;Windows 安全体系也会因此漏洞被黑客突破,一些原本威胁不大的漏洞结合“心脏出血”漏洞会爆发出强大的破坏力。

2014 年 9 月,Rad Hat 安全团队发现了 Bash shell 中一个隐晦而危险的非常严重的安全漏洞,被命名为“Shellshock”漏洞,黑客可以利用该 Bash 漏洞完全控制目标系统并发起攻击,其严重程度超过“心脏出血”漏洞。

Bash 是用于控制 Linux 计算机命令提示符的软件。Bash 漏洞出现后,攻击者只需要通过剪切和粘贴一行软件代码,就可以攻击目标计算机,对目标计算机系统进行完全控制。

Bash 内置于绝大多数 Linux 和 Unix 系统内,广泛应用于各类网络服务器和电脑设备中。虽然并非所有运行 Bash 的软件都存在漏洞,因此受该漏洞影响的设备的数量或许不及“心脏出血”,但是“Shellshock” 漏洞被利用方法简单,破坏力巨大,黑客可以利用该漏洞完全控制被感染的机器,不仅能破坏数据,甚至会关闭网络,或对网站发起攻击。美国国土安全部的国家网络安全部门对“Shellshock”的可利用性打分为 10 分,影响打分为 10 分,总体严重性的打分为 10 分(总分均为 10 分)。

“心脏出血”和“Shellshock”漏洞对网站服务器、网络设备、物联网产品、工业控制设备造成的巨大的影响。大型信息系统信息安全建设不是一劳永逸,在其运维过程中需要不断地进行安全性测试、渗透测试、安全性评估,发现安全脆弱性,排除安全隐患。

1.3.3 大型信息系统面临的信息安全挑战

当前,全球信息安全威胁的环境发生了较大的变化,安全威胁的数量不断上升,攻击手段日益复杂,各国都把信息安全作为国家安全和经济安全事务中的首要

工作。随着信息网络的社会属性日趋明显,现实社会同信息网络的互动更加密切,大型信息系统在国家政治、经济、通信等诸多领域应用更广、作用更突出,大型信息系统的信息安全直接关系到国家安全、经济发展和社会稳定。当前的信息安全形势对大型信息系统的信息安全提出了更高的要求,如何加快信息安全建设、保障大型信息系统整个生命周期的安全、提升大型信息系统应对新环境下的各种威胁的能力,给大型信息系统安全防护建设带来了新的契机和挑战。

目前我国大型信息系统存在信息安全防护体系尚未完善、核心技术受制于人、安全运维保障难度大等问题,导致大型信息系统无法应对新环境下可能存在的安全威胁,信息安全形势日趋严峻,主要表现在以下几个方面。

1) 信息安全保障体系尚未完善,被动安全防护模式无法抵御高强度攻击

安全事件频发不穷,国家、军队、企业等对信息安全问题给予了高度的重视。近几年来,国家初步建成了涵盖信息安全防护、检测、响应与评估的信息安全保障体系,形成了信息安全保障组织管理、标准规范、技术研究体系。但是,由于我国信息安全起步较晚,很多大型系统在信息化建设初期并没有考虑信息安全问题,或是仅依靠堆砌防火墙、防病毒、入侵检测等安全产品形成安全防护体系。由于缺乏信息安全防护体系的顶层设计,缺乏有效的整体的防御体系和规划,导致大型信息系统现有的安全防护措施无法抵御来自网络空间的高强度攻击。与此同时,很多大型信息系统主要采用“打补丁”的安全防护模式,这种被动安全防护模式一方面会造成系统运行效能和可靠性降低,另一方面也会造成安全防护能力不够,在高强度攻击下无法实施有效的安全保障。开展信息安全防护体系顶层设计,信息安全保障逐步由传统的被动防护转向“监测—响应式”的主动防御,构建完整、联动、可信、快速响应的综合防护防御体系,是大型信息系统信息安全建设面临的挑战之一。

2) 核心技术受制于人,安全隐患日益严重

我国关键基础设施、核心技术受制于人的问题十分严重,国防、政府、金融、通信、工业控制等领域的大型信息系统建设所采用的芯片处理器、元器件、网络设备、存储设备、操作系统、通用协议和标准等,很大部分都依赖国外产品和技术,对大型信息系统安全可靠运行带来无法控制的安全隐患:这些产品自身安全性尚不明确,可能存在难以控制的木马、漏洞和后门等问题,使得网络和系统易遭受攻击,面临敏感信息泄露、系统无法正常运行等安全风险,整体安全防护能力不受控。随着国家对自主可控的需求越来越迫切,近年来操作系统、数据库、CPU、网络设备等实现了国产化,初步形成了国产关键软硬件产品体系,但是目前国产化程度还不高:软硬件平台性能不高、兼容性较低、接口开放性较差、应用软件国产化迁移难度较大等,大型信息系统关键设备、核心技术全部实现国产化、高效可用、安全可信,仍存在很大的差距。加强自主可控、安全可信的核心基础设施建设,构建稳固根基,提升整体安全防护效能,是大型信息系统信息安全建设面临的挑战之一。

3）新技术新应用带来新的安全挑战，传统安全防护模式难以应对

随着虚拟化、大数据、跨域安全等新一代信息技术在大型信息系统中应用，对信息安全提出了更高的要求。大型信息系统采用虚拟化技术后，所有的计算资源、网络资源和存储资源都是虚拟的，系统和上层的安全防护产品都运行在虚拟基础设施之上，需要确保虚拟基础设施的安全。大型信息系统中根据业务和安全性需要，通常划分为多个安全域，安全域之间存在资源访问的需求，需要保障信息资源的跨域安全流转，由传统的基于物理边界的安全防护向不同动态安全域之间的访问控制转变。大型信息系统中包含各种类型的海量数据，数据更加复杂、敏感，数据的大量聚集，给数据的存储和防止篡改、窃取带来了技术上的难题，传统的安全防护手段无法跟上数据量非线性增长的步伐，研究应用新技术并解决其存在的安全问题是大型信息系统信息安全建设面临的挑战之一。

4）安全事件层出不穷，安全运维难度增大

大型信息系统中包含的设备种类众多，数量大，管理难度大，系统安全防护策略难以感知，无法实现安全资源的动态调动。大型信息系统自身存在的安全脆弱性使得其容易遭受各种已知或未知的安全威胁，面临各种安全风险。即使采取了防护措施，仍可能存在残留风险，从而导致信息泄露、业务中断、网络瘫痪等信息安全事件发生。安全事件的发生不可避免，单一的以安全技术为主的应对策略在应对大规模网络突发事件时已无能为力。准确掌握大型信息系统当前安全状态，找准安全防护工作的薄弱环节，提升应对各类安全事件的能力，保证大型信息系统的强生存性，是大型系统信息安全建设过程中面临的挑战之一。

通过上面的分析可以看出，大型信息系统信息安全建设过程中面临“技术要素多，管理过程杂，实施难度大”的问题，现有的安全防护体系无法抵御来自网络空间的高强度威胁，因此大力推进大型信息系统安全体系化和自主化建设，提升强信息对抗环境下的防护能力刻不容缓。

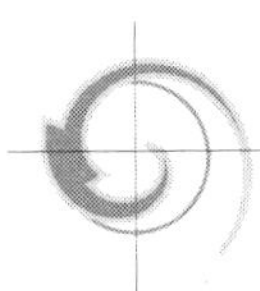

第2章 大型信息系统信息安全工程

保障大型信息系统的安全是一项复杂的系统工程,包括技术、管理、政策、法规等多个方面的建设。本章遵循信息安全工程过程的思想,在明确大型信息系统安全目标的基础上,对系统可能面临的安全风险进行分析,基于分析结果,指出保障大型信息系统安全性的具体需求,以安全需求为指引,设计大型信息系统的安全保障体系。

2.1 信息系统安全问题的主要解决方法

随着信息资源的重要性日益显现,信息系统面临的安全威胁日益严重,安全事件越来越多,如何解决安全问题、保障系统安全已经成为信息系统建设和运行过程中需要重点考虑的问题之一。

针对信息系统存在的安全隐患和面临的各种安全风险,通常采用防火墙、隔离网关、防病毒、加密、安全审计、监控等防护措施和技术。但是在实际应用中,信息系统的安全问题不是只靠纯粹的安全技术,或是只靠堆砌几种安全产品就能解决,这是因为信息系统投资大、周期长、影响因素众多,其安全问题涉及面广、性质复杂,主要表现在以下几个方面。

(1) 信息系统风险是客观存在的,风险点不是单一存在的。在信息系统生命周期中风险无处不在,物理安全、计算环境安全、数据安全、应用安全、安全管理等任何一个方面出现问题,都可能导致安全事件的发生。

(2) 安全是动态的、不断变化的。信息安全具有动态性,随着信息技术的不断发展,可接受的安全风险在环境或条件变化下有可能成为严重的安全威胁,不可接受的安全风险由于及时采用了适当的安全防护措施有可能减小甚至消失。这种动态性表明不存在一劳永逸的安全解决方案。

(3) 信息安全问题不能仅依靠技术解决。信息安全技术、产品自身就可能存在各种脆弱性,易遭受攻击,即安全技术和产品本身的安全性如何保证,因此无法仅采用安全技术和产品防范恶意攻击。

(4) 解决信息系统的安全问题不仅涉及信息安全技术、信息安全产品,还涵盖管理、制度、人员等各个方面。信息安全建设是“三分技术、七分管理”,保障信息系统的安全,需要在发展技术的同时,关注安全管理体系的建立、执行。只有先进的信息安全技术加上科学的信息安全管理,才能够全面有效地保证信息系统的安全。

综上所述,信息安全贯穿于信息系统生命周期,是一个基于过程的系统性工程问题,需要采用系统化、工程化的思想加以解决。于是人们提出了系统安全工程的思想来解决安全问题,通过引入 SSE - CMM 模型作为信息安全工程的理论依据,用于指导信息化建设中安全工程的实施。

2.2 信息安全工程

2.2.1 信息安全工程的概念

信息系统安全在美国国家安全电信和信息系统安全委员会制定的信息系统安全术语表中描述为:信息系统安全是指采取各种必要的检测、记录和对抗方法对信息系统实施保护,防止在信息存储、处理和传输过程中对信息未经许可的访问和修改,以及对授权用户的拒绝服务等。信息系统安全的最终目标是保障信息内容在系统内的任何地方、任何时候和任何状态下的机密性、完整性和可用性,而这一目标的实现需要在信息系统体系结构下完成,而不是孤立和单纯地寻求对信息内容的保护。

信息系统安全工程(Information System Security Engineering,ISSE)[8-11]是侧重于信息安全应用的系统工程。当前普遍认为,信息系统安全工程是指将专门的安全技术(如通信安全、计算机安全和网络安全技术等)应用于信息系统生命周期的各个阶段,以保证组织对信息系统的需求按照可行的安全策略得到满足,并使信息系统能够抵御可感知的威胁。

信息系统安全既不是纯粹的技术,也不是简单的安全产品的堆砌,它覆盖面广,涉及诸多领域和学科,是一项复杂的系统工程,必须以系统工程的思想、方法来处理,这就是信息系统安全工程的主要思想。

2.2.2 系统安全工程能力成熟度模型

系统安全工程能力成熟度模型(Systems Security Engineering Capability Maturity Model,SSE - CMM)[8-11]是一种衡量安全工程实践能力的方法,它可以对企业安全工程的质量、安全工程实施单位的实施能力进行评估。

2.2.2.1 SSE - CMM 的提出

众所周知,计算机与网络的安全问题对信息系统的可靠使用关系极大,信息系统安全工程的建设更加需要一个系统化、工程化的思想、技术、实践指导及评价体系。能否将软件工程能力成熟度模型的成功经验与成果应用到信息系统安全工程的领域是一个具有重要意义与价值的问题。

1993 年 4 月,在美国国家安全局 NSA 等的资助下,SEI 开始基于系统安全工程的能力成熟度模型的研究。1995 年 1 月举行了第一次安全工程程研讨会,美国国家安全局与美国国防部、加拿大通信安全局以及来自 60 多个机构的代表进行了讨论,肯定了这种模型的需求,启动了"系统安全工程能力成熟度模型"(SSE - CMM)的项目。该项目力求在原有能力成熟度模型(CMM)的基础上,通过对安全工作过程进行管理的途径将系统安全工程转变为一个完好定义的、成熟的、可测量的先进工程。这标志着安全工程 CMM 开发阶段的开始。同年 3 月份召开了工作组的第一次工作会议,并于 1996 年 10 月公布了 SSE - CMM 第 1 版。

为了验证这个模型和相应评定方法,从 1996 年 6 月到 1997 年 6 月进行了大量实验项目。1997 年 4 月公布了 SSE - CMM 的评定方法第 1 版。1997 年 7 月,召开了第二届公开系统安全工程 CMM 工作会议,这次会议主要涉及模型的应用,特别是在采购、过程改进、产品和系统质量保证等方面。在 1999 年 4 月 1 日公布了 SSE - CMM 第 2 版,并于 16 日公布了其评定方法第 2 版,之后不久便提交国际标准化组织申请作为国际标准。

2.2.2.2 SSE - CMM 的基本思想

SSE - CMM 目的是建立和完善一套成熟的、可度量的安全工程过程。该模型定义了一个组织的安全工程过程必须包含的本质特征,这些特征是完善安全工程的保证。此安全工程对于任何工程活动均是清晰定义的、可管理的、可测量的、可控制的并且是有效的。SSE - CMM 模型及其评定方法汇集了工业界常见的实施方法,提供了一套业界范围内(包括政府及产业)的标准度量体系,它覆盖了:

(1) 整个生命期,包括开发、运行、维护和终止。

(2) 整个组织,包括其中的管理、组织和工程活动。

(3) 与其他规范并行的相互作用,如系统、软件、硬件、人的因素、测试工程、系统管理、运行和维护等规范。

(4) 与其他机构的相互作用,包括采购、系统管理、认证和评价机构。

确保了在处理硬件、软件、系统和组织安全问题的工程实施活动后,能够得到一个完整意义上的安全结果。

SSE - CMM 还用于改进安全工程实施的现状,达到提高安全系统、安全产品和安全工程服务的质量和可用性并降低成本的目的。

2.2.2.3 SSE - CMM 的体系结构

1) SSE - CMM 结构

SSE - CMM 是以系统工程能力成熟度模型(SE - CMM)为基础,将以过程为基础的方法带进信息系统安全工程的构建过程。SSE－CMM 结构的目标就是明确区分安全工程过程的基本特性与其管理和制度化方面的特性。为了保证达到这个目标把模型结构分为两维：域维和能力维。其中，域维包括全面界定了安全工程的所有实践，把这些实践称为“基本实践”；能力维表示那些代表管理和制度化能力的实践，把这些实践称为“普遍实践”。普遍实践可应用于大范围的域中，而且其代表的活动应被作为基本实践的一部分实践的一部分执行。

2）SSE－CMM 主要内容

（1）域维度。SSE－CMM 的横轴上是域维度，定义了 11 个安全方面的关键过程域（Process Areas，PA）（PA01－Pall）：管理安全控制、评估影响、评估安全风险、评估威胁、评估脆弱性、构造信任度论据、安全协调、监控安全态势、提供安全输入、细化安全需求、检验和证实安全。这十一个过程域可能出现在安全工程生存期的各个阶段。每个过程域都由一组确定的基本实践（Basic Practice，BP）定义，每个 BP 对于过程域的目标都是不可缺少的。

（2）能力维度。SSE－CMM 的纵轴上是五个能力成熟度等级，每个级别的判定反映为一组共同特征（Common Feature，CF），而每个共同特性通过一组确定的通用实践（Generic Practice，GP）来描述，过程能力由 GP 来衡量。能力级别、CF 和 GP 组成了三级结构。

2.2.2.4 安全工程过程

SEE－CMM 将安全工程划分为三个基本过程：风险过程、工程过程和保证过程。

1）风险过程

风险过程是要识别出所开发的产品或系统的危险性，并对这些危险性进行优先级排序。安全工程的一个主要目标是降低风险，即降低有害事件发生的可能性。一个有害事件由三部分组成：威胁、脆弱性和影响。风险过程包括评估威胁、评估脆弱性、评估影响和评估安全风险。

2）工程过程

工程过程是针对危险性所面临的问题，安全工程过程要与其他工程一起来确定和实施解决方案。工程过程是一个包括概念、设计、实现、测试、部署、运行、维护、退出的完整过程。安全工程必须紧密地和其他部分的系统工程组合，才能保证安全成为一个大项目过程中的一个整体部分，而不是隔离的独立活动。安全解决方案不能只考虑安全问题，还需考虑成本、性能、技术风险和是否易于使用等问题。工程过程包括的过程区包括指定安全要求、提供安全输入、监视安全态势、管理安全控制和协调安全。

3）保证过程

保证过程是建立对解决方案的信任，并将这些信任传达给顾客。保证是指安全需要得到满足的信任程度。信任程度来源于安全工程过程可重复性的度量结果。安全保障来自于安全措施的正确性和有效性,正确性保证安全措施实现了需求,有效性则保证安全措施已充分地满足了顾客的安全保密需要。安全保证以安全论据形式出现,论据要有证据支持,证据在安全工程活动的正常过程期间获得,并记录在文档中。保证过程包括的过程区包括:验证和证实安全、风险过程和工程过程中的过程区、建立保证论据。

2.3 大型信息系统信息安全工程

随着大型信息系统在通信、金融、工业控制、医疗、交通等领域发挥越来越大的作用,其面临来自外部和内部的威胁也日益增多且日趋严重。鉴于大型信息系统分布广阔、网络结构复杂、业务种类繁多、处理的数据量巨大、用户操作多等特点,其安全问题不能只是通过叠加安全产品或采用"打补丁"的方式解决,需要从全局出发,依靠安全技术、安全产品、法规、制度、管理等多种手段,需要考虑如何根据系统的安全目标和安全需求对各种安全技术加以整合,需要用系统工程的思想保障其安全性。

2.3.1 大型信息系统信息安全工程模式

大型信息系统安全是一项典型的系统工程[11],是用系统工程的概念、理论、技术和方法来研究、开发、实施与维护大型信息系统安全的过程。大型信息系安全贯穿于大型信息系统的整个生命周期,涉及计算环境安全、网络安全、数据安全、应用安全、安全管理等多个方面的安全问题,所以需要采用一种过程性控制方法来保证安全工程的质量以及可信度,即将安全过程和安全部件整合到大型信息系统工程中,也就是大型信息系统安全工程过程。大型信息系统安全工程过程是针对大型信息系统的安全生命周期而设计的,通过对各种系统安全工作任务抽象、划分为过程后进行管理的途径,将系统安全工程转变为一个完好定义的、成熟的、可测量的工作。

大型信息系统信息安全工程包括规划设计过程、安全实施过程、安全评定过程、运行维护过程和持续改进过程五个过程,遵循信息安全工程思想,涵盖 SSE-CMM 中的 11 个 PA(关键过程域),符合 PDCA 生命周期管理方法[10],如图 2.1 所示。

1) 规划设计过程

规划设计过程主要包括风险评估、需求分析、安全保障体系设计。首先对实施安全工程的大型信息系统的安全现状进行分析,分析各种可能对系统构成威胁的影响因素、系统本身的脆弱性,以及如果威胁因素起作用可能对系统造成的影响等;然后基于风险评估的结果,形成大型信息系统的信息安全需求;最后根据安全

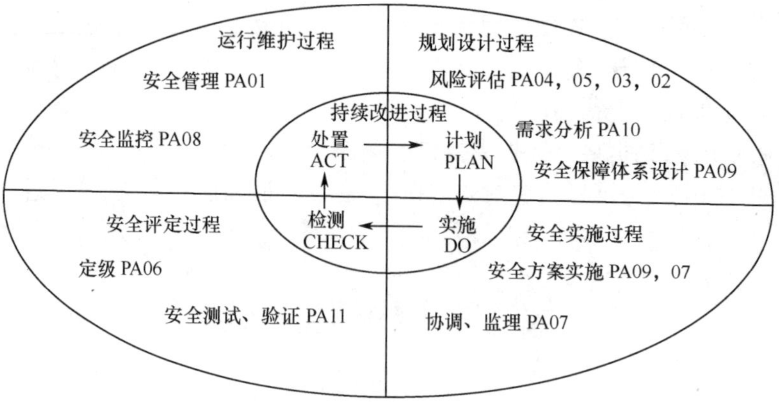

运行维护过程
安全管理 PA01
安全监控 PA08
规划设计过程
风险评估 PA04，05，03，02
需求分析 PA10
安全保障体系设计 PA09
持续改进过程
处置 ACT
计划 PLAN
检测 CHECK
实施 DO
安全评定过程
定级 PA06
安全测试、验证 PA11
安全实施过程
安全方案实施 PA09，07
协调、监理 PA07

图 2.1　大型信息系统信息安全工程模式

需求设计大型信息系统的信息安全保障体系。

规划设计过程遵循 SSE－CMM 安全工程过程中的风险过程思想，涵盖 SSE－CMM 中的以下 PA：风险过程涵盖 PA04 评估威胁、PA05 评估脆弱性、PA03 评估风险、PA02 评估影响，需求分析涵盖 PA10 细化安全需求，安全保障体系设计涵盖 PA09 提供安全输入过程域。

2）安全实施过程

安全实施过程主要包括安全方案实施、协调和监理。根据大型信息系统风险分析结果、系统安全需求、保障体系框架，在综合考虑成本、性能、技术风险、使用难易程度等各种因素后，确定大型信息系统信息安全建设方案，并用该方案指导大型信息系统的开发和建设，并对系统进行不间断的监测。

安全实施过程遵循 SSE－CMM 安全工程过程中的工程过程思想，涵盖 SSE－CMM 中的以下 PA：安全方案实施涵盖 PA09 提供安全输入过程域和 PA07 安全协调，协调和监理涵盖 PA01 管理安全控制。

3）安全评定过程

安全评定过程包括定级、安全测试和验证。在大型信息系统投入运行后，需要定期对系统进行安全性测试和评估，评定系统是否满足设定的安全要求，发现系统的安全隐患，减少安全风险。

安全评定过程遵循安全工程过程中的保证过程思想，涵盖 SSE－CMM 中的以下 PA：定级涵盖 PA06 构造信任度，安全测试、验证涵盖 PA11 检验和验证。

4）运行维护过程

运行维护过程包括安全管理和安全监控。在大型信息系统运行阶段，持续性地对系统的安全状态进行监控、分析和预测，对突发安全事件进行及时快速的响应和处置，对人员进行安全教育和培训。

运行维护过程遵循安全过程中的保证过程思想，涵盖 SSE－CMM 中的以下

PA:安全管理涵盖 PA01 管理安全控制,安全监控涵盖 PA08 监控安全状态。

5）持续改进过程

大型信息系统的信息安全是一个动态循环的过程,当系统结构、所处环境、需求等发生变化时,需要重新进行风险分析、重新确定安全需求、制定或改进安全防护措施等,进入下一次循环,符合 PDCA 管理方法。

2.3.2 大型信息系统信息安全工程实践过程

利用上述大型信息系统信息安全工程模式进行工程实践的过程如图 2.2 所示。大型信息系统安全工程实践过程遵循大型信息系统信息安全工程过程模式,贯穿其生命周期各个阶段。

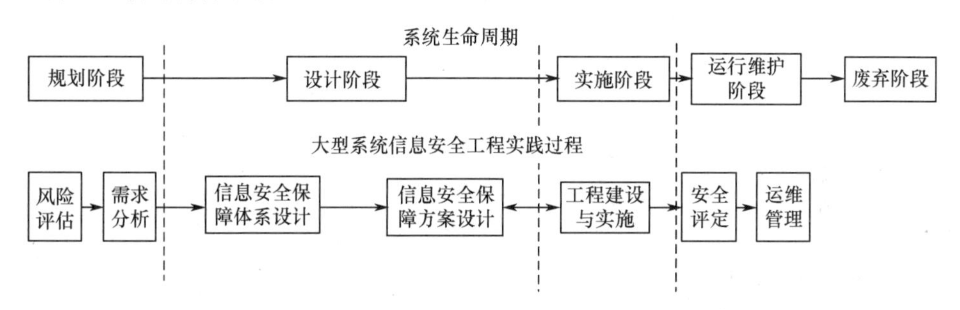

图 2.2　大型信息系统信息安全工程实践过程

大型信息系统信息安全工程实践首先需要识别系统可能面临的风险,根据识别结果形成大型信息系统的信息安全需求,然后根据需求设计系统的安全保障体系,并形成安全保障方案,根据方案组织资源实施大型信息系统安全保障体系建设,同时对信息安全工程实施的全过程进行监理,在系统完成建设后,对系统安全目标、安全需求的达成程度进行评定和验证,最后在系统运行阶段,通过不断监控系统的安全状态变化来管理和响应安全事件。

1）风险评估

在大型信息系统的规划阶段,首先要从风险评估入手,明确大型信息系统需要保护的资产,识别其面临的威胁和存在的脆弱性,分析其可能面临的风险。大型信息系统的风险涉及计算环境安全、网络安全、应用安全、数据安全、安全管理等方面的风险。

2）需求分析

安全需求是由安全风险引出的,不同资产面临的风险会形成不同的安全需求。大型信息系统的安全需求分析包括技术、人员和管理三个方面。

3）信息安全保障体系设计

在大型信息系统的设计阶段,结合安全风险,依据安全需求,从技术体系、组织体系和规范体系等多个层面构建大型信息系统信息安全保障体系。

4）信息安全保障方案设计

大型信息系统信息安全方案设计包括计算环境、网络、应用、数据、管理方面的安全策略及解决方案，并明确需要采用的安全技术和安全产品等。

5）安全评定

根据相关标准和规范，对大型信息系统安全需求和安全目标的满足程度进行验证，并形成测试验证记录和结果。

6）运维管理

大型信息系统运行阶段，对系统、安全设备、业务系统等的安全状态进行监控，对网络的运行进行监控，对系统的日志等进行分析，发现安全隐患，并采取相应的安全控制措施，同时对突发的安全事件进行响应和处置。

2.4 大型信息系统信息安全目标

随着计算机和通信网络技术的飞速发展，大型信息系统安全的概念已经不只是局限于信息的保护，而转化为信息保障问题。信息资源的安全性已经从对单一因素安全性、静态防护的考虑，向提高信息系统整体安全性、企业信息安全性、国家信息安全性的角度转化。

大型信息系统的信息安全目标是：建立大型信息系统信息安全保障体系，提高系统的动态防御能力、应急响应能力、安全态势感知能力等，在大型信息系统生命周期全过程的各个状态下，保障网络基础设施、计算环境、边界与连接、信息内容、应用等的机密性、完整性、可用性和不可抵赖性等。

2.5 大型信息系统信息安全性分析

大型信息系统的安全风险一般来源于四个方面：一是系统面临的外部威胁导致系统面临的风险；二是由于系统中设备自身存在的脆弱性导致系统面临的风险；三是系统面临的内部威胁导致系统面临的风险；四是由于新技术的引入（如虚拟化技术）带来的安全风险。

本节从计算环境安全、网络安全、数据安全、管理安全等几个方面，分析大型信息系统可能面临的安全风险。

1）计算环境安全性分析

在大型信息系统中，各类终端、服务器等构成的基础计算环境面临的安全风险主要包括：

（1）在大型信息系统中，如果缺乏对接入网络的终端的安全性和可信性的判定机制，非授权终端可轻易接入目标网络，易导致各种恶意程序在网络中肆意扩散。大型信息系统中的终端安装运行了大量的应用软件，运行非授权软件可能会带来木马植入、病毒入侵和平台瘫痪等问题，导致重要信息被窃取、篡改或破坏。为了应对不断发展的攻击技术和快速识别新的威胁，大型信息系统中的终端中运行了多种安全防护软件，这些软件易遭到强制卸载、停止相应进程、修改相关磁盘文件等方式的破坏，如果没有相应的保护和恢复机制，易导致终端系统防护措施失效，而无法进行管控。同时，由于安全防护软件具有较高的权限，攻击者可绕过安全防护软件或直接攻击安全防护软件，进而控制整个系统。大型信息系统的用户数量众多，如果终端的身份认证措施被假冒或旁路，用户可越权访问信息资源，导致信息机密性的丧失。

（2）在大型信息系统运行过程中，终端会涉及处理大量的应用和文件。由于应用和文件的渠道来源多样、流转过程复杂，且大部分应用和文件的安全性未被验证，很容易被注入恶意代码，从而影响到终端的安全运行。

（3）大型信息系统采用虚拟化技术后，如果虚拟机之间的通信缺乏有效的监控，入侵者会利用虚拟机之间或者虚拟机和主机之间的通信窃取信息。攻击者还可以通过宿主机的安全漏洞来劫持宿主机，达到监控其他虚拟机实时运行情况，甚至对虚拟磁盘文件以及核心数据进行窃取或篡改，进而控制整个虚拟环境。大型信息系统虚拟化环境中，虚拟机、大型信息系统虚拟化环境交换设备存在于同一台物理服务器或服务器集群中，使得攻击目标过于集中，只要攻击者攻陷一台物理服务器，物理服务器内的全部虚拟机和整个大型信息系统虚拟化环境将被全部攻陷。

2）网络安全性分析

大型信息系统通常规模庞大、分布广阔、网络拓扑结构复杂、提供各种服务，其网络面临的安全风险主要包括：

（1）网络边界面临的安全风险。对于诸如银行信息系统之类的内部网络与国际互联网连接的大型信息系统，面临来自互联网的攻击和恶意入侵的威胁，如果大型信息系统网络边界定义不清晰、内部网络和外部网络的边界访问控制措施不到位，外部攻击者可能会进入内网进行攻击，将面临网络瘫痪、业务中断、非授权访问、信息泄露、数据被篡改等风险。

大型信息系统通常由多个子系统组成，各子系统一般根据业务需求不同划分为多个独立的网络，每个网络又根据业务安全等级或功能进行了安全域划分，大型信息系统内部存在大量的内网边界。如果内网边界缺乏有效的身份认证、访问控制等机制，将面临未授权用户进入网络进行非法操作、窃取数据、篡改数据、破坏系统等风险。

（2）网络访问面临的安全风险。大型信息系统内部网络之间存在信息交互、数据交换，或向外提供服务，需要开放一些服务端口和访问权限，如果访问控制措施不到位、缺乏对网络中发生的各种访问行为进行监控和审计，将面临网络资源被滥用、信息泄露、无法及时有效发现网络攻击或用户非法行为等风险。

大型信息系统中存在根据业务需要接入新设备的需求，在设备接入系统前，如果没有进行认证或授权等措施,将面临非法设备接入网络,导致网络不可信、不可控的风险。

(3) 网络设备面临的安全风险。大型信息系统中使用的路由器、交换机等网络连接设备由于自身存在安全漏洞,攻击者可利用这些漏洞发起攻击。如果路由器规则配置表设置不合理,交换机的端口与用户计算机的 MAC、IP 地址没有绑定等,将面临非法用户入侵内网的风险。对于关键的网络设备如果没有备份措施,一旦发生故障或遭受攻击,将面临通信中断、系统无法正常运行的风险,直接影响诸如银行交易处理等对实时性要求高的系统。

3) 数据安全性分析

大型信息系统中数据量巨大,数据面临的安全风险会导致数据的机密性、完整性和可用性受损,可能面临的风险主要包括:

(1) 大型信息系统中包含海量的数据信息,存放在数据库服务器中的敏感数据、涉密数据等重要数据在存储过程中没有加密、没有进行分类存放,将导致数据被非法复制、篡改、泄露等。重要数据、核心数据库缺乏备份措施,遭受突发事件后,将面临数据受损后无法恢复的风险。大型信息系统中内部用户多,存在内部人员有意或无意窃取数据、篡改数据、泄露数据的风险。

(2) 大型信息系统中海量数据的聚合和集中存储、个人隐私等敏感数据的所有权和使用权没有明确的界定,都增加了数据被泄漏、被滥用的风险。同时攻击行为在海量的数据中更为隐蔽,安全分析和追踪会更加复杂和困难。

(3) 大型信息系统采用云计算等新技术后,海量的数据通常采用云端存储,对数据的管理比较分散,对用户进行数据处理的场所无法控制,合法用户与非法用户很难区分,容易导致非法用户入侵,窃取重要的数据信息。如果攻击者入侵数据库系统,进行添加数据、篡改数据等非法操作,将导致数据分析结果不可靠。

4) 管理安全性分析

大型信息系统分布广阔、用户多、应用系统多、数据量大,如果缺乏有效的管理机制,即使采用最好的安全防护措施,也很难发挥其应有的效果。管理方面的安全风险主要包括:信息安全组织体系建立不完善、权责不清、管理不到位、具体的安全任务无法落实到人;信息安全管理制度建立不完善及缺乏操作性,执行落实不到位;缺乏对内部人员的管理,人员安全意识淡薄、操作经验不足、非法窃取或篡改数据、对内网进行破坏、与外部人员联合对内网进行攻击等。

2.6 大型信息系统信息安全需求分析

"安全需求"就是保障大型信息系统安全"要做什么","安全需求分析"就是明确保障大型信息系统安全"要做什么"的过程,全面、准确地分析大型信息系统的信息安全需求,是构建大型信息系统安全保障体系的前提之一。

针对大型信息系统包含的系统众多、信息数据量大、设备繁多、网络多为多级结构、跨越多个安全域等特点，保障大型信息系统的安全不能只靠单个安全技术的叠加，而是需要从技术、人员和管理三个方面综合考虑，形成对大型信息系统安全的多层次、纵深的安全保障，在任何时候、任何状态下，都能保障信息的机密性、完整性、可用性，以及系统运行的可靠性。

安全需求是由安全风险引出的，不同类型的资产会导致不同的安全风险，从而形成不同的安全需求。基于大型信息系统的安全目标，及其可能面临的安全风险，大型信息系统的安全需求包括技术方面的安全需求、人员方面的安全需求和管理方面的安全需求三个方面，具体需求详细描述如下。

2.6.1 技术方面的安全需求

技术方面的安全需求主要包括计算环境安全需求、网络安全需求、数据安全需求、应用安全需求、自主可控需求、安全测试评估需求、运维保障需求、应急响应需求等。

1）计算环境安全需求

应构建具有一定自免疫能力的安全可信计算环境，实现对大型信息系统中终端和服务器的统一集中管控，保证各类应用和数据不被非授权访问、使用、泄露、中断、修改或破坏，保证大型信息系统基础计算设施的安全可靠运行。

（1）终端接入的安全。大型信息系统中包含大量的终端，应建立判定接入终端安全可信的机制，保证接入系统的终端是安全可信的。

（2）虚拟基础设施的安全。大型信息系统采用虚拟化技术后，所有的计算资源、网络资源和存储资源都是虚拟的，系统的运行需要依赖虚拟基础设施，上层的安全防护设备也运行在虚拟基础设施之上，应保障虚拟基础设施的安全，为上层业务和安全防护设备构建一个安全可信的基础环境。

（3）抵御虚拟环境中的攻击。大型信息系统采用虚拟技术后，不同用户共享相同的物理基础设施，虚拟环境中的虚拟机可以对其他用户实施攻击，应加强虚拟化环境中内部攻击的防护措施，确保大型信息系统的内部安全。

（4）业务运行中数据的安全。大型信息系统运行过程中涉及的各类数据在虚拟环境中以镜像文件的形式集中存储，数据易被泄露，应保证虚拟环境中存储的数据的安全。

2）网络安全需求

（1）网络隔离。对于政府、大型企业等须与外部网络隔离的系统，其网络应与Internet实施物理隔离；对于与Internet连接的网络的应采取相应的安全隔离和访问控制措施。大型信息系统内部网络部分，应根据安全等级采取逻辑隔离，进行安全域划分，对用户进行访问控制。

（2）网络接入控制。大型信息系统具有灵活的可扩展性，可以根据业务需求接入新的设备,应在设备接入网络前进行认证,并检测入网设备的安全性,确保只允许通过认证且安全状态遵循网络安全策略的设备接入系统,保证网络的安全。

(3) 跨域安全。大型信息系统通常根据安全性和业务的需要,将系统划分为多个安全域,各安全域之间存在密切的业务联系和资源访问需求,应保证不同安全域之间的信息传输、资源访问的安全,以及信息流的审计与控制。

(4) 网络内容监控。大型信息系统内数据通信量大,操作繁多,应对网络通信内容进行实时监控、记录,对网络攻击、异常行为等进行响应。

(5) 网络防病毒。大型信息系统规模庞大,若系统中某台设备感染病毒,可能导致整个网络病毒爆发,应建立病毒防范体系,实施统一的网络病毒防范策略,在全网范围内对病毒进行有效的预防、隔离和清除。

(6) 网络设备备份。应对关键网络、重要网络设备等进行备份,在遭受攻击后能尽快恢复网络,确保系统正常运行。

3) 数据安全需求

(1) 数据存储安全。大型信息系统中数据量大、数据种类繁多,其中不乏敏感数据、涉密数据,应采取加密存储等措施保障数据的安全。对于使用资源池方式存储的数据应对数据进行分类存储保护。

(2) 数据访问安全。大型信息系统中数据种类繁多、用户多,数据的存取访问应划分等级权限,对系统中不同用户使用不同资源进行管理控制。

(3) 数据备份恢复。应对大型信息系统中的核心、重要数据等采取本地、异地备份措施,重要数据库应采取热备份措施等,数据受损时应能够及时恢复,保障整个信息系统的正常运行。

4) 应用安全需求

(1) 身份认证和授权。对大型信息系统中的关键应用系统,应采取身份认证和授权访问控制机制,对访问应用系统的用户身份、允许用户访问的信息数据对象、可执行的操作等进行有效的控制。

(2) 日志记录和审计。大型信息系统中的应用系统应具有细粒度审计功能,及时发现、记录非法的操作行为。

(3) 服务安全。大型信息系统中很多应用以服务的形式提供,应采取访问控制措施,保障跨不同安全域的服务调用安全,应采取监控机制,对服务的状态进行监控,及时发现异常,并在发生异常时采取措施进行服务恢复。

5) 自主可控的需求

基础设施的可控、安全、高效对大型信息系统的建设和发展至关重要,大型信息系统信息化建设、信息安全建设中,应采用基于自主可控的关键软、硬件的信息技术产品,避免核心基础设施依赖国外产品,从根本上保障大型信息系统的安全。

6) 安全性测试评估的需求

在大型信息系统运行过程中,应定期对系统进行安全性测试和评估,对发现的安全问题应及时采取补救措施，同时改进系统的安全防护措施，将系统面临的高安全风险降低到可接受程度，并减少不可控风险。

7）安全运维管理的需求

应对安全设备的集中管理，包括运行状态的集中监控和告警、安全事件的采集和分析、安全策略的统一配置和分发，对所有基础设施业务系统进行集中安全监控和管理，包括对终端和网络的运行监控、对业务系统日志的采集分析等。

8）应急响应的需求

应建立大型信息系统应急响应体系和机制，保证大型信息系统在应对突发事件时，能够快速响应和处置。

2.6.2 人员方面的安全需求

大型信息系统中用户众多，内部人员的误操作、安全意识淡薄等都会给系统带来风险。应加强对内部人员的管理，对人员进行信息安全技能、职能和安全意识的教育培训，提升全员的安全素质。

2.6.3 管理方面的安全需求

应建立信息安全管理体系，负责大型信息系统的安全管理和监督，确保整个系统的安全管理处于较高的水平，满足日益增长的信息安全管理要求。

制度建设是大型信息系统安全建设的依据，应建立信息安全规范体系，保障信息安全方案的贯彻执行，包括建立应急响应、备份恢复、数据加密、安全审计、访问控制等各项规章制度。

2.7 大型信息系统信息安全保障体系

大型信息系统的信息安全保障体系是结合大型信息系统的特点，以大型信息系统信息安全需求为指引，全面考虑人、操作和技术因素，从技术、组织与规范三方面进行构建，如图2.3所示。其中技术体系为实现信息保障采取的技术措施，组织体系主要包括为了实现大型信息系统信息保障需建立的组织和设立的人员，规范体系主要包括实现大型信息系统信息保障需要的相关标准、规范、制度等。

2.7.1 技术体系

技术体系通过采用多层次、多方面的技术手段和方法，为大型信息系统信息安全保障提供有力技术支持。整个体系的构建遵循大型信息系统信息安全工程过程，通过对计算环境安全、网络安全、数据安全等基础防护层面采取信息保障措施，并针对贯穿各个防护层面的监控管理、测试评估等关键技术构建技术平台，实现信息保障技术体系。

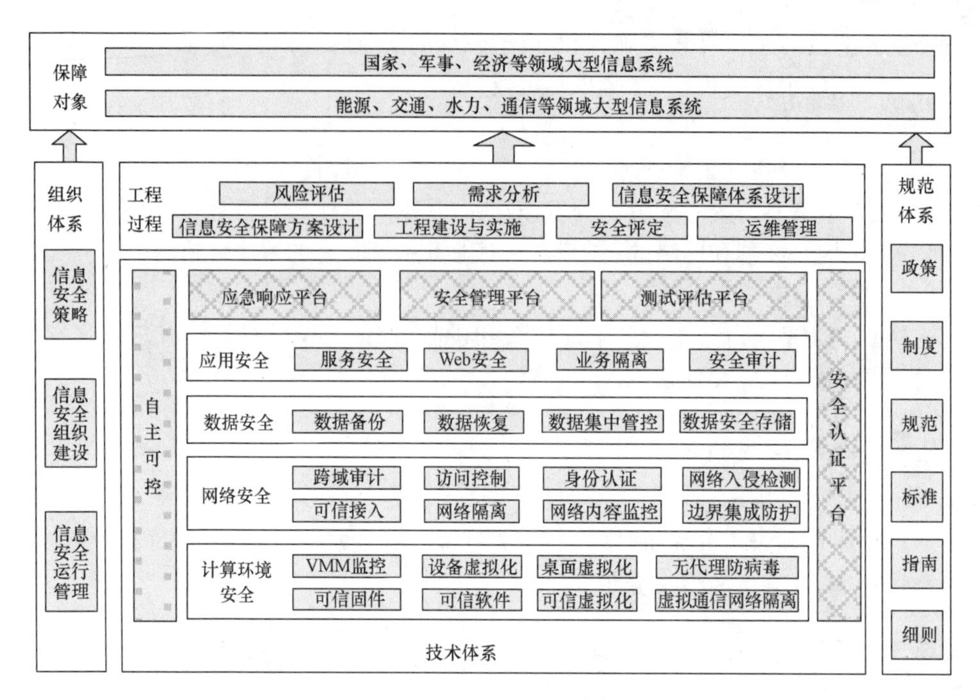

图 2.3　大型信息系统信息安全保障体系

大型信息系统信息保障技术体系包括一个过程、一个基础、四个方面和四个平台。

1）一个过程

一个过程指大型信息系统的信息安全保障建设，包括技术体系、组织体系、规范体系，都要遵循大型信息系统信息安全工程过程。

2）一个基础

一个基础是指大型信息系统的信息安全保障的建设应建立在自主可控的基础上，大型信息系统及其安全防护系统的相关产品技术要自主可控，大型信息系统的信息安全工程规划、设计、研发、运维建设的全过程、各环节要自主可控。

3）四个方面

四个方面主要是指保障大型信息系统基础设施的安全和用户的安全所需的安全防护支撑技术，这些技术主要从计算环境安全、网络安全、数据安全和应用安全四个防护层面，形成信息保障技术域。下面描述各个防护层面相应的信息保障技术手段和方法。

（1）计算环境安全：主要从可信计算、虚拟化安全等方面保障大型信息系统中由各类终端、服务器构成基础的计算环境的安全。可以采取的技术手段包括安全芯片组技术、可信 BIOS 技术、TCM 虚拟化技术、可信软件栈技术、平台可信接入技术、可信虚拟化技术、VMM 监控及强制访问控制技术、虚拟网络通信隔离技术、桌面虚拟化远程显示技术、安全设备虚拟化技术等。

(2) 网络安全:主要从网络设备安全、跨域安全、防病毒、传输安全等方面采取技术措施,保障大型信息系统网络安全。可以采取的技术手段包括物理隔离和逻辑隔离、网络边界的安全接入技术、终端设备安全隔离技术、关键网络设备备份、加密传输、网络防病毒、防火墙、入侵检测、身份认证、访问控制、跨域审计技术等。

(3) 数据安全:主要从数据的产生、使用、传输、存储、销毁等方面保障大型信息系统内数据的安全,可以采取的技术手段包括存储加密、数据备份与恢复、数据隔离、数据集中管控等技术等。

(4) 应用安全:主要从服务安全、审计等方面采取技术措施,保障大型信息系统关键服务器提供服务的安全。可以采取的技术手段包括服务安全技术、Web 安全技术、业务隔离技术、安全审计技术等。

4) 四个平台

由于安全认证、应急响应、安全测试评估、安全管理是大型信息系统安全保障各个层面都需要采取的信息保障措施,解决了贯穿信息保障各个防护层面的相关问题,是构成动态/静态、深度防御的重要技术措施,考虑技术的复杂性和系统信息安全需求,需要依靠专门的技术平台实现相应的保障功能。

(1) 安全认证平台。大型信息系统中对终端设备、数据、应用系统等资源的访问都需要对用户身份进行认证和访问控制。为了统一在大型信息系统各个层面的认证和访问控制,需要构建信息系统的信任体系,每个访问者在信任体系中标识唯一、根据请求访问资源的不同种类具有相应的权限。安全认证平台基于"建设全信息系统内的信任体系"的目的,提供各类认证鉴别技术、授权技术、访问控制技术,包括生物特征鉴别、加密算法应用等。

(2) 应急响应/处置平台。大型信息系统应具备对突发安全事件进行快速响应的能力,当系统遭受攻击时,在最短时间内恢复系统服务和系统数据,尽可能减少安全事件对系统的影响。大型信息系统的应急响应、处置、恢复需要同时依赖人、技术、制度等多个方面协调工作,完成对突发安全事件的应急处置。

应急响应/处置平台基于"将对系统影响降至最小、提供应急响应服务"的目的,提供发现突发安全事件、快速响应、评估系统损失、系统恢复等功能,具备应急隔离、应急取证/追踪、系统抵抗能力/识别能力/可恢复性/自适应性能力。应急响应/处置平台使得应急响应处置工作流程化、规范化,提高应急响应的效率和准确性。

(3) 测试评估平台。为了掌握大型信息系统的安全状态,需要定期对系统的安全状态进行测试、评估,及时发现安全隐患,改进安全措施。测试评估是保障大型信息系统运行过程中的安全性的动态措施。

对大型信息系统的测试评估涉及所有的设备,需要丰富的、自动化的测试手段和评估手段支撑。测试评估平台采用漏洞扫描、主机安全性检查、渗透测试等技术手段,对系统中资产面临的安全风险进行评估、对系统整体的安全防护状态进行评定、对系统对安全防护要求的满足程度进行分析,并为系统安全改进提供改进建议。测试评估平台能够保证安全性测试和评估结果的准确性、提升测试评估的效率。

(4) 安全运维管理平台。大型信息系统中涉及各类安全设备、网络设备、应用系统、数据库等,需要对上述资产的安全状态、运行状态等进行实时监控、分析和管理,以保证系统的正常运行。

安全运维管理平台对各类资产(安全设备/系统、网络设备、终端设备和业务系统等)的运行状态、配置操作、异常事件等进行实时监控,对各类资产进行统一的配置、管理,对全网的安全策略进行统一下发、优化等。安全运维管理平台降低了人工管理大量资产的复杂性,使得异常事件可追踪,提高判断应急事件发生的准确性。

2.7.2 组织体系

组织体系确定了大型信息系统信息安全保障规划、设计实施、运行和维护所需成立的组织机构和人员设置,为信息保障提供有力组织机构保证和人员保证。

大型信息系统的组织体系根据系统涉及的领域不同有所区别,通常信息安全保障组织体系包括信息保障领导组和技术支持组。

1) 信息保障领导组

信息保障领导组负责大型信息系统信息保障体系的规划、设计、实施、运行维护等决策,对信息安全建设过程中的重大问题做出决策,协调各部门之间的协作,推动信息化建设的实施,同时负责应急指挥工作。

信息保障领导组下设领导组办公室、专家小组。

(1) 领导组办公室:负责大型信息系统信息保障策略的贯彻,具体工作的决策、实施和监督等,对各类规章制度的制定进行检查核审定,对信息保障规划的执行情况进行检查,并协调信息保障技术支持小组的工作,完成信息安全保障建设。

(2) 专家小组:由信息保障专家、体系架构专家等组成,为领导组提供决策咨询,对大型信息系统信息安全建设提出合理化建议,对信息安全建设方案等进行评审并给出专家意见等。

2) 技术支持组

技术支持组接受信息保障领导组的领导和管理,下设安全职能小组、运行管理小组、应急服务小组、测试评估小组、培训教育小组和安全服务提供商等。

(1) 安全实施小组:主要负责大型信息系统信息安全的建设、信息安全各项规章制度的落实等,对突发安全事件及时上报应急服务小组,并配合实施应急响应技术手段。

(2) 运行管理小组:主要负责网络、基础设施、局域计算环境、边界、应用系统等的运行管理,包括流量监控、日志审计、安全事件监控等。

(3) 应急小组:主要负责大型信息系统安全突发事件的响应、处置、追踪,当发生应急事件时,根据判断进行告警、并启动响应预案、采用隔离等措施对应急事件进行处置、同时进行事件追踪。必要时,联系安全服务提供商获取产品技术支持,遇到难以解决的问题时,向专家小组寻求帮助。

(4) 测试评估小组:主要负责在大型信息系统规划、设计阶段分析系统中资产存在的脆弱性、面临的威胁、存在的风险,为确定信息安全需求提供依据;在大型信息系统运行、维护阶段定期进行安全性测试评估,掌握系统当前的安全状态,并对系统的安全要求符合程度进行评定。

(5) 教育培训小组:主要负责对系统中各级人员进行信息安全相关教育培训,包括信息安全意识教育、安全设备操作培训、应急响应培训、测试评估培训等,提高全员的信息安全意识。

(6) 安全服务提供商:主要是为大型信息系统安全建设提供安全产品、信息安全解决方案、应用系统等配套服务的供应商,在其提供的产品出现问题时,能够迅速到达现场提供技术支持。

2.7.3 规范体系

规范体系为大型信息系统信息保障提供有力的规范制度,确保信息安全建设能够按规定执行。规范体系应涵盖大型信息系统生命周期全过程,主要包括但不限于以下几点:

(1) 大型信息系统信息安全保障框架:明确大型信息系统信息安全保障建设总体思路、指导思想、总体框架等。

(2) 大型信息系统建设和运行管理规范:规定相关组织、人员的角色和职责,规定网络日常管理维护规定、安全接入规范、通信基础设施日常管理规定、应用系统管理维护规定等;规定网络、应用系统等设备和系统的操作规程等。

(3) 大型信息系统数据备份与恢复管理规定:规范数据备份与恢复操作,规定关键设备、关键业务、关键数据的备份措施和策略等;规定数据恢复的要求等。

(4) 大型信息系统安全策略规范:规定信息系统和各种设备的安全配置策略,以及应采取的安全控制措施等。

(5) 大型信息系统应急响应章程:规定应急小组的职责、应急事件的置操作规程、与其他应急协调组织的协调方式等。

(6) 大型信息系统测试评估规范:规定系统进行测试评估的周期、测试评估内容、采用技术手段、测试评估流程等。

(7) 大型信息系统机房安全管理规定:规定机房建设要求、日常管理要求、出入管理要求、值班人员管理要求、防电磁泄漏要求、安全防护措施等。

(8) 大型信息系统安全服务章程:规定安全服务商的职责、提供服务的内容等。

(9) 大型信息系统信息安全产品采购规定:规定负责采购人员的职责、采购的信息安全产品需取得认证认可组织机构的要求等。

(10) 信息安全意识教育和培训:规定信息安全意识教育培训的周期、对象、形式、内容、要求等。

2.8 大型信息系统信息安全方案设计关键要素

大型信息系统信息安全方案设计必须遵循大型信息系统信息安全工程的理念,依据大型信息系统信息安全保障体系,从多个层面综合设计保障大型信息系统的安全。

1) 计算环境安全方案设计要点

计算环境安全主要是保证各类应用和数据不能被未授权访问、使用、泄露、中断、修改或破坏,实现对大型信息系统中终端、服务器的统一集中可信管控。计算环境安全方案设计主要需要考虑可信计算体系结构、安全芯片组、可信 BIOS、可信软件栈等方面的设计,以及虚拟化安全解决方案等。

2) 网络安全方案设计要点

网络安全方案设计主要需要考虑网络边界防护设备的部署、网络边界安全策略的设置、安全域的划分及不同安全域之间的访问控制策略的设置、内网信息资源的授权管理、内网信息流和数据流的管理、内网安全状态的实时监控、网络防病毒系统的部署,关键网络及设备的备份等方面。

3) 应用安全方案设计要点

应用安全方案设计需要考虑应用系统的身份认证措施、控制不同类别用户的不同访问权限、应用系统的安全审计措施等方面。

4) 数据安全方案设计要点

数据安全方案设计主要需要考虑数据的安全管控,包括存储数据的安全、对数据访问的安全等;数据的备份措施,包括文件系统的备份、核心重要数据的本地/异地备份等;数据恢复措施;系统的恢复预案等方面。

5) 管理方面安全方案设计要点

管理方面安全方案设计需要考虑信息安全组织体系的建设、信息安全管理制度建立、信息安全标准制定等方面。

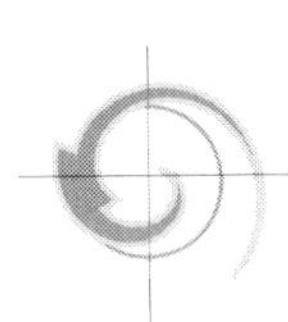

第3章 大型信息系统计算环境安全

在大型信息系统中，终端和服务器作为大型信息系统的载体，是实际计算操作和网络行为的发起者，也是关键文件和数据等敏感信息的存储体，如何保障基础计算环境的安全是大型信息系统安全纵深防御体系中最基础的一环。与对区域边界和通信网络的安全防护相比，由于大型信息系统中计算环境的结构更加复杂、形态更为多样、单元数量更加庞大、部署极其广泛，从而导致计算环境的安全性相对薄弱，因此，亟需提升整个大型信息系统中计算环境的安全防护能力。

计算环境安全是大型信息系统的安全基石，本章首先对计算环境安全的概念和相关研究进行概述，然后从可信计算、主机入侵检测和虚拟机安全三方面展开对计算环境安全的技术研究，有效解决大型信息系统"根基不牢"的难题。

3.1 计算环境安全概述

在大型信息系统中，所有具有计算能力的设备构成最基础的计算环境，在各类终端、服务器、网络设备上通过运用可信计算、主机入侵检测、虚拟机安全来对现有计算环境进行可信改造和安全增强，有效识别和阻断各类攻击入侵行为，为大型信息系统构建一个具有较强自免疫能力的基础计算环境。

3.1.1 计算环境安全的概念与范畴

在大型信息系统中，计算环境可以细分为基础计算环境、网络计算环境、虚拟计算环境、云计算环境、分布式计算环境、移动计算环境等。而在本书中，则着重关注基础计算环境范畴的安全研究。计算环境安全具体是指能够保证终端和服务器中各类应用和数据不能被未授权访问、使用、泄露、中断、修改或破坏，有效保障大型信息系统基础计算设施的安全可靠运行。

3.1.2 计算环境安全的作用及定位

在大型信息系统中，由各类不同形态终端和服务器构成基础的计算环境，为各类不同的数据、应用及服务等提供计算支撑,是整个大型信息系统的安全基石。计算环境也面临着最为广泛的网络攻击,与此同时,网络攻防技术的日新月异,难以对存有各种数据的计算设施进行全面有效的安全控制。迫切需要通过保障计算环境安全来提升各类具有计算能力设备的安全防护等级,有效解决固件攻击、非授权访问、非受控启动、核心硬件设备非法替换、数据泄露、后门攻击、病毒攻击、木马攻击等安全问题,保证各类应用和数据不能被未授权访问、使用、泄露、中断、修改或破坏,从硬件、固件、操作系统、应用等各层次来构建具有较强自我免疫能力的计算支撑环境。

3.1.3 计算环境安全主要研究方向

计算环境安全通过构建具有较强自免疫能力的基础计算环境,从而有效保障大型信息系统基础计算设施的安全可靠运行。目前,计算环境安全具有以下三个主要方向。

1）可信计算技术

在可信计算[13,14]方面,由于传统的安全技术难以保护信息的私密性、完整性、真实性和可靠性,提供一个可信赖的计算环境便成为当前迫切的需求。以可信平台模块和密码技术为基础的可信计算技术的出现,为解决计算环境的安全提供了新的思路,已经成为国内外研究的热点。可信计算技术通过构建一个信任根,再建立一条从硬件平台、到操作系统、再到应用的信任链,为计算环境的安全增强提供了新途径。

2）主机入侵检测技术

在主机入侵检测方面,由于终端和服务器作为大型信息系统的载体,存有各类关键文件和数据等敏感信息,已经成为被攻击或劫持的首要目标。面对当前恶意代码变异速度快、种类繁多,以及多种免杀技术运用的安全威胁,需要结合云计算以及 SOA 架构等技术研究新的主机入侵检测防护体系。

3）虚拟机安全

在虚拟机安全方面,随着虚拟化技术在各类大型信息系统的应用越来越广泛,网络攻防技术的日新月异,虚拟化的安全问题变得越来越突出,特别是很多传统安全防护手段已完全不适合于在虚拟计算平台应用,因此将虚拟机安全作为本章重点介绍的一项内容。

3.2 可信计算技术

可信计算技术可以有效提升计算平台的安全防护能力,确保平台硬件、固件和软件的完整性,用户身份和平台身份的唯一性,信息存储、处理的保密性,能有效阻止用户的非法使用、病毒侵袭、黑客攻击和秘密信息泄露,解决硬软件静态完整性保护、敏感数据信息安全存储、典型恶意代码防范、用户强身份认证、网络安全接入控制等问题[15]。

3.2.1 可信计算的概念

可信计算的思想源于人类社会,是把人类社会成功的管理经验用于计算机信息系统和网络空间,以确保计算机信息系统和网络空间的安全可信。可信计算技术主要目的是从基础硬件平台层次入手来解决计算机终端结构上的不安全。

1999年,国际标准化组织与国际电子技术委员会在ISO/IEC15408标准中定义可信为:参与计算的组件、操作或过程在任意的条件下是可预测的,并能够抵御病毒和一定程度的物理干扰。2002年,可信计算组织(Trusted Computing Group,TCG)用实体行为的预期性来定义可信:一个实体是可信的,如果它的行为总是以预期的方式,达到预期的目标。我国张焕国等提的可信计算概念是:可信计算形态是能够提供系统的可靠性、可用性、安全性(信息的安全性和行为的安全性)的计算机系统。通俗地简称为:可信≈可靠+安全。

可信计算的基本思想是:在计算机系统中,首先构建一个信任根,再建立一条信任链,从信任根开始到硬件平台、到操作系统、再到应用,一级度量认证一级,一级信任一级,把这种信任扩展到整个计算机系统,从而确保整个计算机系统的可信。

3.2.2 可信计算的研究现状

目前,国内外在可信计算标准规范、可信计算软硬件技术、可信网络技术等方面开展了大量的研究,取得了系列研究成果,形成了些具有代表性的部件和产品。与国外相比,由于缺乏对处理器和操作系统相关技术的掌握,国内在安全处理器、安全芯片组、可信虚拟机监视器、可信操作系统等方面还处于理论研究阶段,相关技术和研究还尚不成熟。但在可信密码芯片、可信BIOS、可信软件栈以及可信测评等方面,国内取得了更为可观的成果。

3.2.2.1 可信计算标准规范

国际可信计算组织(TCG)发布了针对可信计算平台的一系列规范,包括可信平台模块(TPM)1.2版本规范、TCG软件栈(TSS)1.2版本规范、可信PC 1.2版本规范、可信网络连接(TNC)1.5版本的架构规范,以及适用于移动无线设备的MTM(Mobile Trusted Module)规范,用于实现无线设备的可信接入。TCG的远景目标是形成多层次、全覆盖的可信计算技术规范,包括终端、服务器、手持设备等硬件平台规范;存储设备、输入设备、认证设备等外设规范;操作系统、Web服务、应用程序等软件平台规范。随着可信计算技术的发展与应用,TCG也逐渐认识到TPM在可用性、扩展性、兼容性等方面存在一些不足,制定了新一代TPM规范TPM.next。

我国从自身安全利益出发，自2006年开始进行可信计算国家标准的研究和制定工作。2007年12月29日，国家密码管理局发布了《可信计算密码支撑平台功能与接口规范》，规范定义可信计算密码支撑平台由可信密码模块（Trusted Cryptography Module，TCM）和TCM服务模块（TCM Service Module，TSM）两部分组成，并对主要的安全技术机制进行了规定。在国家信息安全标准委员会的主持下，已经制定包括芯片、微机、服务器、软件、可信网络连接等标准。

3.2.2.2 可信硬件技术研究

可信计算机硬件平台是实现计算机终端安全和网络平台可信的基本保障，主要包括可信密码芯片、安全处理器和安全芯片组。

在可信密码芯片方面，美国国家半导体公司、意法半导体公司以及英飞凌公司都分别推出了符合TPM 1.2规范的可信密码芯片，这些芯片在HP、DELL、SONY、NEC、TOSHIBA等安全PC中得到了大范围应用。2009年12月8日，Infineon生产的可信密码芯片率先通过当今最为严格的安全测试，获得通用准则评估级别EAL4+。国内一些厂商也先后推出了符合TPM1.2规范和TCM规范的可信密码芯片。

在安全处理器方面，主要有Intel公司基于VT技术，AMD公司基于AMD－V技术的通用处理器，ARM公司基于Trust Zone设计的嵌入式处理器。Intel在其CPU中增加了一条新指令SENTER，这条指令能够创建可控的、可认证的执行环境，该环境不受系统中任何部件的影响，因此可以确保执行这条指令所加载程序的执行不会受恶意篡改。AMD在新一代CPU规范中，增加了一条名为SKINIT的扩展指令，用以支持反复进行系统完整性度量。SKINIT指令对CPU进行初始化，为程序建立一个安全执行环境。

在安全芯片组方面，最为典型的是Intel提出和设计的可信执行技术（Trusted Execution Technology，TXT）。TXT技术具有多操作环境的能力，主要由标准区域和保护区域两类组成。标准区域提供了类似于当今的IA32的执行环境，现有应用程序和软件在标准区域中运行不需要做其他修改。保护区域提供了一种并行的计算环境，在这种环境下，不同的应用程序可以独立地运行，与运行在标准区域的软件或运行在保护区域下的其他应用程序完全隔离。

3.2.2.3 可信软件技术研究

可信计算机软件技术研究主要集中在可信BIOS、可信虚拟机监视器、可信操作系统和可信计算软件栈等方面。

在可信BIOS方面，Intel公司提出了UEFI架构BIOS，设计了开放的实现框架，但欠缺在安全可信方面的考虑。AMI公司的Aptio和Phoenix公司的SecurityCore实现了对TPM芯片的支持，但未能提供有效的可信计算服务。Insyde公司推出的BIOS

产品 H2O 也未对安全技术进行有针对性的研究。国内方面也设计了集多因子身份认证、关键软硬件度量、I/O 端口管控、细粒度备份恢复等为一体的可信 BIOS 产品。

在可信虚拟机监视器方面,主要有 LKIM 系统、HIMA 和 Hpersentry 度量架构。LKIM 系统和 HIMA 都是利用虚拟平台的隔离特性,通过对虚拟机内存的监控实现对虚拟机的完整性度量。而 Hpersentry 采用硬件机制,虚拟平台构建信任的基础在于建立为多个虚拟机提供信任服务的信任根。IBM 提出了 vTPM 架构,以软件虚拟的方式为每个虚拟机提供一个单独的 vTPM,从而规避多个虚拟机共享 TPM 的资源冲突问题。德国波鸿鲁尔大学在 vTPM 架构的基础上提出了基于属性的 TPM 虚拟方案,进一步增强 vTPM 的可用性。这两种方案的不足都在于 vTPM 与 TPM 之间缺乏有效绑定。目前 Intel 已经在著名开源网站 Sourceforge 公开发布用于执行虚拟机安全隔离和沙箱的核心程序。

在可信操作系统方面,最有代表性的是微软推出了支持 TPM 1.2 规范的 Windows Vista 及 Windows 7 操作系统。另外,美国一些实时操作系统公司开发了基于 Linux 的可信操作系统,在系统引导、应用程序可信管理、文件系统等方面进行了可信设计。国内尚未对可信操作系统开展全面的研究,只是在安全操作系统方面参照 SELinux 推出了安全操作系统产品。

在可信软件栈方面,较典型的是 IBM 公司依据 TSS 规范设计的支持 Linux 系统的软件栈 Trousers。国外 TPM 芯片厂商先后推出了符合 TSS 1.2 规范的可信软件栈,如意法半导体、英飞凌等,同时,国内厂商设计实现了功能更加全面、接口更加完善的可信软件栈,能够有效满足用户各类使用需求。

3.2.2.4 可信计算产品情况

在完成对可信硬件技术和可信软件技术研究的同时,国内外形成了多种可信计算机产品。在可信计算机产品方面,国外 IBM 推出了符合 TPM 1.2 规范的可信服务器 System X3550 M3 及可信终端 Winbond T42p/T43;Compaq 推出的可信终端 6535b,HP 推出的可信终端 NC6400 等;国内方面形成了可信计算终端、可信一体机、可信服务器等系列产品,推出了基于国产处理器和操作系统的可信计算机产品。

3.2.3 可信计算的关键技术

自 TCG 提出可信计算技术开始,工程研究和实现人员就在不断改进、优化和完善可信计算技术。可信计算技术涉及硬件体系结构、平台固件、系统软件和网络接入等多个方面,本小节针对其中重要的关键技术进行详细描述,提供切实可行的技术实现途径,便于工程人员学习参考。

3.2.3.1 可信计算机体系设计

可信计算机体系结构是设计实现可信计算机的基础,体系结构的优劣将直接决定可信计算机的安全防护功能、性能及信任等级。目前，比较典型的可信计算机体系结构包括 TCG 的可信 PC 体系结构、Intel 基于可信执行技术和新一代虚拟化技术（Intel Virtualization Technology for Directed I/O）的体系结构、微软基于下一代安全计算基（Next－Generation Secure Computing Base，NGSCB）的体系结构、斯坦福大学的 Terra 体系结构以及 IBM 的 vTPM 体系结构等。

本书遵循信任链传递的核心思想，结合虚拟化和安全防护技术，提出了一种基于物理信任根的可信计算机体系结构。整体采用模块嵌入和动态扩展的集成思路，综合可信硬件模块（TCM）、可信主板、加密电子盘、可信 BIOS、可信虚拟机监视器、可信安全操作系统、可信软件栈、可信网络接入代理软件等多种安全可信功能，能够实现具有较强自我免疫能力的计算支撑环境，如图 3.1 所示。基于物理信任根的可信计算机体系结构包括可信硬件平台、可信固件和可信软件平台三部分。从组成上看，可信硬件平台主要由可信主板、可信硬件模块和加密电子盘等组成；

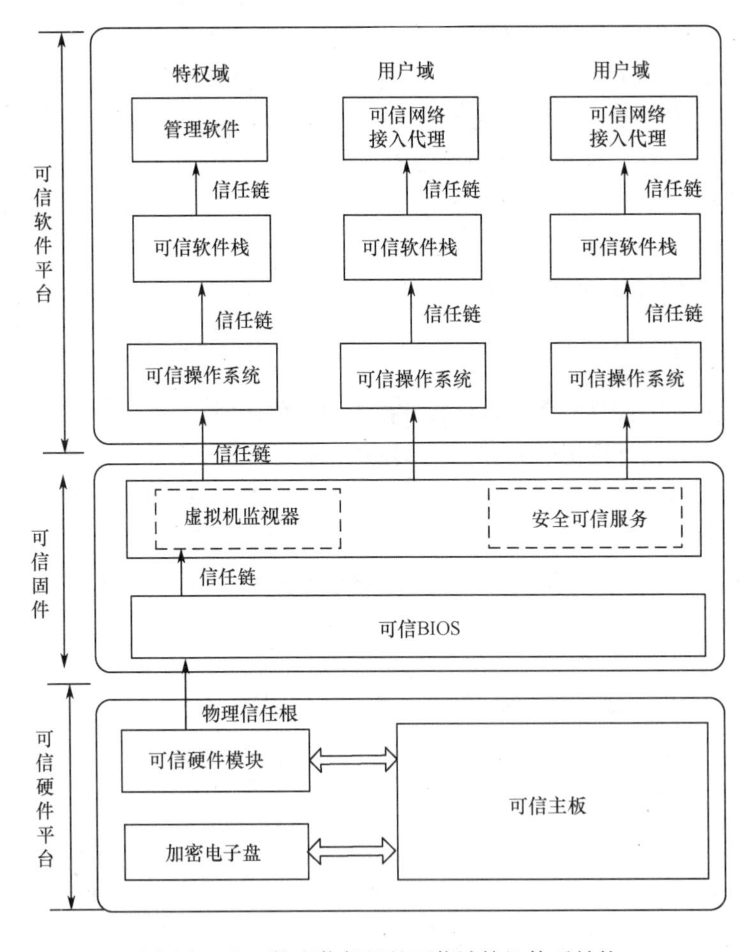

图 3.1　基于物理信任根的可信计算机体系结构

可信固件由可信 BIOS 和可信安全虚拟机监视器两部分组成;可信软件平台主要包括可信安全操作系统、可信软件栈和可信应用软件。其中,可信安全虚拟机监视器将可信软件平台划分为一个特权域和多个用户域。

3.2.3.2 安全芯片组技术

目前,国外安全芯片组最为典型的是 Intel 的可信执行技术,利用 TXT 技术的可信计算机能够保证在保护区域中运行程序的内存安全,有效解决键盘、鼠标、显卡等 I/O 通路的数据保护,特权代码内存访问权限过高,以及 DMA 映射内存空间不受控制等问题。另外,TXT 技术配合 Intel 新一代虚拟化技术,可保护虚拟化运算环境下的数据,确保虚拟机监控程序具备更强的抗攻击能力,保护各隔离虚拟环境下的数据,避免其他隔离环境内的软件进行未经授权的存取。TXT 技术主要功能如下所述。

(1) 程序执行保护:保护程序执行和存放敏感数据的内存空间。这项特性允许某个应用程序在一个相对独立的环境中运行,与平台上的其他程序互不干扰。没有任何其他程序能够监视或读取在保护环境中运行的程序数据。每个运行在保护环境中的程序将从处理器和芯片组获得独立的系统资源。

(2) 内存访问控制:支持内存隔离控制,解决特权代码任意访问内存带来的安全隐患。

(3) I/O 通路数据保护:建立显卡、键盘、鼠标与内存之间的安全路径,防止数据在 I/O 通路被伪造或篡改。

(4) 关键数据的密封存储:可以对存放的密封数据进行检验和鉴别,能够向本地和远程实体提供平台身份或配置环境可信性的验证。

在参照 TXT 技术的基础之上,本书结合可信计算提出一种新的安全芯片组设计思路,通过复杂的用户权限策略,有效实现对硬件资源的多层次、细粒度的安全访问控制和管理。

结合平台信任根 TCM 芯片,在保证对总线带宽影响较小的基础上,研究安全芯片组对 PCIE、PCI、SATA、USB、PS2 等 I/O 总线的控制机制,从而能够有效解决显卡、网卡、硬盘、键盘、鼠标等通路的数据保护、特权代码内存访问权限过高,以及 DMA 映射内存空间不受控制等安全难题,从硬件层面提升平台防范恶意软件攻击的能力,为操作系统和应用程序提供高安全的计算环境。

安全芯片组的设计框架如图 3.2 所示,主要由安全控制模块、AMBA 片上总线、CPU 接口 IP、网络等高速接口 IP、PS/2 等低速 IP 组成。安全控制模块作为核心模块,在片上总线与各类 I/O 接口之间进行管控,实现对 I/O 接口资源的动态控制、数据传输加解密保护、I/O 资源动态多域、I/O 资源内存控制等功能。

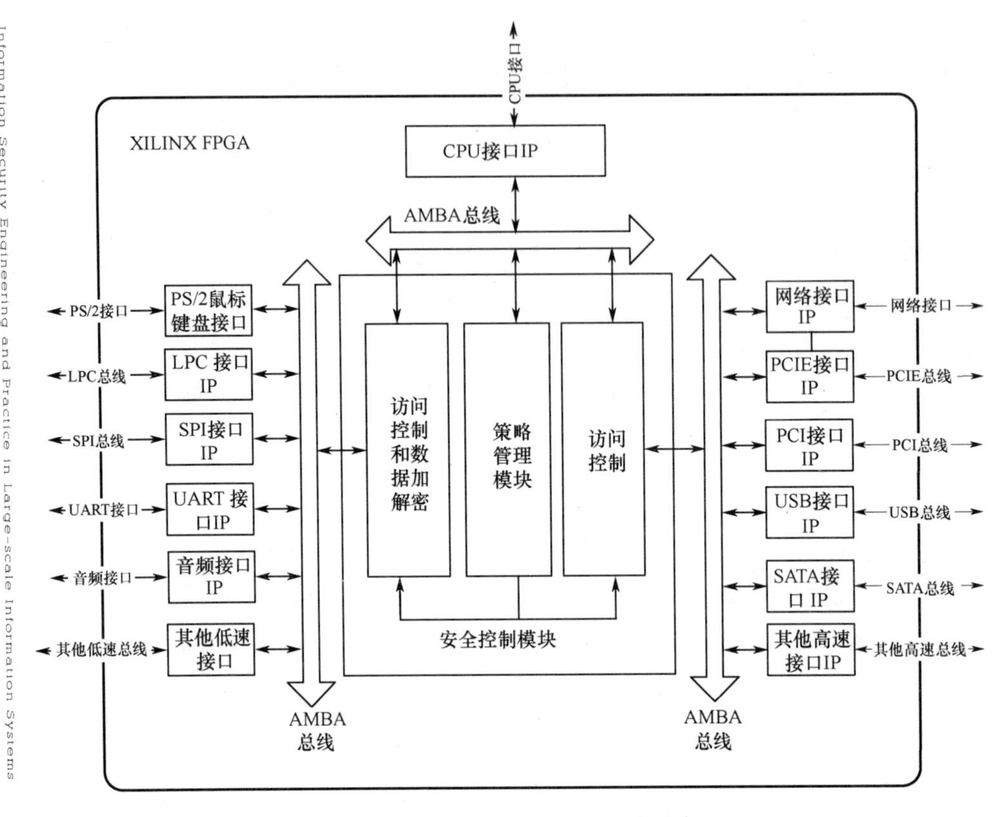

图 3.2　安全芯片组框架设计图

3.2.3.3　可信 BIOS 技术

BIOS 直接对计算机系统中的输入、输出设备进行硬件级的控制，是连接软件程序和硬件设备之间的枢纽，其主要负责计算机加电后各种硬件设备的检测初始化、操作系统装载引导，并向操作系统、上层应用软件提供中断服务，为用户提供重新配置系统各项参数的机会。

在可信计算机中，BIOS 可信模块是系统信任链传递过程中的关键一环，需要实现相关的可信计算服务及安全控制服务。BIOS 可信模块具体包括 TCM 模块设备驱动、多因子用户身份认证模块、硬件完整性度量模块、软件完整性度量模块、I/O端口控制模块和细粒度备份恢复模块。

BIOS 可信模块在实现平台信任链建立和传递过程中所需的可信安全增强功能的同时，在加载启动计算机系统时需要与芯片组、TCM、操作系统相互作用，其作用关系相当复杂，需要对 BIOS 系统架构、工作流程和模块实现方式非常熟悉，同时设计可信模块需要熟悉相关硬件的接口规范、通信机制和设备控制机制，如芯片组规格、超级 I/O 规格、PCI 总线通信机制、USB 总线通信机制等，具有较高的技术难度。这些都为可信模块的设计带来很多技术挑战，需要通过大量的源码分析和工程实践来掌握 BIOS 级可信模块的运行机制和实现流程。

3.2.3.4 TCM 虚拟化技术

TCM 虚拟化是构建可信计算环境的关键技术,由于设计上的限制,物理 TCM 的资源只能被一个系统所独享。为了让所有的虚拟机能够共享物理 TCM 的安全存储和签名等安全属性,让信任链在虚拟域进行传递,需要将 TCM 进行虚拟化,通过虚拟的 TCM,使信任链能在各个虚拟域中进行并发传递,提供可信的虚拟计算环境。

为此,必须深入研究 TCM 虚拟化的实现机制,为每个虚拟域提供独立的可信计算服务。采用前后端通信的机制实现对 TCM 的虚拟化,为每个虚拟机提供安全可信调用接口。设计的可信硬件模块虚拟化框架如图 3.3 所示,虚拟机共享可信硬件模块执行可信计算相关报文请求,当用户域的应用软件发出可信硬件模块报文请求时,依次通过可信软件栈、前端驱动、后端驱动、TCM 管理模块和设备驱动,最终发送给可信硬件模块进行处理。

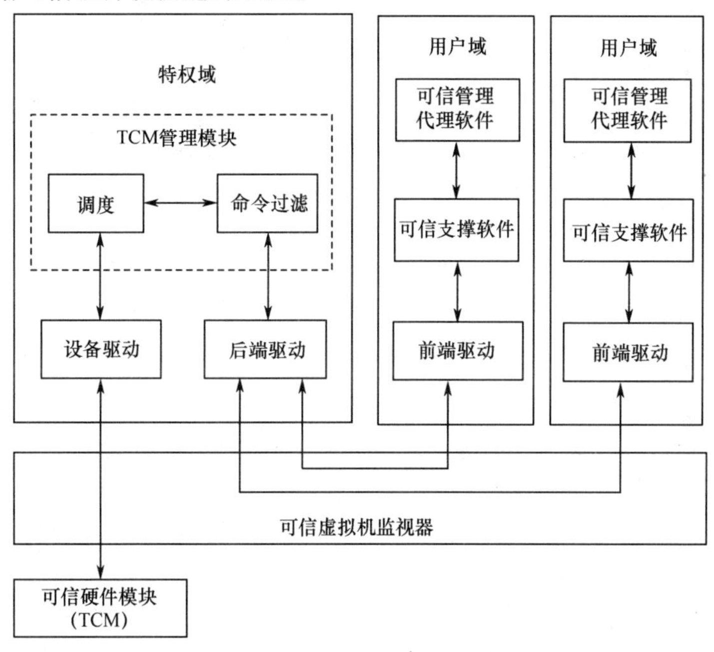

图 3.3 可信硬件模块虚拟化框架

在给出前后端虚拟化框架的基础之上,本节通过对 Intel VT-d 和 VT-c 技术的描述,试图让工程技术人员拓展思路,借鉴最新的虚拟化技术,便于更好地保障不同虚拟域访问 TCM 芯片的隔离性、安全性及性能。下面就 VT-d 和 VT-c 技术分别展开描述。

1) Intel VT-d 技术

Intel 已推出硬件辅助支持的设备虚拟化 VT-d 技术,来增强虚拟域间的隔离性、安全性、可靠性以及性能等。VT－d 技术是通过控制硬件设备与处理器，内存等的交互方式，来实现设备隔离，设备共享等虚拟化功能。通常为了提升硬件的性能，计算机系统多支持硬件设备直接访问物理内存 DMA 方式。但在虚拟机环境中，如果对设备的 DMA 操作不加限制，则一个客户操作系统里的设备驱动就能轻易地访问其他虚拟机里的物理内存，从而破坏了虚拟机之间的隔离性。如果没有硬件辅助，虚拟机监视器 VMM 需要直接处理每一次的 I/O 操作，这会造成频繁的 VMM 活动，影响系统性能，而且，由于每一次 I/O 操作也必须有 VMM 的参与而导致传输数据的速度降低。通过 VT－d 技术，保证设备直接分配，其他的客户操作系统则无法访问 I/O 数据，这样系统的安全性也得到提高。

2）Intel VT－c 技术

近期 Intel 针对网络设备提出 VT－c 技术来进一步优化。VT－c 通过硬件辅助方式提高网络交互速度，从而来减少虚拟机监视器和处理器硬件的负载。具体涉及虚拟设备队列（VMDq）和虚拟机直接互联（VMDc）两项技术。在此之前虚拟机监视器必须对每个单独的数据包进行解析，然后将其发送到指定的虚拟机中。通过 VMDq，对网络数据包的分类功能可以由硬件来完成，这样 VMM 只需要将已经分好类的网络数据包直接发送到指定的客户操作系统即可。VMDc 是 VT－d 技术的扩展和延伸，它提供了虚拟机直接访问网络设备的硬件支持，可以为多个客户操作系统提供独立的网络通信链路，这些链路直接访问网卡设备，从而不再经过虚拟机监视器来转发数据，进一步提高了系统的性能。

3.2.3.5 可信软件栈技术

通过对 TCG 软件栈架构进行细致分析，研究各层次结构上的组成模块、层次之间的交互接口及所采用的协议等，发现其还存在以下三点缺陷和不足。

(1) TCG 软件栈规范在结构上采取了层次化和模块化的思想，但是由于其在抽象层方面引入的对象实体较多，导致关系复杂，从而对于一般应用开发人员来说，较难掌握且易于引入安全缺陷，同时这种结构相对于嵌入式环境来说，则过于复杂，不利于在嵌入式环境中部署。

(2) 由于 TCG 的软件栈在功能实施上主要目标是用于 TPM 的一般性管理与访问，因此其设计上缺乏监控机制，造成了即使使用了 TCG 软件栈，也无法将整套可信机制，尤其是运行态的可信机制与操作系统无缝连接在一起，实现不了可信计算基（TCB）。

(3) 仅仅限于给上层应用提供调用接口，没有考虑到内核模块调用可信接口的需求，存在一定的局限性。考虑到用户的各类使用要求和使用模式，软件栈在提供用户态调用接口的同时，也应提供内核态的调用接口，便于内核模块，特别是给操作系统安全软件调用 TPM 的相关服务和资源。

针对以上缺陷和不足，本书提出的可信软件栈在提供用户态调用接口的同时，也提供内核态的调用接口,便于内核级模块,特别是给操作系统安全模块调用TCM的相关服务和资源。其中,TCM驱动模块、设备驱动库、可信计算核心服务均为内核模块,各模块的功能接口均通过导出内核符号表给上层调用。可信计算应用服务处于可信计算核心服务之上,分别为内核模块和上层应用软件提供不同服务接口。TCM模块驱动、设备驱动库与可信计算核心服务均为一一对应,可信计算核心服务与可信计算应用服务为一对多。

3.2.3.6 平台可信接入控制技术

可信接入控制技术是构建可信计算环境的关键技术之一。可信接入控制技术主要解决网络环境中终端主机的可信接入问题,在主机接入网络之前,必须检查其是否符合该网络的接入策略[16](如是否安装有特定的TCM、用户身份是否合法、平台状态是否安全等),可疑或有问题的主机将被隔离或限制网络接入范围,直到它经过修改或采取了相应的安全措施为止,这样不但可以防止这些主机成为蠕虫和病毒攻击的目标,还可以防止其成为病毒传播的源头,从而能为用户提供一个可信安全的网络计算环境。

可信接入控制技术的实现涉及可信计算机各种信息的采集、各类协议数据处理机制、与TCM的通信机制等,涉及技术面广,实现难度较高。在可信接入控制技术研究方面,通过深入研究国内外相关的典型技术,包括国际可信组织的TNC技术、思科公司的NAC技术和微软公司的NAP技术以及国内的“三元对等”可信连接架构(TCA),经过对比分析,提出一种基于平台唯一身份的可信网络接入控制思路,从身份认证的可信、终端完整性等方面进行了技术攻关,能够扫描可信计算机的各类重要信息,包括计算平台身份信息、用户身份信息、平台完整性信息、操作系统安全状态、数据库系统安全状态、最新安全策略日期、平台可信状态信息等,将扫描的结果上传给局域网的管理终端以及网络接入认证设备,从而实现基于TCM的可信网络接入认证,并可以动态地接入接出。

3.2.4 典型应用模式

以大型信息系统某一特定局域网为典型应用,基于可信计算的各项关键技术提出一体化局域网可信解决方案,如图3.4所示。可信终端(形态包括台式机、便携机、服务器及移动智能终端)以可信硬件模块为信任根,通过信任链的依次传递,来分别保证可信BIOS、可信操作系统、可信软件栈、可信应用软件的完整性不被破坏,即使破坏之后也能通过相应的机制恢复。同时结合平台身份和完整性状态,为终端接入目标网络提供准入安全凭证,将信任关系从单机延伸到网络,构建一体化的可信网络体系。与此同时,采用先进的一体化集中管理体系,集中管理终端负责对局域网中的所有计算机设备、用户授权、审计日志、进程控制和外设接口控制等安全策略进行统一集中管理,实现对局域网内终端、服务器的统一集中可信管控,有效保障整个局域网中计算机的安全可信运行。

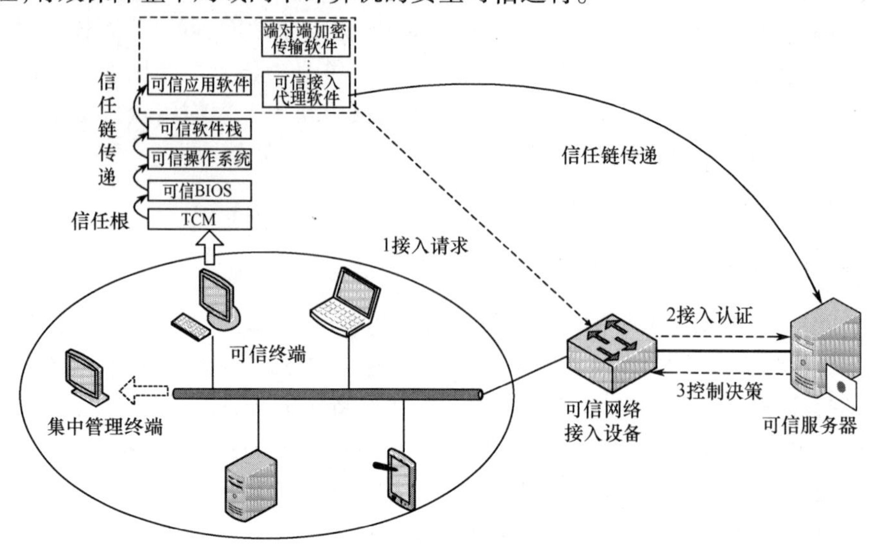

图 3.4　一体化局域网可信应用模式

3.3　主机入侵检测技术

主机入侵检测[17]是将检测系统安装在被重点检测的主机之上,通过对该主机的系统审计日志、应用程序日志以及网络实时状态等作为数据源而进行智能分析和判断,来识别入侵攻击。当前采用云计算模式减少在主机入侵检测系统的规模,依靠云端强大的数据处理与分析能力,实现威胁的快速发现和处理的新型主机入侵检测系统已经成为研究新方向。

3.3.1　主机入侵检测的概念

入侵,主要是指通过非正常途径对系统进行不具备相应权限的操作,会造成合法用户无法访问系统资源,甚至造成系统数据被篡改和删除。美国国家安全通信委员会(NSTAC)下属的入侵检测小组(IDSG)在 1997 年给出的关于“入侵检测”的定义为:入侵检测是对企图入侵、正在进行的入侵或者已经发生的入侵进行识别的过程。所有能够执行入侵检测任务和功能的系统,都可以称为入侵检测系统。

根据目标系统类型的不同,可将入侵检测系统分为主机入侵检测系统和网络入侵检测系统。主机入侵检测系统,是指将检测系统安装在被重点检测的主机之上,对该主机的各种数据源进行智能分析和判断,来识别入侵攻击。主机入侵检测系统多广泛分布在网络中的各个节点上,搜集并分析处理各种数据,如果有可疑事件被触发后,入侵检测系统会有选择的通知管理节点。管理节点根据各个节点处搜集到的数据信息,综合分析、处理,判断识别出入侵攻击并报警,完成相应的控制操作。

3.3.2 主机入侵检测的研究现状

3.3.2.1 标准现状

为了提高主机入侵检测系统产品、组件及与其他安全产品之间的互操作性,一些组织和机构发起制定了一系列建议草案,从体系结构、API、通信机制、语言格式等方面对主机入侵检测系统做了一些规范。其中最有影响力的是入侵检测工作组标准(Intrusion Detection Working Group,IDWG)和公共入侵检测框架(Common Intrusion Detection Framework,CIDF)。

IDWG是互联网工程任务组(IETF)的入侵检测工作组发起制定的建议草案。IDWG定义了入侵检测系统之间的信息共享,制定了数据格式和相应的通信规程。草案包括三部分内容:入侵检测消息交换格式(IDMEF)、入侵检测交换协议(IDXP)以及隧道轮廓(Tunnel Profile)。IDMEF描述了入侵检测系统输出信息的数据模型,并解释了使用此模型的基本原理。IDXP是一个用于入侵检测实体之间交换数据的应用层协议,能够实现IDMEF消息、非结构文本和二进制数据之间的交换,并提供面向连接协议之上的双方认证、完整性和保密性等安全特征。

CIDF草案最早由美国加州大学戴维斯分校安全实验室主持起草工作,得到了美国国防部高级研究计划署(DARPA)赞助研究。CIDF主要介绍了一种通用入侵说明语言CISL,用来表示系统事件、分析结果和响应措施。CIDF标准主要包括体系结构、通信机制、描述语言和应用编程接口API四个部分。

3.3.2.2 技术现状

目前,主机入侵检测系统在实现入侵检测的基础之上,多与防御技术、杀毒技术、数据挖掘技术、虚拟化技术等相结合,在实现对入侵行为检测的同时,更实现了对入侵行为的防御。分布式入侵检测系统多用于大规模异构网络的安全需求,但由于设计架构不明确,在及时、有效地获取异构网络上的数据信息,以及如何有效协调异构模块之间的工作等方面还存在诸多缺陷和不足。

云计算作为一种新型的分布式计算模式已经得到广泛应用,面向大型信息系统的主机入侵检测需求,本书给出基于云计算的主机入侵检测系统设计思路,即采用分布式计算和存储架构,缩减主机端入侵检测系统的规模,依托云端强大的数据处理与分析能力来进行检测分析,构建全网一体化的入侵检测系统,大大提高对入侵行为的检测、分析和处理效率,从而有效解决当前主机入侵检测系统存在特征库需持续更新,主机资源占有率高等系列问题。与此同时,采用SOA的服务封装思想,将恶意代码分析、恶意行为检测等安全功能划分为相对独立、组件化、标准化的服务,便于在云计算中广泛应用。

现有入侵检测系统往往采用延迟被动的控制策略,即主要通过采集数据源的各类信息进行分析和检测,导致入侵检测均有一定的延迟性。如何提升入侵检测系统的实时性,将系统行为的主体参与融合到系统运行过程中来,实现主动实施的入侵响应是未来研究的一个重要方向。

3.3.3 主机入侵检测的关键技术

从信息安全技术起步发展开始,各式各样的防火墙、防病毒、入侵检测系统产品就不断地更新换代,工程研究和实践人员一直在突破和完善主机入侵检测相关的技术。本小节则将重点介绍基于多检测引擎的综合检测技术和基于程序行为分析模型的恶意代码检测技术,便于工程技术人员有效解决面向大型信息系统的安全问题。

3.3.3.1 基于多检测引擎的综合检测技术

为了充分发挥恶意代码集中检测分析的优势,特别是有效提升某些反查杀病毒的检测能力,入侵检测分析系统需要集成现有主流杀毒引擎及病毒特征库,并实现高效、准确的恶意代码协同分析。

基于多检测引擎的综合检测技术是通过集成当前主流杀毒引擎及病毒特征库,实现多杀毒引擎对同一可疑文件进行恶意代码检测分析,并对检测结果进行综合分析,同时获取恶意代码清除方法的技术。基于多检测引擎的综合检测技术主要通过在不同平台的虚拟机中分别安装不同的防病毒软件,通过调用防病毒系统的接口或采用安装网络代理的方式实现与防病毒系统查杀文件、检测结果、清除方法等信息交互。基于多检测引擎的综合检测技术方案如图 3. 5 所示。

基于多检测引擎的综合检测技术方案主要包括分析环境监控管理、杀毒引擎监控管理、检测结果分析和清除方法整理四个方面。

(1) 分析环境监控管理指从虚拟机配置和操作系统环境配置两个方面,对杀毒引擎和可疑文件所在的网络环境、系统环境、计算资源等进行监控配置,并模拟真实的应用场景,为恶意代码执行和杀毒引擎查杀病毒提供对条件,引擎运行环境的状态进行监控,保障杀毒引擎正常运行。

(2) 杀毒引擎监控管理指通过代理或杀毒引擎接口对杀毒引擎的工作运行状态进行监控管理。

(3) 检测结果分析指根据从杀毒引擎或代理返回的恶意代码检测结果进行分析整理,并根据不同杀毒引擎投票方式和人工分析方式得出最终检测结果。

(4) 清除方法整理指将从杀毒引擎或代理返回的恶意代码清除方法转换为可被主机入侵防护代理理解的恶意代码清除脚本。

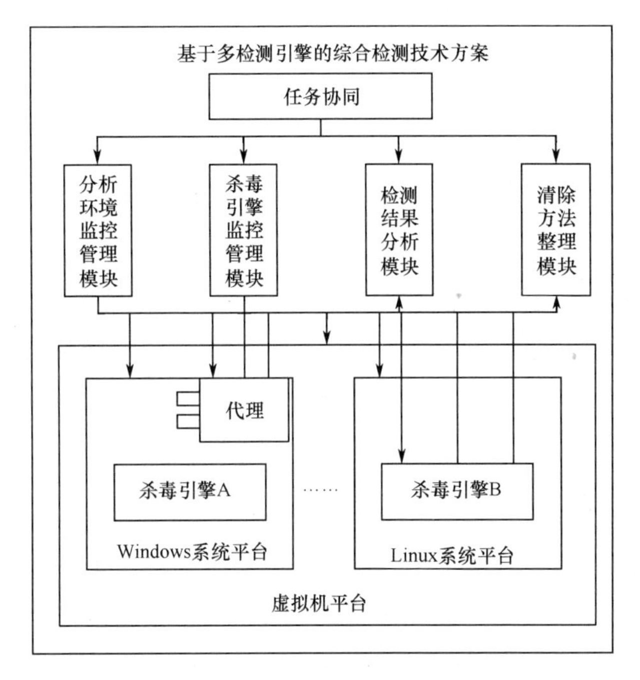

图 3.5 基于多检测引擎的综合检测技术方案

3.3.3.2 基于程序行为分析模型的恶意代码检测技术

随着信息安全形势越来越严峻,攻击手段多种多样、攻击机理错综复杂,恶意代码花样不断翻新、恶意代码反检测能力越来越强。例如,代码多态技术、代码加密技术。代码变形技术等使得传统基于特征码的病毒查杀方式难以进行有效的查杀。本书提出基于恶意行为特征的方式进行恶意代码查杀,能够根据恶意代码执行的恶意操作对其进行分析识别,有效地规避了上述反检测技术。而基于程序行为分析模型的恶意代码检测技术也成为主要关键技术。

基于程序行为分析模型的恶意代码检测技术通过构建独立的沙箱环境,直接运行可疑文件,动态跟踪系统文件、内存、进程列表、系统调用、网络数据包等运行情况,根据恶意代码行为库,分析可疑文件的威胁性,并生成分析结果。此外,行为分析管理构件可以发现新恶意代码的恶意行为,为分析提取恶意代码行为特征和特征码提供帮助。

恶意行为分析识别可以采用三种不同的方式实现,分别是基于恶意行为特征库的查杀、基于程序依赖图的查杀和基于恶意行为特征统计的查杀。其中,基于程序依赖图的查杀和基于恶意行为特征统计的查杀主要用于实验室环境,针对新病毒提供分析识别,为分析人员提供病毒的辅助分析报告。基于恶意行为特征库的查杀主要用于实际环境,在入侵检测代理和入侵检测分析系统中进行恶意代码识别。

1）基于恶意行为特征库的查杀

通过监控程序监视执行的系统调用，根据恶意行为特征库的恶意行为描述识别恶意代码。

2）基于程序依赖图的查杀

基于程序依赖图的查杀首先收集恶意代码样本和合法程序样本的系统调用序列，通过分析使用依赖、次序依赖、值依赖等系统调用的依赖关系，构造样本的系统调用依赖图模型。恶意规范应该不出现在任何良好依赖图中的恶意依赖图子图中，即恶意程序和良好程序依赖图的最小对比子图，从而构建出恶意行为规范，经分析人员确认后存储至恶意行为特征库。表 3.1 是以 Windows 为例需要监控的系统调用示例。

表 3.1　Windows 监控 API 示例表

动态链接库	相关 API	函数可能对系统的破坏
Kernal32. dll	OpenProcess	创建隐蔽进程
	CreateRemoteThread	向正常进程注入
	WaitForSingleObject	恶意操作的线程
	CreateServiceA	创建服务
Advapi32. dll	RegReplaceKeyA	修改注册表键值
	CryptGenKey	解密程序
	Socket	创建 Socket
Ws2_32. dll	CryptGenKey	反弹连接
	gethostbyname	获取主机名
NT DLL. dll	ZwQueryInformation - Process	获取指定进程信息
User32. dll	SetWindowsHookEx	设置对象钩子

3）基于恶意行为特征统计的查杀

基于恶意行为特征统计的查杀通过对行为特征的捕获和统计进行恶意代码分析。如果样本程序对某个 API 的调用，则特征量标记为 1，否则记为 0。样本程序如果是恶意代码则标记为 1，否则记为 0。以此形成 0 - 1 统计特征空间，如表 3.2 所列。

表 3.2　0 - 1 统计特征空间

API1	API2	…	APIn	样本类型
1	0	…	0	0
1	1	…	1	1
		…		
0	0	…	1	0

在上述定义条件下，采用标准化欧式距离的分类器计算属性的方差以作为各属性的权值，通过计算目标程序与1样本（恶意代码）和0样本（合法程序）的距离对目标程序进行分类，与1样本（恶意代码）较近则判定为恶意代码，与0样本（合法程序）较近则判定为合法程序。

3.3.4 典型应用模式

以大型信息系统为典型应用，提出基于云计算的主机入侵检测系统解决方案，如图3.6所示。主机入侵检测系统将核心的检测分析引擎从主机端分离，在主机端的主机入侵检测代理只保留状态检测、行为监控和处理引擎等功能，所需的复杂的检测分析功能在云端以网络服务的形式提供。一方面简化了主机的入侵检测操作和自身的复杂性，有效降低对主机性能的影响；另一方面以服务的形式实现多分析引擎的集成与协同，提高恶意代码的分析与检测能力。

为了避免持续的服务请求提高效率，主机入侵检测系统同时维护两份白名单，一份位于主机端，一份位于服务端，在服务请求之前先查询本地或服务端的白名单。同时为了保证在离线情况下主机的安全运行，在本地维护一个小规模的行为模式库和代码特征库，以及经服务端全网统一分析后制定下发的安全策略模板，以此保证主机端的正常安全监控功能。

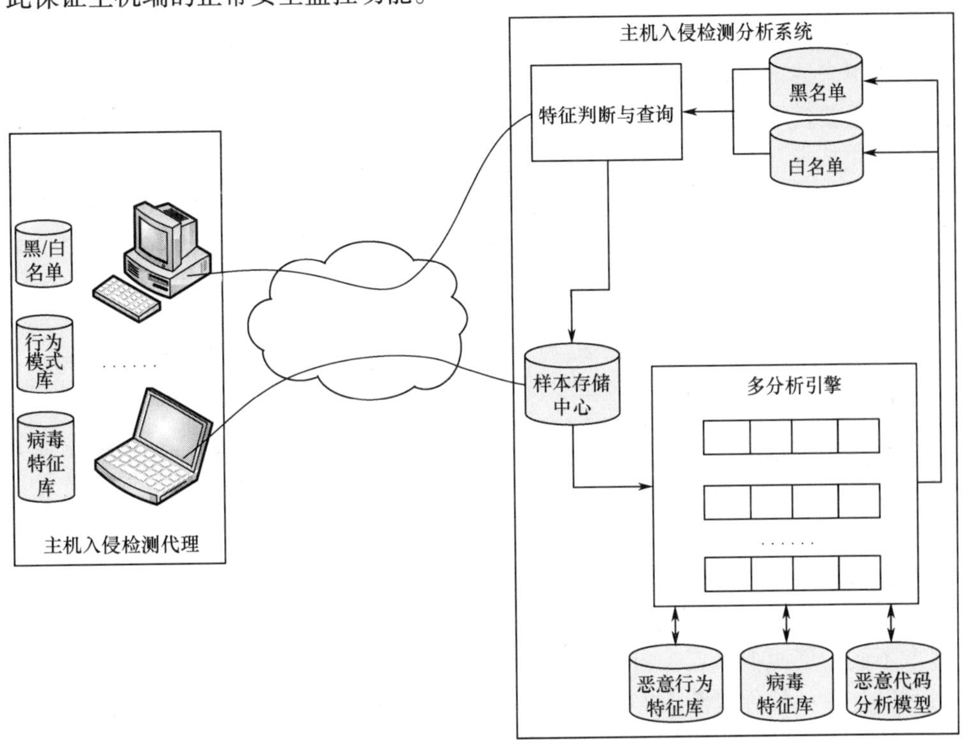

图3.6 基于云计算的主机入侵检测系统

3.4 虚拟化安全技术

随着大型信息系统信息化的快速推进,虚拟化技术在各类大型信息系统建设中的应用越来越广泛,但伴随着网络攻防技术的日新月异,传统安全防护措施已无法应对当前新型的虚拟计算平台,安全形势面临巨大挑战。一方面,虚拟化环境引出新的安全隐患,如虚拟机蔓延、特殊配置隐患、状态恢复隐患、虚拟机暂态隐患等;同时,虚拟化环境也容易遭受很多针对虚拟环境的安全攻击,如虚拟机窃取和篡改、虚拟机逃逸、VMBR攻击和拒绝服务攻击等。另一方面,虚拟计算平台的实现方式便于攻击者集中攻击,安全威胁易扩散,无法清晰定义网络边界,安全防护风险加剧,更面临传统网络环境的安全技术手段在虚拟化环境失效等问题。

本节首先概述了虚拟化技术的定义和虚拟化对于大型信息系统的意义,并介绍了对大型信息系统中虚拟化技术进行安全保护的需求;之后,介绍了虚拟机安全的研究现状;接下来,从虚拟化环境安全和安全虚拟化两个方面论述了虚拟化安全当前的关键技术;最后通过一个典型应用模式说明了虚拟化安全技术在大型信息系统中的应用场景。

3.4.1 虚拟化与大型信息系统

鉴于当前虚拟化技术[18]在信息化进程和大型信息系统中的战略地位,虚拟化安全的重要性不言而喻,它不仅是广大用户选择虚拟化应用时的首要考虑因素,也是虚拟化技术乃至云计算技术可持续发展的基础。

本小节首先介绍虚拟化技术的定义与分类,然后分析了虚拟化技术对于大型信息系统建设的重要意义,最后详细分析了大型信息系统中虚拟化安全防护的需求。

3.4.1.1 虚拟化技术的定义与分类

1) 虚拟化技术的定义

虚拟化技术的含义很广泛,将任何一种形式的资源抽象成另一种形式的技术都是虚拟化。抽象地说,虚拟化是资源的逻辑表示,它不受物理限制的约束。具体地说,虚拟化技术的实现形式是在系统中加入一个虚拟化层,虚拟化层将下层的资源抽象成另一种形式的资源,提供给上层使用。通过软硬件的分割、时间上分时共享以及模拟,虚拟化技术可以将一份资源抽象成多份资源。同样,虚拟化也可以将多个不同的资源抽象成一份。在这个定义中,“资源”一词所涵盖的范围很广,资源可以是各种硬件资源,如CPU、内存、存储、网络,也可以是各种软件环境,如操作系统、文件系统、应用程序等。通常资源的虚拟是通过一个叫作虚拟机监视器(Virtualization machine monitor,VMM)的软件层来实现的。

虚拟化的主要目标是对基础设施、系统和软件等 IT 资源的表示、访问和管理进行简化,并为这些资源提供标准的接口来接收输入和提供输出。虚拟化的使用者可以是最终用户、应用程序或者服务。通过标准接口,虚拟化可以在 IT 基础设施发生变化时将对使用者的影响降到最低。虚拟化技术还降低了资源使用者与资源具体实现之间的耦合程度,让使用者不再依赖于资源的某种特定实现。

2) 虚拟化技术的分类

根据 VMM 所处的位置以及实现结构的不同,虚拟机可以分为以下两类。

(1) Hypervisor 模型:VMM 直接运行于物理硬件之上,享有所有的物理资源,如处理器、内存和 I/O 设备等。VMM 除承担管理物理资源之外还负责创建和管理虚拟环境。基于 Hypervisor 模型比较典型的虚拟机有 Xen。

(2) 宿主模型:VMM 运行在宿主操作系统之上,宿主操作系统对物理资源进行管理,VMM 作为操作系统独立的内核模块,优点是直接在原有操作系统上运行,缺点是性能损耗比较大。基于宿主模型比较典型的虚拟机有 VMWare Workstation。

按照应用领域,虚拟化技术可以分为桌面虚拟化、网络虚拟化、存储虚拟化、应用虚拟化以及服务器虚拟化等。

(1) 桌面虚拟化:通过虚拟化技术对桌面镜像文件进行虚拟,然后将这些虚拟镜像存储在数据中心,每个镜像文件就是带有应用程序的操作系统。数据中心可以是在本地也可以在远程服务器。终端用户可以在任何地方对授权的应用程序进行访问,而不用关注这些应用程序的部署情况以及其他的一些细节。

(2) 网络虚拟化:随着网络的发展,虚拟化技术也逐步在网络方面进行延伸。网络虚拟化将任何基于服务的传统客户端/服务器安置在“网络”上,将共享系统的经济和高效的特点与独立系统在完整性、性能和安全等方面的优势结合起来,实现在一个物理硬件平台上传送一系列的网络和安全功能,便于设置、管理和配置。

(3) 存储虚拟化:存储虚拟化通过对物理存储设备的抽象,构建与物理设备隔离的存储逻辑视图,完成对现有存储架构的整合,优化存储管理,实现存储系统集中、统一、方便的管理。用户或者应用程序可以对存储对象进行访问,而不用关注这些数据存储在哪,是怎样管理的。

(4) 应用虚拟化:应用虚拟化为终端用户提供应用程序的远程访问,而无须在用户本地系统安装该应用程序。与传统的终端—服务器操作不同的是,这些应用程序的本身在设计时不需要考虑支持多个用户的同时使用。每个用户都有一个完全属于自己的功能完全的应用环境。

(5) 服务器虚拟化:服务器虚拟化就是通过对底层硬件的虚拟,允许多个客户操作系统直接运行在硬件之上。通过对硬件资源的共享易于对硬件的管理,同时大大提高利用率。

3.4.1.2 虚拟化技术对大型信息系统建设的重要意义

大型信息系统具有的跨地域性、规模庞大、网络结构复杂、业务复杂、结构异构和可扩展性要求高等特点，这些特点对系统的建设和运维提出了很高的要求，同时也给大型信息系统建设带来了诸多挑战，主要集中表现在：散热、电力开支等能耗问题；重新构建IT基础设施架构，保证大型信息系统基础设施及业务系统持续运行的能力建设问题；面对日益复杂化的IT系统和海量数据，管理水平及效率的提升问题。

针对大型信息系统面临的上述问题，虚拟化技术凭借其特有属性能够很好地满足大型信息系统的需求，因此已经逐步在大型信息系统中得到广泛应用。下面主要介绍虚拟化技术对于大型信息系统建设和实施的重要意义。

1）实现资源整合、集中化管理

在大型信息系统建设过程中，涉及大量的计算资源、存储资源和网络资源，由于大型信息系统跨地域性的特点，这些资源相对分散，给管理和利用带来了很大的难度，同时这些物理资源的利用率往往比较低造成重复投资加大了成本。上述因素造成了大型信息系统建设过程中IT成本过高、管理复杂性加大和资源利用率过低，迫切需要一种手段屏蔽地域性的差异，实现分散资源整合、简化系统的管理。虚拟化技术通过对物理资源的抽象构建虚拟的逻辑资源视图，实现计算资源、存储资源和网络资源等物理资源的整合、动态重组和按需分配，实现资源集中管理、降低运营成本、提高安全性能等目标。

2）保障业务连续性

大型信息系统业务连续性的重要性已经日益凸显，而基础设施的安全和风险直接影响到大型信息系统是否能够可持续性运行。大型信息系统跨地域性、网络复杂性和结构异构等特点都对业务连续性提出了挑战。最大限度地保障业务的连续性已经成为大型信息系统建设的重点。传统的服务器集群或双机热备方式虽然能够在一定程度上保障业务连续性，但是也存在业务迁移时间长、资源消耗大等缺点。虚拟化技术的动态迁移和快照等特性在系统发生故障时，能够无间断地迁移到新的平台以保障业务的连续性。同时，虚拟化技术的资源抽象和镜像以文件形式存储大大简化了本地和异地容灾。

3）提升IT设备利用率

目前，大部分大型信息系统IT基础设施的利用率只有5% ~15%，大部分被闲置的设备不仅没有到充分利用，反而耗费大量的电力资源，加大了大型信息系统的运营成本。同时传统的系统架构系统的扩容带来了很大的难度，影响到系统的扩展性。通过虚拟化技术恶意将多种应用整合到少量企业级的服务器，不仅可以有效地建设设备数量，简化设备管理，同时还能够明显提高IT系统设备的利用率、灵活性和可扩展性。

4）增强系统安全性

系统安全是保障大型信息系统正常运行、提供持续业务的前提。大型信息系统业务的开展越来越依赖信息技术的应用，信息技术的发展日新月异，由此带来的风险也成为大型信息系统风险的重要方面。随着网络攻击呈现多样化，安全漏洞不断增多，安全事件频发不穷，信息系统存在的安全隐患日益严重，大型信息系统的信息安全形势日趋严峻，大型信息系统安全运行的难度加大，挑战增多。虚拟化技术资源抽象和封装的特性能够屏蔽底层硬件的差异，攻击者因无法获取底层配置而增加攻击难度。虚拟化的隔离机制能够为不同的业务和不同的应用分配独立的运行空间，一个业务出现故障或者遭受攻击不会对影响到其他系统的正常运行。虚拟化的快照和状态回滚机制能够保证系统即使遭受攻击也能够很快恢复到原来的安全状态。

3.4.1.3 大型信息系统中虚拟化安全防护的需求分析

由于虚拟化是大型信息系统的基础支撑，一旦遭受攻击，将极有可能造成敏感数据的泄露乃至整个业务的中断，这对大型信息系统的正常运行和业务的连续性是致命的。因此，为了保证大型信息系统的安全运行以及虚拟基础设施的安全，需要从如下方面入手进行安全防护。

1）加强虚拟基础设施安全

大型信息系统采用虚拟化和云计算技术以后，所有的计算资源、网络资源和存储资源都是虚拟的，系统的运行主要依赖这些虚拟基础设施，上层的安全防护产品也都运行在虚拟基础设施之上。一旦虚拟基础设施存在安全隐患将直接威胁到整个系统的安全，上层的所有防护措施也会随之失效。如一旦虚拟化环境中的 Hypervisor 被劫持或攻击，整个系统都有可能被破坏或数据被窃取的危险。因此，需要加强虚拟基础设施的安全，为上层的业务系统和安全防护产品构建一个安全可信的基础环境。只有根基牢固，大型信息系统才有可能做到真正的安全。

2）避免虚拟化环境内部攻击

在虚拟化环境中，不同用户共享相同的物理基础设施，存在着相互攻击的隐患。虽然隔离机制是虚拟化技术的基本属性，但是这是一个相对理想化的一种假设。在虚拟化软件的设计实现过程中，都存在这样或那样的安全漏洞，不可能做到真正的隔离。由于大型信息系统跨地域、业务复杂，通常涉及不同组织和部门，用户流动性大，结构组成复杂，加大了利用环境中的虚拟机对其他用户实施攻击，窃取敏感信息。同时由于虚拟化环境中管理员往往具有很高的特权，也存在系统管理员的内部攻击。因此，需要加强虚拟化环境中内部攻击的防护措施，确保大型信息系统得内在安全。

3）确保业务运行过程中数据安全

大型信息系统在运行过程中，涉及不同组织和不同用户大量数据，这些数据在虚拟化环境中都以镜像文件的形式集中存储。这种存储方式很容易通过网络或者移动存储介质流传出去,无法保证数据的存储安全。同时不同的业务在同一虚拟化环境中运行,存在着数据的残余或者泄漏的可能。而大型信息系统的跨地域性、大规模和网络复杂性等造成了无法仅仅通过管理的手段来保证数据的安全。因此,需要加强虚拟化环境中的数据安全防护技术手段,来确保大型信息系统业务运行过程中数据安全。

3.4.2 虚拟化安全的研究现状

近年来,虚拟化环境暴露出来的安全漏洞开始引起越来越多人的关注,也给虚拟化技术的发展和应用敲响了警钟。随着国家将信息安全提升到国家安全的战略高度,整个虚拟化相关领域开始日益关注虚拟化的安全,众多研究机构开始在虚拟化安全方面展开技术攻关,同时安全厂商开始探索针对虚拟化技术防护的安全产品。

本节将从三个方面介绍虚拟化安全的研究现状,其中"标准现状"介绍国际或国内标准化组织对虚拟化安全的标准研究,"技术现状"介绍研究机构对于虚拟化安全的前沿研究技术,"产品现状"介绍各大虚拟化厂商在虚拟化安全方面的安全产品。

3.4.2.1 标准现状

针对虚拟化的安全问题,为了减少重复投资,增强互操作性和安全性,更好地指导虚拟化安全研究,国外相关标准组织机构开展虚拟化和云安全标准的相关研究。

DMTF 在云计算方面有云管理、云审计数据联合、软件授权和系统虚拟化四个标准工作组,已发布《开放虚拟格式》《云基础架构管理接口》等多项标准,其中《开放虚拟格式》已正式发布为新的国际标准 ISO/IEC 17203:2011《信息技术开放虚拟格式规范》。DMTF 率先对云计算相关产品进行测试认证,下设虚拟化云管理论坛(VCMF)负责虚拟化和互操作性标准验证及测试工具研发。

美国标准技术研究所 NIST 于 2011 年 1 月发布了 SP800－125《完全虚拟化技术安全指南》,描述了与面向服务器和桌面虚拟化的完全虚拟化技术相关的安全问题,并为解决这些问题提出了相关建议。

国际可信计算组织成立了 TCG 虚拟化平台工作组,该组着重虚拟化平台上的可信计算研究,并于 2011 年 9 月发布了《虚拟可信平台架构规范 1.0》,定义了一个通用的虚拟可信平台架构。

2011 年 6 月,美国 PCI 安全标准组织发布了 PCI 数据安全标准虚拟化指南(PCI DSS Virtualization guidelines Information Supplement),该指南描述在虚拟化环境中如何实现 PCI DSS 2.0 标准,包括 Hypervisor、虚拟机、云计算、虚拟网络以及其他相关的主题。

除此之外，相关的云安全标准组织的云安全研究大都涉及虚拟化安全。云安全联盟（Cloud Security Alliance，CSA）是于2009年RSA大会上宣布成立的非盈利组织，其宗旨是帮助业界在安全规范、安全标准方面更加有效地沟通，形成一致性的规范和标准，使得云应用更加安全。云安全联盟确定了云计算安全的15个焦点领域，对每个领域给出了具体建议，并从中选取较为重要的若干领域着手标准的制定，其中第13个焦点域主要针对虚拟化安全。

目前国内有多个机构从事云计算标准研究制定，其中，专注虚拟化安全和云计算安全相关标准的管理单位是全国信息安全标准化技术委员会。该委员会专注于云计算安全标准体系建立及相关标准的研究和制定，成立了多个云计算安全标准研究课题，承担并组织协调政府机构、科研院校、企业等开展虚拟化安全、云计算安全标准化研究工作。

3.4.2.2 技术现状

研究人员针对虚拟化安全技术的研究从未中断过，本小节将从虚拟机监视器安全防护技术、虚拟机隔离技术和虚拟机逃逸防护技术三个方面介绍虚拟化安全研究的情况以及进展。

1）虚拟机监视器安全防护研究

在虚拟化环境中，虚拟机运行在虚拟机监视器（VMM）之上，因此，虚拟机的安全和隔离将最终依赖于虚拟机监视器的坚固性。

Terra将虚拟机分为Open－box和Close－box两种，提供虚拟机之间的强隔离性，以及为Guest OS提供安全功能。Terra的根安全机制决定了VMM并不作为系统的可信计算基存在。在根安全机制下，系统管理员无法获知Close－box中的任何信息，因此系统管理员无法获知Close－box内部的攻击，Close－box的内部安全只能依赖于运行在Close－box中的操作系统自身的安全性。

sHype主要基于Xen实现虚拟机之间的强制访问控制。通过对虚拟机之间非法信息流的限制，阻止跨虚拟机攻击。但是sHype无法防范来自虚拟机内部的攻击，对于单个虚拟机而言，sHype相当于防火墙机制。

NGSCB在安全机制上相对于前两种体系结构更加严格。基于硬件的存储保护机制使得NGSCB在隔离性方面优于前两种体系结构。但是NGSCB也有自身缺陷，它只能够运行与Windows兼容的软件，因此在灵活性方面较为缺乏。根据以上分析，Terra和sHype在抵御来自虚拟机内部的攻击方面存在缺陷，而NGSCB缺乏灵活性。

2）虚拟机隔离技术研究

一个虚拟机是隔离的，当且仅当这个虚拟机的运行不会影响到系统中的其他虚拟机。研究人员曾经一度认为安全隔离是虚拟机的一项基本属性，并将虚拟机广泛运用于蜜罐系统和入侵检测分析，但随着虚拟机漏洞的不断出现，研究人员开始意识到虚拟机自身的安全缺陷。

2007 年 Google 公司的 Tavis Ormandy 通过观察和实验，分析了当前广泛使用的几类虚拟机技术中存在的潜在安全风险，并提出了几点安全建议，包括使用 chroot，使用系统路径，使用 ACL，使用最少的特权用户，进行虚拟机软件实时更新等。

2008 年，世界著名波兰女黑客安娜·鲁特克斯卡在 RSA 大会上作了题为"虚拟化环境中的安全挑战"的发言，她认为，安装可信的虚拟机监视器并不能从根本上保证虚拟机安全，因为虚拟机可信启动之后仍不能避免运行时的安全威胁；同时她认为，为了实现更加安全的虚拟化环境，需要对虚拟机监视器的功能进行裁剪，设计精简的轻量级虚拟机监视器将会成为今后趋势。

3）虚拟机逃逸防护技术研究

从 2008 年起，虚拟机逃逸攻击开始在虚拟化环境中出现。最著名的要数 2009 年 7 月下旬安全评估和渗透测试公司 Immunity 开发的渗透测试工具 CANVAS 中使用的 Cloudburst 攻击。

Cloudburst 利用 VMware Workstation 6. 5. 1 和更早期版本中存在的显示功能漏洞（CVE－2009－1244），利用虚拟机和一些设备的依赖关系（如视频适配器、软盘控制器、IDE 控制器、键盘控制器和网络适配器），获得对主机的访问，这一漏洞同样出现在 VMware Player、Fusion、ESXi 和 ESX 上。利用 Cloudburst，攻击者可以从宿主机内存中渗透到虚拟机中，也可以从虚拟机向宿主机内存中的任何位置写入任意数据。

2012 年 9 月，法国 VUPEN 安全研究中心公布了其研究的一种虚拟机逃逸攻击的实现细节。攻击利用了 2012 年 6 月公布的 Xen 虚拟机监视器漏洞（CVE－2012－0217），使攻击者可以从客户虚拟机逃逸到宿主机中并执行恶意代码。Xen 虚拟机监视器漏洞源于 Intel 处理器在 x86－64 扩展（也就是 Intel64）中执行 SYSRET 指令集的方式，一些 64 位操作系统和虚拟化软件程序在 Intel 处理器上运行时，容易被攻击者利用提升本地权限，造成虚拟机逃逸。在运行 64 位 Linux 操作系统客户机的 Citrix XenServer 6. 0. 0 和 Xen 4. 1. 2 以及更早的版本中，攻击者通过恶意欺骗程序提升自己的本地权限至最高特权域，发起针对 dom0 的本地提权攻击，造成虚拟机逃逸。

3. 4. 2. 3　产品现状

当前在虚拟化领域，主要有三大厂商：Citrix、VMware 和微软。Citrix 的虚拟化产品是 XenServer，VMware 的虚拟化产品是 vSphere，微软的虚拟化产品是 Hyper－v。Citrix XenDesktop 是 Citrix 公司推出的桌面虚拟化 VDI 解决方案，可以将虚拟桌面作为一种按需服务随时随地交付给任何用户；Vmware Horizon View（以前称之为 VMware View)是 VMware 公司的桌面虚拟化 VDI 解决方案,通过扩展基于 VMware 服务器的现有部署,以托管服务的形式提供用户虚拟桌面,既可作为捆绑解决方案(其中包括 VMware vSphere 和 vCenter for Desktops)销售,也可作为桌面附加模块供现有 VMware vSphere 客户购买;微软的桌面虚拟化为 RDS(Remote Desktop Service),其后台服务器架构使用 Hyper - v 虚拟机,采用 RDP 作为桌面传输协议(目前 RDP 的最新版本为 7.1)通过与其应用虚拟化产品 App - v 结合,提供完整的桌面虚拟化解决方案。

虚拟化安全最近几年才被各大虚拟化厂商重视起来,以 VMware 公司的 vShield 虚拟化安全套件最为成熟。VMware 公司于 2008 年推出了 vShield Zone 安全组件,用来对虚拟机进行保护和分析虚拟网络流量,之后 VMware 又开发了一整套 vShield 安全套件保护云计算环境。vShield 安全套件分别使用 vShield Zones、vShield Manager、vShield App、vShield Edge 等安全组件为虚拟机提供防病毒保护、安全网关服务和虚拟网络安全加固。同时,VMware 在对 vShield 架构进行设计时,提出了无代理防病毒的设计理念,如图 3.7 所示。vShield 安全套件从外部使用如防火墙、病毒过滤等安全防护措施对虚拟机进行保护,防范外来攻击,但是没有提升虚拟机自身的安全性,没有对虚拟化架构本身进行安全加固,不能防范虚拟机内部出现的安全威胁。

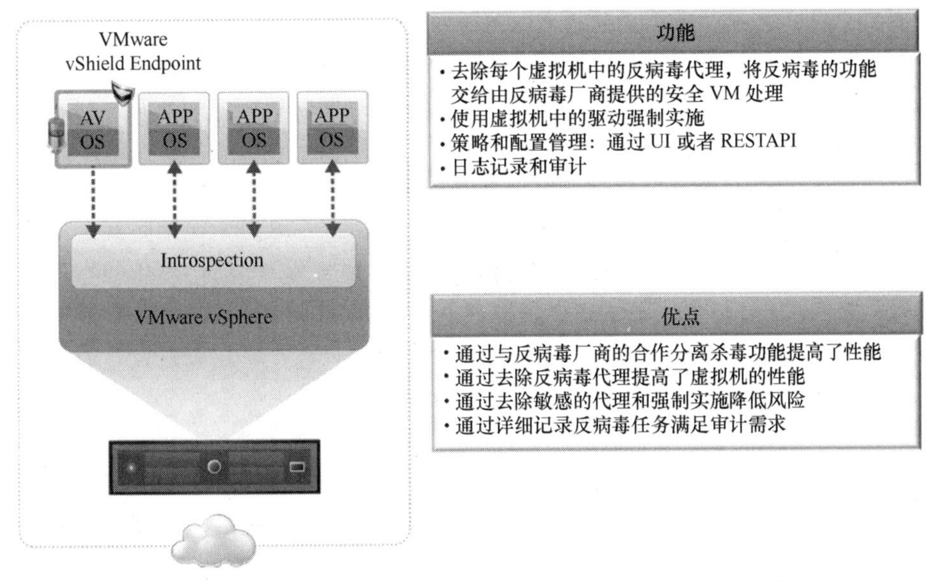

图 3.7　vShield Endpoint 为虚拟机提供无代理的分流防病毒处理方案

3.4.3　虚拟化安全关键技术

自从虚拟化应用模式出现之日起,研究人员就在不断积极探索提升虚拟化环境安全性的方法。本节将有针对性地介绍面向大型信息系统虚拟化环境的安全增强技术,同时着重对当前虚拟化安全的前沿技术进行总结梳理。

在本节将要介绍的大型信息系统虚拟化安全技术中:无代理防病毒、可信虚拟化、虚拟化环境资源管理与强制访问控制技术针对的是服务器虚拟化范畴;边界虚拟网桥是网络虚拟化范畴;桌面虚拟化远程显示技术针对的是桌面虚拟化范畴。

3.4.3.1 虚拟化平台无代理防病毒技术

对于虚拟化环境下的病毒防护,传统的防护策略是在每台虚拟机上安装防病毒产品,即有代理模式。但是,传统防病毒软件并不是专门为虚拟化环境设计,没有针对虚拟化环境下的资源共享进行优化。当上百台虚拟机在同一时间开启病毒库自动升级或者自动云查杀,所有虚拟机同时需要网络资源,那么大型信息系统的网络资源将面临极大的压力,即“防病毒风暴”(AV 风暴),而这与使用虚拟化技术节约大型信息系统资源的初衷相违背。

为了既达到安全防护的目的,又节约大型信息系统资源,当前虚拟化平台中通过无代理防病毒的技术手段来弥补传统安全技术的缺陷。通过采用无代理部署模式,用户无须在每个虚拟机中安装客户端程序,而是将其中一台虚拟机变成安全虚拟机,让这台安全虚拟机去管理虚拟化环境下的其他所有虚拟机的安全防护。用户只需安装一次安全防护设备,对这台安全虚拟机进行升级和维护,就能够让其他所有虚拟机得到最新的安全防护。

通过无代理模式,可以避免“AV 风暴”的影响,而且不需要维护代理和在多台服务器上保持防病毒软件签名的更新。借助无代理防病毒方式可以提高虚机的整合比率,潜在地节省了服务器硬件费用。

与传统的在每台虚拟机中分别部署的分布式模式相比,更加节省服务器资源,同时解决了安全策略分布式管理、维护、更新的弊端。同时,无代理防病毒的集中部署模式避免了在虚拟机迁移到其他物理主机和虚拟机复制时,发生原有的防病毒策略丢失的问题,可以预防安全防护盲点的出现,实现虚拟机迁移、复制等操作的安全策略同步。

3.4.3.2 可信虚拟化技术

可信虚拟化是对传统计算环境可信组件和功能进行虚拟化扩展,将可信安全增强机制延伸至虚拟化环境,为虚拟化环境中的上层应用提供一个高可信的底层基础平台。

系统不可信任的基本原因主要是因为系统完整性遭到了恶意软件和代码的破坏。因此,保证底层物理平台可信是从本质上保证系统安全的有效方式。为了让平台上的所有虚拟机享有 TPM 的安全存储、加密和签名的能力,对 TPM 这一可信关键模块进行虚拟化,保证每台虚拟机拥有自己独有的 vTPM。具体实现方式如 3.2.3.4 小节所讲的可信硬件模块虚拟化框架。

3.4.3.3 虚拟化环境资源管理与强制访问控制技术

在对虚拟化环境中的资源进行管理时，通常借助虚拟安全域的思想共同实现将根据虚拟机的安全等级和所属的用户和部门对虚拟机进行划分，将分布在不同物理服务器上的具有相同安全特性和需求的虚拟机组成一个具有统一安全策略的独立区域，即虚拟安全域。虚拟安全域管理端定义虚拟安全域的安全策略，并将策略下发到每台服务器的管理虚拟机（Xen 平台即为 Dom0）中，由管理虚拟机执行虚拟安全域策略。

在满足用户访问控制策略并保证通信的完整性和保密性之后，同一虚拟安全域中具有相同安全等级的虚拟机之间可以自由通信，因此虚拟安全域内部通信建立在认证和加密信道（如 IPsec）之上。虚拟化强制访问控制技术建立在现有 VMM 提供的隔离基础之上，对虚拟机之间的资源共享和通信行为进行仲裁判定，通过灵活的安全策略对虚拟机之间的通信和对资源访问进行约束控制。在 VMM 安全增强的访问控制结构中，有两组访问仲裁钩子（hook），如图 3.8 所示。第一组钩子位于 Hypervisor 中，控制虚拟机对事件通道、授权页表、网络和虚拟磁盘的访问，以此约束虚拟机之间的通信和共享行为；另一组钩子位于管理虚拟机中，控制虚拟机对资源（虚拟磁盘或磁盘分区）的访问。两组钩子均调用访问控制模块 ACM 中的访问决策函数进行仲裁判定。

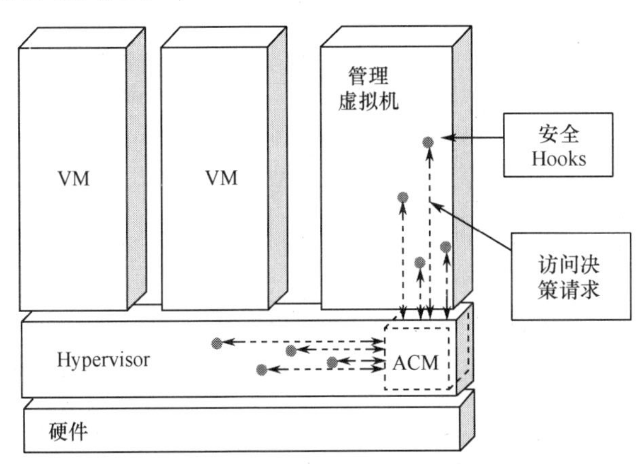

图 3.8 虚拟机监视器层强制访问控制架构

通过虚拟化环境资源管理与强制访问控制技术可以解决如下问题：病毒和恶意代码不会从一个用户虚拟机传播到另一个；数据不会轻易从一个用户虚拟机泄露到另一个；攻破一台虚拟机后，不会影响其他虚拟机的正常运行。

3.4.3.4 边缘虚拟网桥（EVB）

边缘虚拟网桥，是将网络流量通过修改路由表转接到实际网络中，使用传统网络安全设备进行流量过滤及恶意内容检测。虽然虚拟以太网交换机(Virtual Ethernet Bridge,VEB)可以对虚拟机之间的网络流量进行转发,但是出于性能影响的考虑,虚拟网络流量转发设备始终没有解决虚拟机间流量监管、QoS、网络策略部署,以及管理可扩展性的问题。

由于考虑到虚拟网络流量转发设备的局限性,IEEE 802.1 工作组制定了一个新标准 802.1Qbg Edge Virtual Bridging(EVB),其核心思想是将虚拟机产生的网络流量全部交由与服务器相连的物理交换机进行处理,即使同一台服务器的虚拟机间流量,也发往外部物理交换机进行转发处理。如图 3.9 所示,由 VM1 发往 VM2 或 VM3 的报文,首先被发往外部交换机,查表后,报文沿原路返回服务器。802.1Qbg 标准的作者将这种工作模式形象的描述为“发卡弯”(hairpin turn)转发。

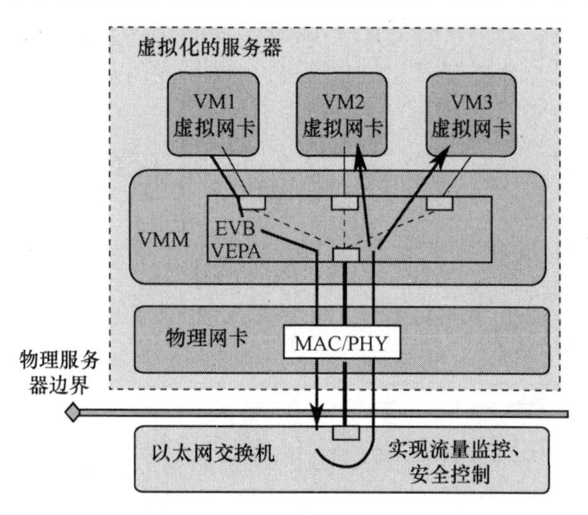

图 3.9　802.1Qbg EVB 基本架构

EVB 改变了传统的虚拟网络流量转发设备对报文的转发方式,使得大多数报文在外部网络交换机被处理。由于将所有流量都引向外部交换机,因此与虚拟机相关的流量监管、控制策略和管理可扩展性问题得以很好的解决。当前大多数交换机的硬件芯片都能支持这种“发卡弯”转发特性,只要修改驱动程序即可实现,不必为支持“发卡弯”方式而增加新的硬件芯片。但是,由于流量被从虚拟机上引入到外部网络,EVB 技术也带来了更多网络带宽开销的问题。EVB 的出现并不是完全替换虚拟网络流量转发方案,但是 EVB 对于流量监管能力和安全策略部署能力要求较高的场景(如虚拟数据中心)而言,绝对是更优的技术解决方案。

3.4.3.5　桌面虚拟化安全技术

桌面虚拟化将用户的终端设备与桌面环境解耦合,利用服务器虚拟化技术在数据中心服务器上以虚拟机的形式运行虚拟桌面,用户使用终端设备(通常为瘦客户机)与虚拟桌面进行连接,通过桌面传输协议与服务器端进行加密(如 TLS)

通信。在桌面虚拟化使用模式下，本地终端仅作为远程接入设备，可以是任意形式，包括普通PC、笔记本电脑、手机等。所有虚拟桌面运行在数据中心服务器对应的虚拟机中，通过桌面传输协议传输服务器虚拟机的实时运行画面信息和用户与虚拟桌面交互的键盘鼠标等控制信息。

本小节提出采用可信计算思想来解决云架构中桌面终端所面临的安全风险，实现对攻击的主动防御。采用远程证明技术来解决远程终端的接入认证，调用可信硬件模块的加密算法实现对传输数据的安全保护。通过在云终端嵌入可信计算芯片，采用完整性度量、信任链传递等可信计算框架下的方法实现云终端自身的安全可信。通过构建可信私有云，实现可信云终端安全接入，提高云系统面对恶意攻击的主动防御能力，主要技术思路如下所述。

(1) 用户的虚拟机镜像文件和业务数据经高速密码模块加密以密文方式独立存储于专业的数据存储设备上，保证虚拟机镜像文件和业务数据不会被非法窃取。

(2) 云终端的管理员能够对用户进行细粒度管的控外设接口，考虑通过网络将所有的I/O设备虚拟化，即所有的I/O数据均通过网络传送给虚拟机实体，从根本上保证内部资料不会因云终端非法使用外部设备而泄露。

(3) 采用专用的终端可信硬件模块和可信接入网关，实现对远程接入设备和用户身份的强认证并确保经由网络传输数据的保密性、完整性和可用性。

(4) 建立完善的虚拟桌面审计体系，使得云终端上用户的行为都有详细的审计记录。

(5) 对服务器采用可信安全加固，确保云计算服务器不被病毒木马等恶意程序攻击。

(6) 通过可信接入和远程证明技术来构建完善的虚拟云终端的安全控制体系。

(7) 尽可能降低桌面传输协议的网络带宽要求，采用专用协议对传输通道进行加密。

(8) 在切换不同安全域时，在不断电的情况下内存中数据信息可能被窃取，可通过强制断电的方式保证不能获取原安全域的任何数据信息。

另外，在云计算环境下的远程证明中，质询方是确定的，但由于云计算的虚拟性和迁移性，证明方具有较强的不确定性。用户并不知道为其提供计算服务的具体计算平台，这种透明的计算方式要实现用户和计算平台的远程证明，需要借助中间的证明代理，以间接的方式进行证明。

3.4.4 典型应用模式

本节针对大型信息系统虚拟化环境的安全防护需求，设计一个大型信息系统虚拟化环境安全实施方案。大型信息系统虚拟化环境安全解决方案的总体框架如图3.10所示，主要包括虚拟安全防护管理端、虚拟化安全组件和虚拟化安全代理三个部分。其中,虚拟安全防护管理端通过集中式策略管理发布安全更新并通过警报和报告进行监控;虚拟化安全组件负责提供无代理的病毒查杀,IDS/IPS、网络应用程序保护、应用程序控管及防火墙保护;虚拟化安全代理以软件形式部署于服务器及被保护的虚拟机器上,负责执行虚拟安全防护管理端下发的策略。

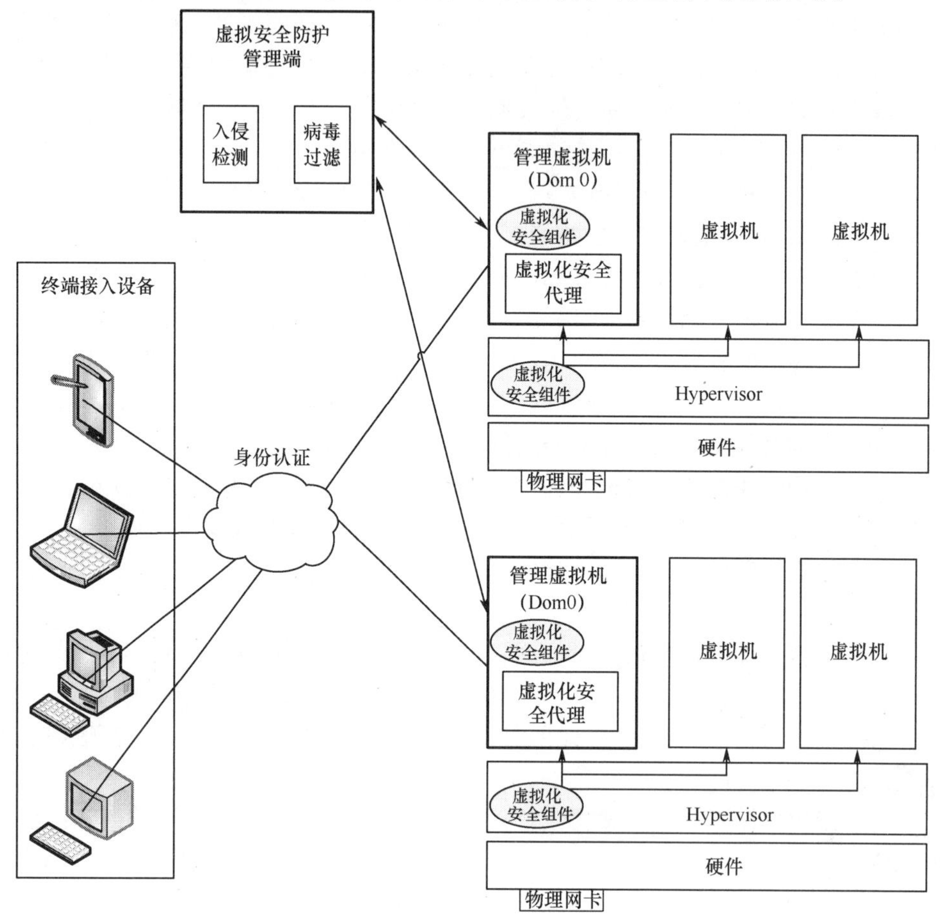

图 3.10　大型信息系统虚拟化安全方案

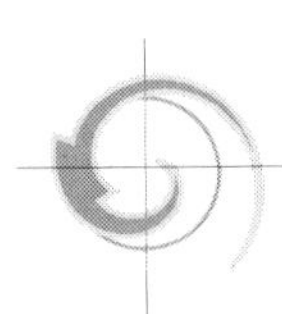

第4章 大型信息系统网络安全

现代的信息系统越来越依赖网络，在大型信息系统中，普遍采用客户机/服务器或者浏览器/服务器的部署模式。用户通过网络访问信息系统和数据库，实现网上办公、收发邮件、信息发布等工作。然而，网络在给工作带来方便的同时也为信息系统的安全带来了挑战。每年数以万计的安全事件发生在网络上，如蠕虫病毒、木马、钓鱼网站、网络欺诈等。中国互联网信息中心发布的《2013 年中国网民信息安全状况研究报告》估计，2013 年中国有 74. 1% 的网民遇到过安全问题，总人数达 4. 38 亿。因此，网络安全是大型信息系统重要的一环。本章首先分析信息系统面临的网络威胁，然后介绍信息系统中的网络安全体系结构和技术，最后给出信息系统网络安全建设的案例与分析。

4. 1 大型信息系统的网络安全威胁

4. 1. 1 广义的网络安全威胁

网络安全威胁是动态发展的，一些早先影响巨大的安全威胁随着防护技术的发展变得微不足道，而新技术的出现又可能带来新的安全威胁。下面是一些典型的网络安全威胁，它们目前对信息系统的安全造成严重影响[19,20]。

4. 1. 1. 1 病毒

计算机病毒(Computer Virus)在《中华人民共和国计算机信息系统安全保护条例》中被明确定义，病毒"指编制或者在计算机程序中插入的破坏计算机功能或者破坏数据，影响计算机使用并且能够自我复制的一组计算机指令或者程序代码"。

计算机病毒的一个重要特征是可以自行复制，而网络为病毒传播和复制提供了便利的途径：网页、邮件、共享文件等都是病毒传播的重要渠道。例如，病毒一般会自动利用电子邮件传播，利用对象的某个漏洞将病毒自动复制并群发给存储的通讯录名单成员。邮件标题较为吸引人点击，如利用家人朋友之间亲密的话语，以降低人的警戒性。如果病毒制作者再应用脚本漏洞,将病毒直接嵌入邮件中,那么用户一点邮件标题打开邮件就会中病毒。

2006 年年底至 2007 年年初,一种被称为“熊猫烧香”的蠕虫病毒在国内爆发,感染了大量的企业内部局域网和互联网络上的计算机。这种病毒感染计算机系统后,会在计算机系统硬盘各个分区下生成自动运行配置文件(autorun. inf)和安装文件(setup. exe),并且可以通过 U 盘、移动硬盘、共享文件夹、系统弱口令等多种方式进行传播,还会利用 Windows 系统的自动播放功能来执行。

4.1.1.2 木马

特洛伊木马(Trojan Horse)简称木马,是一种后门程序。黑客为盗取其他用户的个人信息,甚至是远程控制对方的计算机而加壳制作,然后通过各种手段传播或者骗取目标用户执行该程序,以达到盗取密码等各种数据资料的目的。与病毒相似,木马程序有很强的隐秘性,随操作系统启动而启动。在用户不经意间,对用户的计算机系统产生破坏或窃取数据,特别是用户的各种账户及口令等重要且需要保密的信息,甚至控制用户的计算机系统。

木马程序一般包括服务端(服务器部分)和客户端(控制器部分)两部分。植入对方计算机的是服务端,而黑客正是利用客户端进入运行了服务端的计算机。运行了木马程序的服务端以后,会产生一个名称容易迷惑用户的进程,暗中打开端口,向指定地点发送数据(如网络游戏的密码,实时通信软件密码和用户上网密码等),黑客甚至可以利用这些打开的端口进入电脑系统。

木马不会自动运行,它是隐藏在某些用户感兴趣的文档中。当用户运行文档程序时,特洛伊木马才会运行,信息或文档才会被破坏和丢失。特洛伊木马和后门不一样,后门指隐藏在程序中的秘密功能,通常是程序设计者为了能在日后随意进入系统而设置的。

木马的植入通常是利用了操作系统的漏洞,绕过了对方的防御措施(如防火墙)。中了特洛伊木马程序的计算机,因为资源被占用,速度会减慢,莫名死机,且用户信息可能会被窃取,导致数据外泄等情况发生。

木马一直是网络中的主要安全威胁,据瑞星公司 2013 年统计,共截获木马 2 463万个,是蠕虫(Worm)病毒的七倍。

4.1.1.3 拒绝服务

拒绝服务(Denial of Service, DoS)攻击是指故意攻击网络协议实现的缺陷或直接通过野蛮手段残忍地耗尽被攻击对象的资源,目的是让目标计算机或网络无法提供正常的服务或资源访问,使目标服务系统停止响应甚至崩溃。拒绝服务攻击是一种古老而具有生命力的网络攻击手段,目前仍然是信息系统面临的主要安全威胁。

DoS 的攻击方式有很多种，最基本的 DoS 攻击就是利用合理的服务请求来占用过多的服务资源，从而使合法用户无法得到服务的响应。

分布式拒绝服务攻击（Distributed Denial of Service，DDoS）攻击是指借助于客户/服务器技术，将多个计算机联合起来作为攻击平台，对一个或多个目标发动 DoS 攻击，从而成倍地提高拒绝服务攻击的威力。攻击者可以使用木马控制大量的傀儡机，在傀儡机上安装拒绝服务攻击程序，从而可以实现几秒钟内激活成百上千次代理程序的运行，实施大规模的 DoS 攻击。

当对一个信息系统被实施 DDoS 攻击时，这个系统会接到非常多的请求，最终使它无法再正常使用。在一个 DDoS 攻击期间，如果有一个不知情的用户发出了正常的访问请求，这个请求会完全失败，或者是访问速度变得极其缓慢。

4.1.1.4 欺骗与假冒

欺骗和假冒在网络上是经常遇到的安全威胁。欺骗和假冒的形式有很多种，如钓鱼网站，攻击者通过伪装成银行及电子商务，窃取用户提交的银行账号、密码等私密信息。“钓鱼”是一种网络欺诈行为，指不法分子利用各种手段，仿冒真实网站的 URL 地址以及页面内容，或利用真实网站服务器程序上的漏洞在站点的某些网页中插入危险的 HTML 代码，以此来骗取用户银行或信用卡账号、密码等私人资料。

另一种欺骗与假冒是中间人攻击，在密码学和计算机安全领域中，中间人攻击（Man - in - the - middle attack，MITM）是指攻击者与通信的两端分别创建独立的联系，并交换其所收到的数据，使通信的两端认为他们正在通过一个私密的连接与对方直接对话，但事实上整个会话都被攻击者完全控制。在中间人攻击中，攻击者可以拦截通信双方的通话并插入新的内容。

实施中间人攻击必须具备两个技术条件，首先就要让本来应该互相通信的双方的数据流量都从攻击者处转发或中继，称之为流量牵引；其次，流量牵引过来了攻击者还要让通信双方对他没有任何怀疑，称之为身份伪装。

在有线网络环境中，流量牵引不太容易。局域网中需要使用 ARP 欺骗技术，而广域网中需要使用 DNS 欺骗技术，容易被防护，也容易被发现。但是在 WiFi 的环境中，达到上面所谓的中间人攻击技术条件非常容易，攻击者只需要使用跟合法接入点同样的 SSID，然后让伪造接入点的功率大于合法接入点就可以了。攻击者再以客户端的身份连接到合法接入点，在中间中转被攻击者跟合法接入点之间的流量，数据都能够被明文监听下来，或者进一步实施更高级的攻击手段。

4.1.1.5 利用程序漏洞的攻击

网络中的服务器程序能够对外提供信息服务，但与此同时，对外开放的服务也给攻击者提供了入侵信息系统的“弱点”。由于这些开发的服务出于便于访问的原因,疏于对访问者进行鉴别和认证,如果服务本身还存在程序上的 bug,则更给了攻击者以可乘之机。典型的利用程序漏洞的攻击包括缓冲区溢出攻击、SQL 注入攻击和跨站脚本攻击。

1) 缓冲区溢出(buffer overflow)攻击

缓冲区溢出攻击,是针对程序设计缺陷,向程序输入缓冲区写入使之溢出的内容(通常是超过缓冲区能保存的最大数据量的数据),从而破坏程序运行并获取程序乃至系统的控制权。缓冲区溢出原指当某个数据超过了处理程序限制的范围时程序出现的异常操作。造成此现象的原因有:

(1) 存在缺陷的程序设计。

(2) 尤其是 C 语言,不像其他一些高级语言会自动进行数组或者指针的边界检查,增加溢出风险。

(3) C 语言中的 C 标准库还具有一些非常危险的操作函数,使用不当也为溢出创造条件。

从理论上说,采用 C/C + + 语言编写的软件,如果程序设计有缺陷都存在缓冲区溢出的风险。2004 年至 2008 年,微软的 Windows 操作系统连续爆出了多个缓冲区溢出漏洞,使黑客可以通过这些漏洞远程控制计算机。

2014 年,著名的开源软件,OpenSSL 也暴露出一个重大漏洞,被称为心脏滴血(Heart Bleed)。该漏洞是因为在实现 TLS 的心跳扩展时没有对输入进行适当验证(缺少边界检查)而导致的,攻击者可以读取到比允许读取的要多的数据,从而造成信息泄露。由于 OpenSSL 是互联网中广泛采用的基础库,因此该漏洞的暴露给众多互联网厂商造成了严重的影响。

2) SQL 注入攻击

随着 Web 应用系统的流行,采用 Web 作为前端,数据库作为后端的信息系统成为普遍的选择。而随之而来的是 SQL 注入攻击是黑客对数据库进行攻击的常用手段之一。随着 B/S 模式应用开发的发展,使用这种模式编写应用程序的程序员也越来越多。但是由于程序员的水平及经验也参差不齐,相当大一部分程序员在编写代码的时候,没有对用户输入数据的合法性进行判断,使应用程序存在安全隐患。用户可以提交一段数据库查询代码,根据程序返回的结果,获得某些想得知的数据,这就是所谓的 SQL Injection,即 SQL 注入。SQL 注入是从正常的 WWW 端口访问,而且表面看起来跟一般的 Web 页面访问没什么区别,所以防火墙都不会对 SQL 注入发出警报,如果管理员没查看 Web 服务器日志的习惯,可能被入侵很长时间都不会发觉。

在 Web 应用安全权威机构 OWASP 的年度攻击 TOP10 排行中,SQL 注入攻击连续多年排名第一,可见这种攻击的危险之大。

3) 跨站脚本攻击

跨站脚本攻击(也称 XSS)指利用网站漏洞从用户那里恶意盗取信息的一种

攻击方式。用户在浏览网站、阅读电子邮件时,通常会点击其中的链接。如果攻击者通过在链接中插入恶意代码,这些代码可以在用户的计算机上执行,就有可能盗取用户信息。攻击者通常会将恶意代码上传至网站,网站在接收到包含恶意代码的请求之后会产成一个包含恶意代码的页面,而这个页面看起来就像是那个网站应当生成的合法页面一样。如果受害者访问这个网站就会受到攻击。

例如,随着 Web 2.0 的普及,出现了大量的社交网站,这些网站允许用户上传图片、视频等信息,如果用户甲发表了一篇包含恶意脚本的帖子,那么用户乙在浏览这篇帖子时,恶意脚本就会执行,盗取用户乙的 session 信息。2011 年 6 月 28 日晚,新浪微博出现了一次比较大的 XSS 攻击事件。大量用户自动发送微博帖子和私信,并自动关注一位名为 hellosamy 的用户,事件历时约一个小时。

在 Web 应用安全权威机构 OWASP 的年度攻击 TOP10 排行中,跨站脚本攻击近年来已经跃居第二位。

4.1.1.6 其他安全威胁

窃听(Sniffer):计算机网络中使用的协议大多数是采用明文进行传输的,因此攻击者可以通过嗅探抓包等方式,窃听网络上的通信数据。这成为造成信息系统泄密的一个主要途径。

伪装(Masquerade):伪装往往是实现其他网络攻击的辅助手段,例如在典型的 SYN Flood DDos 攻击中,攻击者就会伪造多个不存在的 IP 地址,实施 DDos 攻击。而在进行钓鱼攻击中,攻击者也常常伪装成受害者朋友,或以亲人的名义传送电子邮件。

数据篡改(Data Manipulation)是指攻击者修改存储或传输中的数据,其完整性被毁坏。

网址转嫁链接(Pharming):犯罪者常侵入 ISP 的服务器中修改内部 IP 的信息并将其转接到犯罪者伪造的网站,所以即使用户输入正确的 IP 也会转接到犯罪者的网站,而被截取信息。

4.1.2 大型信息系统面临的网络安全威胁

在大型信息系统中,上节所提到的网络安全威胁普遍存在。而对于大型信息系统而言,由于其自身特点造成其还面临特有一些安全威胁。大型信息系统一般由数量众多计算机系统组成庞大的内部网络,并对外提供信息服务和进行信息交换。因此,大型信息系统也面临着来自内部和外部安全威胁。

4.1.2.1 内部安全威胁

对于网络系统而言,内部主机被授予更多的信任。但是,相当多的安全事件是由内网用户有意或无意的操作造成的。据统计,发生在内部网络的安全事件占全部安全事件的70%以上。总体上看,内网主机大多以LAN的方式进行接入,这些主机间以物理互连,逻辑隔离的方式共存,但为实现主机间的资料共享及数据通信需求,又不得不让其之间建立各种互信关系,因此某台主机的有意或无意的误操作都会对整网主机的安全性造成威胁,这些威胁点主要分为以下几类。

1) 内网逻辑边界不完整

无线技术的迅猛发展让随时随地接入互联网成为现实,但是无线技术为工作、生活带来便利的同时,也对网络的管理和网络安全提出了更多的要求。如何确保内网边界的完整性,杜绝不明终端穿越网络边界接入是众多管理者面临的一大难题。事实上,国内定义的网络边界防护由于《信息系统等级保护》的诠释往往被理解为网络出口保护,而在现实情况中的边界早已超越了"出口"这一狭隘的概念。由于,大型信息系统往往由多个子系统组成,每个子系统是一个独立的安全域,因此大型信息系统内部往往存在大量的内网边界。理论上,在每个独立的安全域边界,都应该实施"纵深防御",但在实际应用中,出于方便业务运行或资金等方面的考虑,往往忽视了内网边界的访问,这种内网边界的不完整给大型信息系统网络内部安全带来了巨大的隐患。

2) 缺乏有效身份认证机制

在现代的信息系统中网络是基础设施。为了方便业务的开展,网络系统在建设时往往考虑使用的方便性。在现代的信息系统中,网络不但可以部署到每一个工位,使用户可以方便接入信息中,更可以通过WiFi技术做到随时随地接入、移动办公。但是,便捷的背后是安全隐患,由于对接入的用户不进行身份认证,使攻击者可以轻易进入到信息系统中,实施监听、欺骗、中间人攻击等,甚至直接入侵信息系统的核心系统和数据库。同时,由于缺乏身份认证也导致即使发现了攻击行为,也无法认定责任。

3) 缺乏细粒度的访问控制机制

如前所述,广泛采用的客户端/服务器架构和浏览器/服务器架构使大型信息系统的网络大体上可以分为两大区域:其一是办公或生产区域,其二是服务资源共享区域。上述两大逻辑网络物理上共存,逻辑上隔离。但是这种逻辑隔离往往是粗粒度。传统的网络上的隔离方式是通过防火墙等设备进行,但是防火墙等设备本身的技术局限使这种隔离是基于IP地址和协议端口进行,因此仅限于对整个主机和应用系统进行访问控制,即要么用户能够访问整个应用系统,要么都不能访问。在业务优先的背景下,安全管理人员往往将访问控制权限放开,使防火墙等安全设备形同虚设。缺乏细粒度的访问控制手段和方法使在大型信息系统内部的访问控制"一抓就死,一放就乱"。

4) 终端系统的安全隐患

在大型信息系统中,有着数以千计的计算机,其中服务器存储着重要的信息系统和数据,容易成为被攻击的对象,因此成为安全防护的重点。服务器往往被逻辑隔离在单独的安全域内,并在边界部署认证、访问控制、安全监控、审计、数据备份恢复等设备,并由专门的管理员进行管理。而终端计算机系统则往往被忽视。终端计算机系统数量众多,缺乏专人管理,其所有者和使用者的技术水平和安全知识也相对匮乏,因此更容易成为攻击者攻击的对象。而一旦攻击者控制了终端计算机,不但可以窃取计算机上存储的信息,还可以将计算机作为跳板,进一步攻击信息系统内部的其他计算机和服务器,引发更大的内网安全事故。

4.1.2.2 外部安全威胁

大型信息系统还面临着许多来自外部安全威胁,这些安全威胁有的来自于主要包括身份假冒、非授权访问、信息泄露等。

1) 身份假冒

假冒(Spoofing)是指某个实体通过出示伪造的凭证来冒充别人或别的主体,从而攫取了授权用户的权利。身份识别机制本身的漏洞,以及身份识别参数在传输、存储过程中的泄露通常是导致假冒攻击的根源。例如假冒者窃取了用户身份识别中使用的用户名/口令后,非常容易欺骗身份识别机构,达到假冒的目的。

信息系统中的主体,如计算机或用户其身份是由各种数据标识代表,这些数据标识包括网络地址、用户名/口令、证书等。统一的身份发放和标识是定义一个安全域的重要标志,例如在以 IP 地址为标识的安全域内;IP 地址需要统一规划;在以用户名/口令为标识的安全域内,用户名需要的统一管理和发放;在以证书为标识的安全域内,需要有唯一的 CA 进行证书签发。

在不同安全跨之间的信息访问中,由于不同的安全域采用不同身份标识方法,使这些数据标识不同程度上会被假冒。

网络地址是常见的计算机身份的标识,如 IP 地址、MAC 地址等,而这些地址也是最容易被篡改和仿冒的,如 ARP Spoofing 攻击、IP Spoofing 攻击等。

用户名/口令也是常用的用户身份鉴别的方法,但是由于用户缺乏安全意识,对口令保护不足,例如采用简单的口令、易于猜测的口令,或长时间不更换口令,甚至将口令写在纸上。这些行为都会导致攻击者可以假冒用户身份。

证书是基于公钥加密机制的一种身份鉴别手段,其安全性较高。基于证书的身份认证将用户的私钥和证书绑定在一起并存储在物理介质(如 U 盘)中,作为用户身份的凭证。证书不容易被假冒,但是如果存储证书的物理介质不能够妥善保管,或没有施加额外的保护(如 PIN 码),那么如果丢失也会造成用户身份被假冒。另一个普遍存在的问题是,如果证书由于某些原因被撤销,例如私钥泄露,用户离职等,但是认证系统没有被告知该证书已被撤销,则也可能导致用户身份被假冒。

2) 非授权访问

非授权访问指没有预先经过同意,就使用网络或计算机资源被看作非授权访问,如有意避开系统访问控制机制、对网络设备及资源进行非正常使用、擅自扩大权限,越权访问信息。非授权访问主要指非法用户进入网络系统进行违法操作以及合法用户以未授权方式进行操作等。在跨域信息资源访问中,不同安全域间授权策略的不一致,使非授权访问成为一个严重的安全问题。

非授权访问一部分源于身份的假冒,使非法的用户能够访问到信息系统,另一部分是由于信息系统在进行授权和访问控制时粒度太粗,造成用户能够超出本身权限访问信息系统。

例如,防火墙是在安全域边界广泛采用的访问控制设备。防火墙基于 IP 地址进行访问控制,而 IP 地址仅能够标识计算机主机,但在实际使用中,同一计算机主机上可运行不同信息服务,因此被授予访问某计算机的用户可以访问该计算机上所有的服务。

另一个造成非授权访问的原因是,在大型信息系统中,对应用系统访问的授权可以存在于多个地点,例如对应用系统的访问授权可以在网络边界的交换机、安全域边界的防火墙、应用服务器前的接入网关、应用服务器实施,也可以由应用系统实施。在实际工作中,这些设备可能分别由不同的职能部门管理,如交换机由通信部门配置,防火墙和接入网关由安全部门配置,应用服务器和应用系统由信息系统部门配置。不同部门的职责差异可能造成授权的粒度不同和授权策略的冲突,从而造成用户有越权访问的隐患。

3) 信息泄露

在大型信息系统中,安全域之间通过公共网络连接是非常普遍的现象,公共网络具有价格低廉、健壮性好等优点,但是安全性较差,易于造成信息泄露。嗅探(Sniffers)是一种在公共网络上常见的黑客的窃听手段。黑客通过使用用嗅探器对网络中的数据流进行截获与分析,如果信息没有加密,则黑客能够获取报文中的用户账号等机密信息。中间人攻击是指攻击者与通信的两端分别建立独立的联系,并交换其所收到的数据,使通信的两端认为他们正在通过一个私密的连接与对方直接对话,但事实上整个会话都被攻击者完全控制。

4.2 网络安全防御架构

上一节介绍了大型信息系统面临的网络威胁,本节将介绍如何在大型信息系统的建中设应对这些安全威胁。

大型信息系统面临着各种网络安全威胁,这些威胁有的来自信息系统内部,有的来自系统外部,威胁的方式也多种多样。计算机病毒可以感染和破坏计算机中的程序和文件,中间人攻击可以窃取用户通过网络传输的信息,分布式拒绝服务攻击可以导致服务器系统宕机。安全威胁的多种多样意味着不可能仅仅通过简单的部署防火墙、杀毒软件的方式解决所有安全问题。对于大型信息系统而言,网络安全需要统筹考虑,形成系统的解决方案。

对于大型信息系统而言,网络安全面临着以下三个问题。

(1) 如何面对系统规模大造成的管理难度高:对于大型信息系统而言,系统内有数以千计的各类计算机设备,这些设备采用不同的处理器、不同的操作系统、运行不同的软件,采用不同协议进行通信。系统异构带来的是安全漏洞的增多和管理复杂度增高,安全防护工作量加大。

(2) 如何应对多种攻击对系统造成的威胁:大型信息系统的另一个特点是用户多,并存储大量的有价值的信息,因此也容易成为攻击目标。攻击者可能破坏信息系统的机密性、完整性和可用性,意味着需要掌握和实施更多的安全技术和设备才能有效地进行系统防护。

(3) 如何平衡安全与业务运行之间的鸿沟:任何一个信息系统其运行的目的或是实现商业目的,或是提供某种服务,不会有一个信息系统是仅为了安全而存在。因此在进行大型信息系统的网络安全设计时,需要保持适度的安全,不能因此安全防护对系统的正常业务运行造成影响。

针对上述问题,在进行信息系统的网络安全建设时,提出了"分而治之、纵深防御"的思想:通过将大型信息系统进行分割,分成若干个中小型的子系统降低系统设计的复杂度;在每个子系统之间和大型系统的外围实施多种防御手段,保证系统的安全,对于系统内部和外部根据威胁特点区分对待,避免过度防御。

本节首先介绍如何进行"分而治之、纵深防御",并在接下来的几节将分别介绍网络边界的防护技术和网络内的防护技术。

4.2.1 安全域划分

4.2.1.1 安全域的概念

在大型信息系统中,由于系统规模大,出于管理的需要,往往将整个系统划分成多个安全域。安全域在信息安全领域是一个广泛应用的定义,在美国标准技术研究院 NIST SP800-33 中,对安全域的定义为:"域是一组活动实体(人,进程或设备)、实体所具有的数据对象,以及一个共同遵守的安全策略"。

根据 NIST SP800-33 中的解释,域可以是逻辑的或是物理的,域的定义包括下列因素中的一个或多个。

(1) 物理,如建筑,校园,地区等。

(2) 业务流程,例如,人事,财务等。

(3) 安全机制,如微软的 NT 域,网络信息系统(NIS)等。

在信息安全的实践中,安全域这个概念从不同的角度可以得到不同的定义,比较典型的有如下几种。

定义1:安全域是由一组具有相同安全保护需求、并相互信任的系统组成的逻辑区域。

定义2：安全域是由在同一工作环境中、具有相同或相似的安全保护需求和保护策略、相互信任、相互关联或相互作用的IT要素的集合。

定义3：安全域是指同一环境内有相同的安全保护需求、相互信任并具有相同的安全访问控制和边界控制策略的网络或系统。

上述定义文字不尽相同，但含义却相似，综合上述定义本书给出安全域的定义：广义上的安全域是一个在信息安全领域广泛使用的概念，安全域是任何计算机、网络、信息技术基础设施等元素遵从于一个特定的安全协议的集合。安全域实际上是这些元素的一个控制实体，仅能通过统一身份验证的方法访问安全领域内的元素。安全域的概念可以广泛应用到信息技术(IT)集合中的某一个元素，如一个操作系统、一个网站、一个通信网络、在一个房间里的一组计算机等。”

在大型信息系统中，安全域一般特指遵从于同一安全策略的一个或多个网络，即网络安全域。网络安全域是指同一系统内有相同的安全保护需求，相互信任并具有相同的安全访问控制和边界控制策略的子网或网络，且相同的网络安全域共享一样的安全策略。广义可理解为具有相同业务要求和安全要求的IT系统要素的集合。

4.2.1.2 安全域的划分

在大型信息系统中，信息系统往往需要划分为多个安全域。安全域的这种划分出于不同的需求和目的，主要包括以下三点。

1) 业务分割的需求

由于大型信息系统规模庞大，因此为了便于业务运营的管理，往往将大型信息系统划分为多个子系统，子系统独立运营和核算。因此，每个子系统需要划分独立的安全域，安全域可根据自身系统的业务特点制定安全策略，实施安全运维和管理。

在大型信息系统中，安全域相互间存在一定的关系。例如，层级结构是一种常见的安全域组织结构，这种结构类似于行政组织结构，安全域间存在上下级关系，下级安全域需要遵守上级安全域的安全策略，并接受上级安全域的管理。以典型的某大型军工集团信息网络为例，大型军工集团信息系统由集团总部、研究院、研究所三级网络组成，每个研究所作为一个独立的安全域，接受研究院管理，而研究院作为独立的安全域接受集团管理，这种层级的安全域结构有利于安全运维管理。

2) 物理位置的需求

按物理位置划分，大型信息系统往往存在系统中的部门位于不同的物理位置的情况。例如，位于不同城市的分公司、由于业务扩展造成的同一城市分处不同地点办公区等。在这种情况下，由于物理位置的限制，导致原来的企业网络不能够延伸和覆盖大型信息系统中所有的物理办公地点，而只能依靠公共网络连接，因此需要独立划分安全域。

3）信息分级的需求

信息分级被认为是保护信息数据资源机密性和完整性的最有效的手段，通过信息分级，按级别实施对信息资源的访问控制，可以有效地避免信息资源的非授权访问。为了实现信息分级，在企业网络域内部划分多个不同级别的安全域是一种常用的技术和管理手段。由于目前企业中的应用系统往往采用C/S或B/S架构，信息资源存放在服务器端，因此可以将这些服务器以及运行在服务器上的信息系统，根据信息资源的敏感程度进行划分，使其分布在不同的网络域中，并在网络域边界实施不同安全级别的防护措施，实现安全域的划分和隔离。例如，重要的应用系统可以采用集中访问控制机制，采用强身份认证手段进行防护，而一般的应用系统采用自主访问控制机制和强度较低的认证手段。

通过这种方式，还可以使对信息安全的投资重点应用到需要高强度防护的信息资源上，优化投入产出比。

综上所述，进行安全域划分可以起到以下作用。

（1）理顺系统架构：进行安全域划分可以帮助理顺网络和应用系统的架构，使得信息系统的逻辑结构更加清晰，从而更便于进行运行维护和各类安全防护的设计。

（2）简化复杂度：基于安全域的保护实际上是一种工程方法，它极大地简化了系统的防护复杂度。由于属于同一安全域的信息资产具备相同的IT要素，因此可以针对安全域而不是信息资产来进行防护，这样会比基于资产的等级保护更易实施。

（3）降低投资：由于安全域将具备同样IT特征的信息资产集合在一起，因此在防护时可以采用公共的防护措施而不需要针对每个资产进行各自的防护，这样可以有效减少重复投资。同时在进行安全域划分后，信息系统和信息资产将分出不同的防护等级，根据等级进行安全防护能够提高组织在安全投资上的投资回报率。

（4）提供依据：组织内进行了安全域的设计和划分，便于组织发现现有信息系统的缺陷和不足，并为今后进行系统改造和新系统的设计提供相关依据，也简化了新系统上线安全防护的设计过程。特别是针对组织的分支机构，安全域划分的方案也有利于协助他们进行系统安全规划和防护，从而进行规范有效的安全建设工作。

4.2.1.3 基于安全域的网络安全防护

本节在开始的时候提出了“分而治之”的思想，安全域的划分就是基于这一思想，通过安全域划分将大型信息系统分割为多个安全域，基于每个安全域内部实施安全防护，这样可以降低大型信息系统安全管理的复杂度。

每个安全域内部实施安全防护是指在大型信息系统中安全域是遵从于同一安

全策略的网络，每个安全域是安全防护的基本单位，需要基于安全域的业务特点和面临的威胁制定不同的防护策略和方案。

例如，在安全域内部，需要对网络系统使用者进行强认证，确保认证客户才能够访问内部网络；而这种强认证很难在网络边界针对所有外部用户实施，其主要原因是外部网络要考虑对外发布信息和访问的效率，基于强认证的访问会大大降低访问效率。而安全域内外采用不同的安全策略的主要原因在于，安全域内外面临的主要安全威胁是不同的，基于安全威胁制定安全策略可以有的放矢，提高防护效能，又可以量体裁衣，保证最优的投入产出比。

4.2.2 纵深防御体系

如上文所述，安全域是实施安全防护的单位，那么安全域的边界就是安全域的"防线"。在网络安全中，安全域的边界往往由网络设备划分，如交换机、路由器、VPN 等。在早期的网络防御中，安全域的防护往往就是指在网络边界部署访问控制设备，比如防火墙。安全管理员认为部署了防火墙就可以高枕无忧，但事实并不是这样，攻击者技术的进步要求信息系统的"守卫"们也需要与时俱进。

纵深防御(Defense in depth)就是在这种背景下产生的，这种思想最初在美国国家安全局编制的《信息保障技术框架》中提出，其核心思想是纵深防御战略，即采用一个多层次的、纵深的安全措施来保障用户信息及信息系统的安全。随着信息安全技术的不断发展深化，单纯的层次化方法已经不能适应新的安全形势，必须以体系化思想重新定义纵深防御，形成一个纵深的、动态的安全保障框架，亦即纵深防御体系。纵深防御体系是一种信息安全防护系统设计方法，纵深防御体系的建设，不是防护设施和防护手段的一味堆砌。

提到安全防护，首先想到的是访问控制，但是实际上网络安全的防护手段远不止这一种。根据笔者的实践经验，在网络安全中安全防护手段主要包括以下几种。

(1) 阻止：通过防护措施避免安全事件的发生，如使用防火墙、IPS、WAF 等设备。

(2) 检测：发现攻击行为和潜在的入侵者，如入侵检测设备、日志审计工具等。

(3) 纠正：在安全事件发生后修正错误，如补丁管理系统。

(4) 恢复：将系统还原到正常的状态，如数据备份、系统镜像等。

(5) 威慑：通过防护手段使攻击者丧失信心，如主机监控、上网行为监控等。

在实施纵深防御的时候，这些防护手段相互协作，取长补短，形成有层次的网络防护。例如典型的外部网络边界，会部署防火墙进行访问控制(阻止)；在防火墙的背后通过旁路部署入侵检测系统对穿透防火墙的访问进行监控和分析，发现潜在的入侵行为；在网络内部部署补丁管理系统，如果发现入侵行为，及时分发相应的补丁，避免进一步的攻击；同时通过数据备份恢复对已受攻击系统进行恢复，降低对业务的影响。

表4.1给出了纵深防御中一些典型安全防护手段的分类。

表4.1 纵深防御中的多种技术手段

技术手段	阻止	检测	纠正	威慑	恢复
防火墙	√				
入侵防御系统	√				
WAF	√				
VPN	√				
IDS		√			
防病毒网关	√				
系统镜像					√
数据备份系统					√
日志审计系统		√		√	
上网行为审计		√		√	
补丁管理系统			√		

表中的分类只是一种基础的分类。在实际应用中,很多网络安全产品会兼有多种功能,如现代的防火墙往往都具备入侵检测的功能。这些不同类别的安全措施结合在一起可以互相弥补,同时为信息系统提供更为全面立体的安全防护。

4.3 网络边界安全

如前所述,大型信息系统由多个安全域组成,安全域之间通过网络连接起来,就产生了网络边界。保护本安全域的安全,抵御网络外界的入侵就要在网络边界上建立可靠的安全防御措施。网络外部互联带来的安全问题与网络内部的安全问题是截然不同的,主要原因是攻击者不可控,攻击是不可溯源的,也没有办法去“封杀”。在这种情况下,网络边界的安全建设,必须遵循“纵深防御”的思路:控制入侵者的必然通道,设置不同层面的安全措施,增加攻击者入侵的难度。在接下来的几节中,将着重介绍网络边界安全的具体原则和技术手段。

4.3.1 边界防护的策略

在大型信息系统设计建设中,网络边界的安全防护需遵循以下的原则。

1)严格控制网络边界

在大型信息系统中,系统网络容易出现边界不清晰的问题,这种问题的原因是多种多样的。

(1)大型信息系统可能存在多种多样的网络接入方式,可以是以太网、SO-

NET、WiFi 或者移动 3G/4G 网络,接入方式的多种多样使网络边界更为复杂。

(2) 大型系统由于存在时间长等原因,随着技术的发展,落后的网络技术被淘汰但却未废弃,造成了网络边界的漏洞。例如,随着 DSL、光纤宽带等技术的成熟,调制解调器慢慢被淘汰,但是在一些信息系统中依然存在一些废弃的调制解调器,这些设备虽然不再使用,但是依然连接在网络中,构成了网络边界的薄弱环节。

(3) 出于系统健壮型或系统维护等原因,大型信息系统存在备份链路或带外接入的途径,这些链路也造成了网络边界的不清晰。

所以,在进行大型信息系统边界防护时,首先需要界定网络边界,对构成网络边界的设备和链路详细登记和分析,对主要链路实施防护,对带外链路要严格控制其使用人和接入范围,对不再使用的设备要废弃和拆除。

2) 增加防护深度

清晰界定的网络边界意味着只能从这些地方进入信息系统内部,也就意味着攻击者会把攻击的重点集中在这里,一旦网络边界被突破,那么入侵者就可以进入信息系统内部。因此在进行网络边界防护时一定要提高边界的防御深度。提高网络边界防御深度不意味着简单的设备叠加,例如部署两台同样的防火墙并不会比部署一台更安全——如果两台防火墙都存在相同的漏洞,一旦一台被突破了,另一台也不会幸免。

网络边界的防御深度更体现在系统结构设计上,如非军事区(Demilitarized Zone,DMZ)就可以起到提高防御纵深的目的。DMZ 区是在外部网络和内部网络之间建立的一个面向外部网络的物理或逻辑子网,该子网能设置用于对外部网络提供服务的服务器和应用系统。通常,在外部网络和 DMZ 区之间部署防火墙用于保护服务器,而在 DMZ 区与内部网络之间部署 VPN 或带有用户认证功能的防火墙设备,为进入信息系统内部的用户提供基于身份认证的访问。这样,即使攻击者突破外部网络和 DMZ 区之间的防火墙也难以进入信息系统内部网络。图 4.1 所示的就是一个典型的 DMZ 区架构。

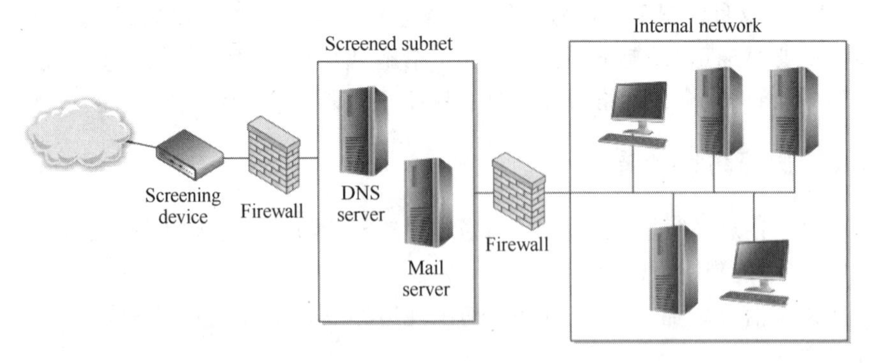

图 4.1　DMZ 区架构

3）结合系统需求设置防御策略

在进行边界防护的设计时还要与系统的应用需求紧密结合。这种需求从宏观上说是大型信息系统的业务策略和安全策略。例如，有的信息系统有安全保密方面的要求，严格限制系统内部的人和设备访问外部网络，那么在网络边界进行访问控制时，不但要严格控制外部网络对内部网络的访问，还要控制内部网络对外部网络的访问。从微观上说，在进行网络边界的安全策略设计时，需要考虑信息系统的业务需求，例如，如果信息系统仅对外提供 Web 和邮件服务，那么在设置防火墙规则时，仅保证对外开放 HTTP 协议和 SMTP 协议端口即可，无须开放其他端口，这样的“最小化原则”能够最大限度地保护信息系统的安全。

总之，在进行网络边界的安全防护时，需要根据系统的业务需求和安全策略严格界定网络边界，并在网络边界进行深度防御。

4.3.2 边界防护技术

从网络诞生起，就产生了网络的互联。所谓绝对安全的早期路由器其实并不存在，直到防火墙、入侵防护、WAF 等安全设备的出现，网络边界仍在重复着攻击者与防护者的博弈。这么多年来，好像防护技术总跟在攻击技术的后边，不停地打补丁，其实边界的防护技术也在博弈中逐渐成熟。本小节将介绍典型的网络边界防护技术。

4.3.2.1 防火墙

防火墙（Firewall）是由 Check Point 创立者 Gil Shwed 于 1993 年发明的，并申请了美国的发明专利（专利号 US5606668 A，专利名称为“System for securing inbound and outbound data packet flow in a computer network”）。正如防火墙的发明专利所描述的那样，防火墙是“一种通过安全规则控制网络中通信流量的设备”。从中可以知道，防火墙是一种访问控制设备，访问控制的对象是网络报文，而访问控制的方法是网络协议。防火墙可以分为主机防火墙和网络防火墙，主机防火墙部署在计算机上（如 Windows 系统自带的防火墙系统），网络防火墙部署于网络中。在本章中，如不特殊说明，防火墙就特指网络防火墙。

网络防火墙一般部署在网络安全域的边界，是本地网络与外界网络之间的“关卡”，事实上，防火墙在实际使用中也往往作为网关。防火墙在本安全域边界对流入（Inbound）安全域和流出（Outbound）安全域两个方向的网络报文进行访问控制，它能允许符合安全策略的报文和数据进入所保护的安全域，同时将不符合安全策略的报文和数据拒之门外。通过这种最基础的访问控制，保护本安全域内部的计算机和信息系统。

防火墙可以说是最“著名”的网络安全设备，也是目前市场上使用最广泛的网络安全设备，可以说是网络安全方案中的“标准配置”。应该说，防火墙的使用，为原来完全暴露在攻击者攻击“武器”下的信息网络增加了一层“铠甲”。由于来自安全域外部的攻击要么基于网络协议的漏洞,要么是以网络协议为承载层,通过部署防火墙,可以在 OSI 模型中网络层和传输层对网络攻击进行控制,从而增加了网络攻击者的攻击难度,实现对网络安全域的保护。

从外部看,网络防火墙普遍为硬件设备。但从设备体系结构和工作原理来看,却有所不同。目前国内安全厂商的防火墙系统大多数采用软硬件结合的系统架构,典型的防火墙如天融信公司的 TopSec 系列防火墙和网御星云公司的 PowerV 系列防火墙。这种防火墙一般由硬件平台、操作系统和防火墙软件组成,由硬件系统提供网络报文的收发性能,软件系统提供报文的访问控制功能。

在硬件平台的选择上,这种防火墙大多采用通用处理器,如 x86 结构处理器或者 ARM 架构处理器,也有一部分采用专用的网络处理器。在处理器之上运行经过裁减、优化的 Linux/类 UNIX 操作系统,防火墙功能软件就运行在操作系统之上。

这种架构的防火墙的一个优点是结构灵活、价格较低,往往一套防火墙软件系统可以通过移植运行在多种硬件平台之上,从而形成系列产品。对于用户来说,同一厂家的产品的功能和操作界面类似,也有利于管理和升级。此外,由于防火墙功能采用软件实现,因此功能的扩展较为方便,能够适应目前网络协议的应用的层出不穷。这种架构防火墙的缺点是,性能和可靠型相对不足。目前采用 x86 架构处理器的防火墙,单处理器的小包吞吐量最高在 5 ~ 6Gbit/s 左右,与采用纯硬件的防火墙产品尚存在差距。而且通用处理器功耗大,结构复杂,可靠性相对纯硬件会差一些,高功耗所导致的高耗能以及随之带来的费用的增加对于信息系统日常维护也是需要考虑的。

而相对于国内的厂家采用软硬件相结合的防火墙架构,国外的主流防火墙普遍采用纯硬件的架构,例如 CheckPoint、FortiNet、Cisco 等。国内的华为、迪普等传统网络设备厂家也推出的防火墙也是采用这种纯硬件架构。

纯硬件防火墙在架构上一般分为数据平面(Data Plane)和控制平面(Control Plane)。数据平面采用 ASIC 芯片,通过硬件逻辑实现报文的接收、转发、匹配和过滤,这使它们比采用软硬件相结合的防火墙速度更快,处理能力更强,性能更高。控制平面一般采用通用处理器,主要负责设备的管理和用户界面。由于主要的包处理在硬件中完成,纯硬件防火墙的结构更简单、功耗低、可靠性强,适合更为恶劣的工作环境。而纯硬件防火墙的劣势在于价格相对比较高昂、开发周期长,对于新协议、新功能的扩展相对较弱。

在选择防火墙时可以根据实际的网络环境和系统需求选择不同类型的防火墙,例如,在骨干网或者大型信息系统出口处,这里的网络流量大,但是对报文的访问控制粒度要求不细,因此可以采用速度更快更可靠的纯硬件防火墙;在信息系统内部,特别是靠近应用系统的地方,这里对访问控制粒度的要求较细,且面临应用不断变化的需求,可以考虑采用软硬件结合的防火墙。

从技术角度来分的话,防火墙可以分为包过滤型和应用代理型两种。

1) 包过滤型

包过滤(Packet filtering)型防火墙工作在OSI网络参考模型的网络层和传输层,它根据数据包头源地址、目的地址、端口号和协议类型等标志确定是否允许通过。只有满足过滤条件的数据包才被转发到相应目的地,其余数据包则被丢弃。包过滤型防火墙部署简单,一般都可以实现透明接入的部署方式,性能也较高。在现有的硬件平台条件下,目前国内的防火墙普遍可以实现网络报文的万兆线速转发。而包过滤防火墙的缺点在于安全性相对于应用代理型防火墙较低,包过滤防火墙的过滤对象是报文或报文的集合——也就是连接,由于无法了解应用层会话,对于藏匿在应用层协议中的攻击就无能为力了。

2) 应用代理型

应用代理(Application Proxy)型防火墙是工作在OSI模型的应用层。其特点是完全"阻隔"了网络通信流,通过对每种应用服务编制专门的代理程序,实现监视和控制应用层通信流的作用。应用代理防火墙的特点与缺点和包过滤型防火墙相反。应用代理型防火墙通过解析应用协议,能够分析应用协议会话,因此可以做到粒度更细的访问控制,并能够发现应用协议中的恶意代码或程序;而另一方面,采用代理机制导致应用代理型防火墙难以透明部署,限制了应用代理型防火墙的适用范围,同时对网络协议的深度解析也降低了应用代理型防火墙的性能。

针对包过滤型防火墙和应用代理型防火墙的特点,在大型信息系统中需要有针对性的部署。在大型信息系统的网络边界部署包过滤型防火墙,网络边界的流量大、网络拓扑和协议复杂,包过滤防火墙部署简单、性能高,可以降低管理复杂度,满足网络报文的快速转发需求。而在信息系统的内部,特别是应用服务网络的边界可以部署应用代理型防火墙,这里的网络拓扑结构一般相对简单,即使由于部署应用代理防火墙造成网络改变,其工作量也较低,而部署应用代理防火墙可以为应用系统提供更为安全的防护。

防火墙虽然是一种重要的网络访问控制技术,但是它并不能解决所有的网络安全问题,而只是网络安全政策和策略中的一个组成部分。在网络边界,防火墙主要起到如下功能。

1) 防火墙是网络安全的屏障

防火墙作为网络重要的控制点能提高一个内部网络的安全性,并通过过滤不安全的服务而降低风险。由于只有经过允许的应用协议才能通过防火墙,所以可以大大降低内部网络被攻击的可能性。如防火墙可以禁止诸如众所周知的不安全的NFS协议进出保护网络,这样外部的攻击者就不可能利用这些脆弱的协议来攻击内部网络。再比如,防火墙可以保护网络免受基于路由的攻击,如IP选项中的源路由攻击和ICMP重定向中的重定向路径。

2）对网络存取和访问进行监控审计

如果所有的访问都经过防火墙，那么防火墙就能记录下这些访问并作出日志记录，同时也能提供网络使用情况的统计数据。当发生可疑动作时，防火墙能进行适当的报警，并提供网络是否受到监测和攻击的详细信息。另外，防火墙也可以通过流量分析收集一个网络的使用和误用情况。

3）防止内部信息的外泄

在大型信息系统中，防止系统内部信息外泄与防止被外部入侵一样重要，防火墙作为信息系统通往外界的网络"关口"，可以通过设置防火墙规则对"系统内部对外部访问"进行控制，防止信息的泄露。

4）防止大型信息系统内部网络的滥用

大型信息系统往往由多个子系统组成，子系统作为独立的安全域。安全域之间往往存在相互访问的需求。但是如果不限制本安全域内部主机对外部的随意访问，那么容易造成对信息系统内部网络资源的滥用。在这种情况下，防火墙可以作为边界访问控制设备，不仅可以防止外部网络对本安全域的攻击，也可以防止内部恶意用户对信息系统网络带宽的占用。

在网络边界配置防火墙需要注意以下事项。

1）内部网络和外部网络之间的所有网络数据流都必须经过防火墙

这是防火墙所处网络位置特性，同时也是一个前提。因为只有当防火墙是内外网络之间通信的唯一通道时，才可以全面有效地保护网部网络不受侵害。

根据美国国家安全局制定的《信息保障技术框架》，防火墙适用于用户网络系统的边界，属于用户网络边界的安全保护设备。防火墙的目的就是在网络连接之间建立一个安全控制点，通过允许、拒绝或重新定向经过防火墙的数据流，实现对进出内部网络的服务和访问的审计和控制。

典型的防火墙体系网络结构如图 4.2 所示。从图中可以看出，防火墙的一端连接企事业单位内部的局域网，另一端则连接着互联网，所有的内外网络之间的通信都要经过防火墙。

2）根据应用需求设置安全策略

防火墙部署在网络中还需要配置安全策略才能发挥作用，防火墙策略的一个最基本原则是"除非明确允许，默认丢弃所有报文"。即在设置防火墙策略时是采用白名单的方式，只有匹配白名单的报文才能通过防火墙，没有匹配的均当作非法报文丢弃。

3）避免单点故障

防火墙部署在网络的网关位置，所有的流量均流经防火墙，如果防火墙出现故障，则会导致整个安全域都无法与外部网络通信，造成"单点故障"。因此在重要系统的网络边界部署防火墙应考虑冗余：部署两台防火墙，通过热备或冷备的方式保证当防火墙出现故障时能够快速启动备用设备，保证网络通畅。

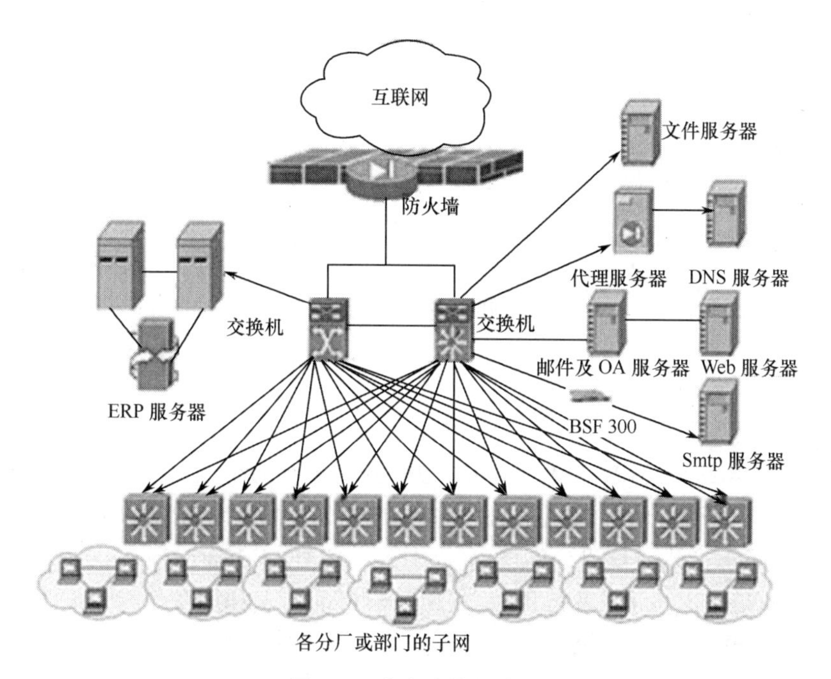

图 4.2 防火墙体系结构

4.3.2.2 入侵检测

入侵检测系统(Intrusion – detection system,IDS)是一种网络审计设备,IDS 能够对网络传输进行即时监视,在发现可疑传输时发出警报或者采取主动反应措施的网络安全设备。它与其他网络安全设备的不同之处在于 IDS 是一种积极被动的安全防护技术。

IDS 一般由以下四部分组成。

(1) 事件产生器:从网络中捕获报文,并向系统的其他部分提供捕获的报文。

(2) 事件分析器:根据规则对报文进行匹配分析。

(3) 响应单元:响应单元对于匹配规则的报文,发出警报或采取主动反应措施。

(4) 事件数据库:存放安全事件的特征数据。

而在实际 IDS 产品中,有的将 IDS 设备分为驱动引擎和控制台两部分,其中驱动引擎负责捕获和分析网络传输;控制台负责管理引擎和发出报告或采取主动反应措施。

IDS 由于其工作特性,需要有一个安全的内网环境以避免拒绝服务攻击和黑客侵扰,而且进行网络传输检测也不需要合法的 IP 地址。因此一个典型的 IDS 应处在防火墙或边界路由器之后的内网之中,从而完全与外部网络隔离开,阻止任何网络主机对 IDS 的直接访问。

基于网络 IDS 的数据源是网络上的数据包。IDS 通过将设备的网卡设置为混杂模式,对所有本网段内的网络传输进行检测。一般基于网络的 IDS 负责着保护整个网段。

IDS 本身还存在很多缺点,主要包括:IDS 对数据的检测;对 IDS 自身攻击的防护。由于当代网络发展迅速,网络传输速率大大加快,这造成了 IDS 工作的很大负担,也意味着 IDS 对攻击活动检测的可靠性不高。而 IDS 在应对对自身的攻击时,对其他传输的检测也会被抑制。同时由于模式识别技术的不完善,IDS 的高虚警率也是一大问题。

4.3.2.3 Web 应用防火墙

Web 应用防火墙(Web Application Firewall,WAF)的工作原理与应用代理防火墙类似,是应用代理防火墙的一个分支。随着 Web 应用的不断普及,市场上需要有专门为 Web 应用系统设计的访问控制设备,WAF 便应运而生。

目前,Web 技术深入各行各业,成为最流行的信息和业务平台,75% 以上的攻击都瞄准了 Web 应用系统。传统安全设备(防火墙、IPS)在阻止 Web 应用攻击时,能力不足,而对于已经上线运行的网站,用“改代码”的方法修补漏洞需要付出过高的代价。

WAF 与传统防火墙的区别主要包括以下几个方面。

1) 异常检测协议

WAF 会对 HTTP 的请求进行异常检测,拒绝不符合 HTTP 标准的请求,也可以只允许 HTTP 协议的部分选项通过,从而减少攻击的影响范围。甚至,一些 Web 应用防火墙还可以严格限定 HTTP 协议中那些过于松散或未被完全制定的选项。

2) 增强输入验证

增强输入验证,可以有效防止网页篡改、信息泄露、木马植入等恶意网络入侵行为,从而减小 Web 服务器被攻击的可能性。

3) 漏洞修补

修补 Web 安全漏洞,是 Web 应用开发者最头痛的问题,通过 WAF 可以进行统一的漏洞屏蔽,降低漏洞对 Web 系统的危害,并为漏洞修复赢得时间。

4) 基于规则的保护和基于异常的保护

基于规则的保护可以提供各种 Web 应用的安全规则,WAF 生产商会维护这个规则库,并实时为其更新。用户可以按照这些规则对应用进行全方面检测。有的产品可以基于合法应用数据建立模型,并以此为依据判断应用数据的异常,但这需要对用户企业的应用具有十分透彻的了解才可能做到,在现实中这是十分困难的一件事情。

5) 状态管理

WAF 能够判断用户是否是第一次访问并且将请求重定向到默认登录页面并

且记录事件。通过检测用户的整个操作行为可以更容易识别攻击。状态管理模式还能检测出异常事件(比如登录失败),并且在达到极限值时进行处理。这对暴力攻击的识别和响应是十分有利的。

6) 其他防护

WAF 还有一些安全增强的功能,可以用来解决因 Web 程序员过分信任输入数据而带来的问题,如隐藏表单域保护、抗入侵规避技术、响应监视和信息泄露保护等。

4.4 内网安全

在大型信息系统内部,也需要通过网络提供业务服务和数据共享。随着 ERP、OA 和 CAD 等生产和办公系统的普及,单位的日程运转对内部信息网络的依赖程度越来越高,内部信息网络已经成了各个单位的生命线,对内网稳定性、可靠性和可控性提出高度的要求。同时内部信息网络由大量的终端、服务器和网络设备组成,形成了统一有机的整体,任何一个部分的安全漏洞或者问题,都可能引发整个网络的瘫痪,对内网各个具体部分,尤其是数量巨大的终端可控性和可靠性提出前所未有的要求。

内网安全与网络边界安全防护策略是不同的,来自网络外部的安全问题,重点是防护与监控。来自网络内部的安全,人员是可控的,可以通过认证、授权、审计的方式追踪用户的行为轨迹,也就是常说的行为审计与合规性审计。

4.4.1 内网安全策略

相对于内网安全概念,传统意义上的网络安全更加为人所熟知和理解。从本质上说,传统网络安全考虑的是防范外网对内网的攻击,包括传统的防火墙、入侵检测系统和 VPN 都是基于这种思路设计和考虑的。在网络边界的防护中假设内部网络都是安全可信的,威胁都来自于外部网络,其途径主要通过内外网边界出口。所以,网络边界的安全防护假设只要将网络边界处的安全控制措施做好,就可以确保整个网络的安全。

而内网安全与外网安全相比更加全面和细致,它假设内部网络中的任何一个终端、用户和网络都是不安全和不可信的,威胁既可能来自外网,也可能来自内网的任何一个节点。所以,对于内网安全,需要对内部网络中所有组成节点和参与者的细致管理,实现一个可管理、可控制和可信任的内网。如果说网络边界的安全策略主要是防御的话,内部网络安全策略则主要在于控制。

首先,需要对网络内部的人员和设备进行标识。

其次,对于人员和设备对信息系统的访问需要进行身份认证,并根据认证结果进行授权,保证只有合法用户和设备在授权范围内才能访问信息系统。

再次,对信息系统的访问要严格审计,记录用户和设备对系统每次访问的详细信息,这种审计既可以在出现安全问题时便于追溯和认责,也可以对信息系统内的用户产生一种威慑。

最后,对信息系统内部,特别是关键系统的访问进行实时监控,发现安全隐患立刻弥补和修复。

4.4.2 内网安全技术

由于内部网络主要由系统内部的用户使用,因此系统应用的特点与外部网络不同。内网用户都应是有合法身份,而不像外部用户那样可以是匿名的,因此内网安全技术需要围绕着用户身份认证展开,身份认证是内网安全管理的基础,不确认实体的身份,进一步制定各种安全管理策略也就无从谈起。内网的身份认证,必须全面考虑所有参与实体的身份确认,包括服务器、客户端、用户和主要设备等。其中,客户端和用户的身份认证尤其要重点关注,因为其具有数量大、环境不安全和变化频繁的特点。

授权管理以身份认证为基础,主要对内部信息网络各种信息资源的使用进行授权,确定"谁"能够在哪些"计算机终端或者服务器"使用什么样的"资源和权限"。授权管理的信息资源应该尽可能全面,应该包括终端使用权、外设资源、网络资源、文件资源、服务器资源和存储设备资源等。

数据保密是内网信息安全的核心,其实质是要对内网信息流和数据流进行有效管理,构建信息和数据安全可控的使用环境,从而实现对内网核心数据的保密。

监控审计是内网安全不可缺少的辅助部分,可以实现对内网安全状态的实时监控,提供内网安全状态的评估报告,并在发生内网安全事件后实现有效的取证。

需要强调的是,身份认证、授权管理、数据保密和监控审计四个方面必须是整体一致的,如果只简单实现其中一部分,或者只是不同产品的简单堆砌,都难以建立和实现有效内网安全管理体系。

身份认证技术是在计算机网络中确认操作者身份的过程而产生的有效解决方法。计算机网络中一切信息(包括用户的身份信息)都是用一组特定的数据来表示的,计算机只能识别用户的数字身份,所有对用户的授权也是针对用户数字身份的授权。如何保证以数字身份进行操作的操作者就是这个数字身份合法拥有者,也就是说保证操作者的物理身份与数字身份相对应是一个难题。身份认证技术就是为了解决这个问题,作为防护信息系统资产的第一道关口,身份认证有着举足轻重的作用。

1) 认证方法

在真实世界,对用户的身份认证基本方法可以分为以下三种。

(1) 基于信息秘密的身份认证,根据你所知道的信息来证明你的身份(what you know,你知道什么)。

(2) 基于信任物体的身份认证,根据你所拥有的东西来证明你的身份(what

you have，你有什么）。

（3）基于生物特征的身份认证，直接根据独一无二的身体特征来证明你的身份（who you are，你是谁），如指纹、面貌等。

为了达到更高的身份认证安全性，某些场景会从上面三种挑选两种混合使用，即所谓的双因素认证。

2）认证形式

（1）静态口令。用户的口令（password）是由用户自己设定的，在网络登录时输入正确的密码，计算机就认为操作者就是合法用户。实际上，由于许多用户为了防止忘记密码，经常采用诸如生日、电话号码等容易被猜测的字符串作为密码，或者把密码抄在纸上放在一个自认为安全的地方，这样很容易造成密码泄露。如果密码是静态的数据，在验证过程中很可能会被木马程序或网络截获。静态口令机制利用了 what you know 方法，虽然使用和部署都非常简单，但从安全性上讲，用户名/口令方式是一种不安全的身份认证方式。

（2）生物识别。运用 who you are 方法，通过可测量的身体或行为等生物特征进行身份认证的一种技术。生物特征是指唯一的可以测量或可自动识别和验证的生理特征或行为方式。使用传感器或者扫描仪来读取生物的特征信息，将读取的信息和用户在数据库中的特征信息比对，如果一致则通过认证。生物特征分为身体特征和行为特征两类。身体特征包括声纹、指纹、掌型、视网膜、虹膜、人体气味、脸型、手的血管和 DNA 等；行为特征包括签名、语音、行走步态等。目前部分学者将视网膜识别、虹膜识别和指纹识别等归为高级生物识别技术，将掌型识别、脸型识别、语音识别和签名识别等归为次级生物识别技术，将血管纹理识别、人体气味识别、DNA 识别等归为"深奥的"生物识别技术。

目前接触最多的是指纹识别技术，生物特征识别的安全隐患在于一旦生物特征信息在数据库存储或网络传输中被盗取，攻击者就可以执行某种身份欺骗攻击，并且攻击对象会涉及所有使用生物特征信息的设备。

（3）数字证书。这种认证方式是目前普遍采用的网络认证技术，它基于 what you know 的原则。数字证书就是网络通信中标志通信各方身份信息的一串二进制数字，提供了一种在网络上验证通信实体身份的方式，数字证书由一个权威机构——证书授权中心（Certificate Authority，CA）发行，可作为一种数字凭证用来识别对方的身份。数字证书内包含公开密钥拥有者信息以及公开密钥的文件。最简单的证书包含一个公开密钥、名称以及证书授权中心的数字签名。数字证书还有一个重要的特征就是只在特定的时间段内有效。以数字证书为核心的加密技术（加密传输、数字签名、数字信封等安全技术）可以对网络上传输的信息进行加密和解密、数字签名和签名验证，确保网上传递信息的机密性、完整性及交易的不可抵赖性。数字证书里存有很多数字和英文，当使用数字证书进行身份认证时，它将随机生成 128 位的身份码，每份数字证书都能生成相应但每次都不可能相同的数码,从而保证数据传输的保密性,即相当于生成一个复杂的密码。数字证书绑定了公钥及其持有者的真实身份,它类似于现实生活中的居民身份证,所不同的是数字证书不再是纸质的证件照,而是一段含有证书持有者身份信息并经过认证中心审核签发的电子数据,可以更加方便灵活地运用在电子商务和电子政务中。在实际使用中,数字证书往往被存储在一种硬件载体中,典型的载体是USBKey。USBKey是一种USB接口的硬件设备,它内置单片机或智能卡芯片,可以存储用户的密钥或数字证书,利用USBKey内置的密码算法实现对用户身份的认证。基于USB KEY的身份认证技术软硬件相结合,利用USBKey存储数字证书,而对于USBKey本身又可以设置读写的PIN码口令,因此基于USBKey身份认证是一种双因子的强认证模式,很好地解决了安全性与易用性之间的矛盾。

在现代的内部网络中,访问网络资源首先需要进行身份认证,典型的身份认证设备包括以下三种。

(1)身份认证网关:一般部署在应用系统前端,对访问应用系统的用户进行身份认证,合法用户才能访问应用系统,同时身份认证网关还能够起到单点登录的作用。

(2)接入认证服务:接入认证对入网的计算机及用户进行认证,例如WiFi接入认证、终端接入认证。

(3)域控制器:域控制器是安全域中对每一台联入网络的计算机和用户进行验证工作的服务器,相当于一个单位的门卫,称为“域控制器”(Domain Controller,DC)。域控制器中包含了由这个域的账户、密码以及属于这个域的计算机等信息构成的数据库。当计算机联入网络时,域控制器首先要鉴别这台电脑是否是属于这个域,用户使用的登录账号是否存在,密码是否正确。如果以上信息有一样不正确,那么域控制器就会拒绝这个用户从这台计算机登录。

4.4.2.1 授权

授权通常是和认证绑定在一起的,通过身份认证的用户需要被授予一定的资源访问权限,这就是授权。比如,登录系统后,用户可能会执行一些命令来进行操作,这时,授权过程会检测用户是否拥有执行这些命令的权限。简单而言,授权过程是一系列策略的组合,包括确定活动的种类或质量以及资源或者用户被允许的服务有哪些。通过授权就可以实施对用户的访问控制。

4.4.2.2 链路加密

在内网建设中,由于内网的信息传输采用广播技术,数据包在广播域中很容易受到监听和截获,因此需要使用安全交换机,利用网络分段及VLAN的方法从物理上或逻辑上隔离网络资源,以加强内网的安全性。

在内部网络中,嗅探和窃听是很容易实施的一种攻击,因此在内部网络,特别是承载重要信息的应用系统之间的通信也需要考虑信息加密，MACSec 技术则是提供在以太网中实现信息加密的一项技术。MACSec 将安全保护集成到有线以太网中，保护局域网免受被动接线、假冒、中间人以及某些拒绝服务攻击等的袭击。MACSec 通过识别局域网上的非授权站点，阻止来自它们的通信，来保证网络的持续运行。它利用密码技术认证数据的起源，保护信息的完整性并提供重放保护和保密性，以此来保护管理桥接网络和其他数据的控制协议。通过确保数据帧确实来自声称发送它的站，MACSec 可以确保减少对两层协议的攻击。

当数据帧到达一个 MACSec 站时，MACSec 安全实体(SecY)会根据需要对帧进行解密，并计算帧中的完整性校验值(ICV)，然后将计算得到的 ICV 与保存在帧中的 ICV 进行比较。如果它们匹配的话，MACSec 站点将像正常帧那样处理这个帧。如果它们不匹配，端口根据预先设置的策略处理这个帧，如丢弃帧。802.1AE 为以太网保护提供了封装和加密框架。它需要协议来提供密钥管理、认证和授权功能。目前部分交换机已经支持了 MACSec 技术。

4.4.2.3 终端接入安全

在内部网络中，数量众多的终端系统是对系统安全的一个大威胁。在大型信息系统中，终端系统分布广、型号繁多且使用者技术水平参差不齐，造成了终端系统常常成为内部网络安全事件的源头。

在内部网络中，必须对终端系统进行严格的管控，保证只有符合网络安全策略的终端系统才能接入内部网络。终端的接入控制是基于身份认证、授权的访问控制的一项技术，通过对终端进行身份认证、完整性度量，保证只有符合网络安全策略的终端才能够被接入到网络中。

目前比较成熟的终端接入控制技术包括 TCG 组织的 TNC 框架、Cisco 公司的 NAC 技术和微软的 NAP 技术。

1) 可信接入框架技术

可信网络接入技术在国外已经有了多年的研究，开展该方向研究的主要包括可信计算组织、计算机软硬件厂商以及大学等研究机构。

2004 年 5 月 TCG 建立了 TNC-SG，意图在网络访问控制和终端安全领域制定开放的规范。2005 年 5 月，TNC 发布了 V1.0 版本的架构规范和相应的接口规范，确定了 TNC 的核心，并在 Interop LasVegas 中进行了理念的展示。2006 年 5 月，TNC 发布了 V1.1 版本的架构规范，添加了完整性度量模型的相关内容，展示了完整性度量与验证的示例，发布了第一个部署实例，对无线局域网、完整性度量与验证、网络访问、服务器通信等相关的产品进行了发布。2007 年 5 月，TNC 发布了 V1.2 版本的架构规范，增加了与 Microsoft NAP 之间的互操作，对一些已有规范进行了更新，并发布了一些新的接口规范，更多的产品开始支持 TNC 架构。2008 年，TNC 架构中最上层的 IF-M 接口规范进入了公开评审阶段，这意味着耗时三年多的TNC架构规范终于完整公开。2008年4月，TNC发布了V1.3版本的架构规范，增加了可信网络连接协议IF－MAP（Interface for Metadata Access Point），使得TNC架构具有安全信息共享和动态策略调整功能。2009年5月，TNC发布了TNC1.4版本的架构规范，同时增加了IF－T：Binding to TLS、Federated TNC和Clientless Endpoint Support Profile三个规范，进一步对跨域场景和无TNC客户端的场景进行支持。

TNC框架主要包括以下四种技术。

（1）平台认证：验证一个网络访问请求者的平台身份和平台完整性验证。

（2）终端完整性认证/授权：建立一个终端的可信等级，例如，确保指令应用程序的表现、状态和软件版本、病毒签名数据库的完整性、入侵检测和防御系统程序，以及终端操作系统和程序的补丁等级。注意，某种意义上策略遵从性也可以被看作是授权，此时终端完整性检验会被当作授权决策的输入来获得对网络的访问。

（3）访问策略：确保终端机器和/或它的用户授权并且公开了他们的安全状况在连接网络之前，利用一些现存的和出现的标准、产品或者技术。

（4）评估、隔离和修补：确保那些要求访问网络但是不满足终端安全策略需求的系统，能够被从网络中隔离，并且能进行适当的修补，例如更新软件或者病毒签名数据库来加强对安全策略的适应并且使与网络其他部分的连接变得合格。

通过上述方法，TNC允许检验合格的终端能够接入网络，并且对检验不合格的终端能够进行隔离修补。另外，通过对用户及平台的认证，来确保用户及使用平台的合法性。

TNC架构（图4.3）采用客户端/服务器模式，从纵向考虑，TNC包含三个逻辑实体：访问请求者AR（Access Requestor）、策略执行点PEP（Policy Enforcement Point）和策略决策点PDP（Policy Decision Point）。访问请求者是请求访问受保护网络的逻辑实体。策略执行点是执行PDP的访问授权决策的网络实体。策略决策点是根据特定的网络访问策略检查访问请求者的访问认证，决定是否授权访问的网络实体。

从横向考虑，TNC又分为完整性度量层、完整性评价层和网络访问层。

在TNC架构的设计中，重点强调了接入终端的完整性和安全性，充分体现的一个理念就是只有一台自身完整，并且具有很高安全度的终端主机才能接入到安全的网络环境中。所以，TNC在原有AAA架构的基础上，力图添加度量与报告终端完整性安全状态的内容，把它作为进行认证和授权的一部分。这样，在成熟的认证架构的基础上，TNC添加了平台证书认证、完整性检验等内容，在很大程度上提高了访问网络的安全性。正是基于上述目的，TNC架构中的完整性度量层用来收集、度量、分析设备完整性信息，并把分析结果提供给完整性评价层使用，作为评价终端安全状态的依据。

TNC的访问控制过程如图4.4所示，包括信息采集、信息上报、决策制定、决策

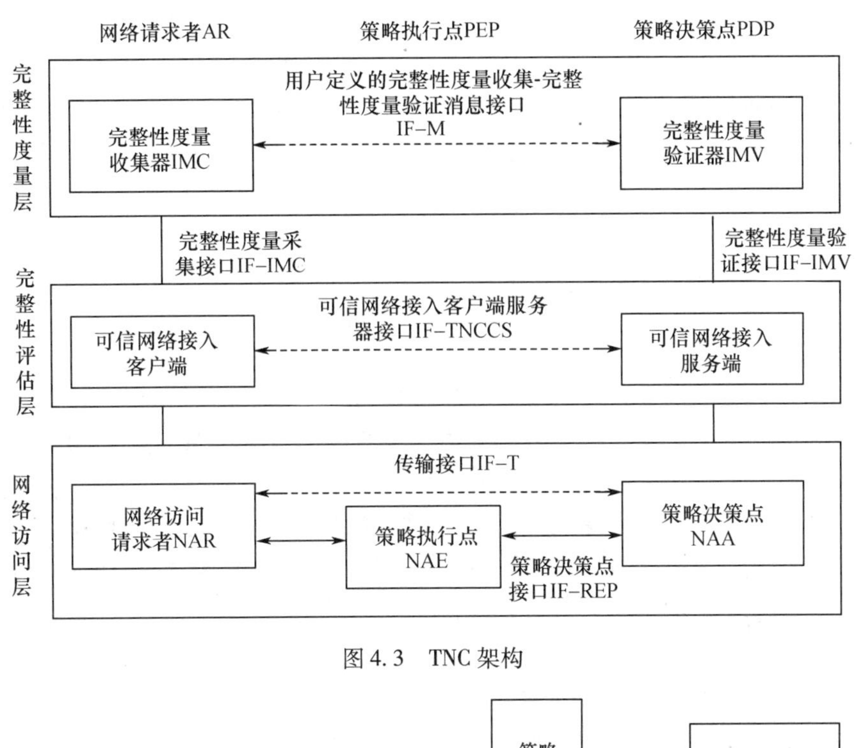

图 4.3 TNC 架构

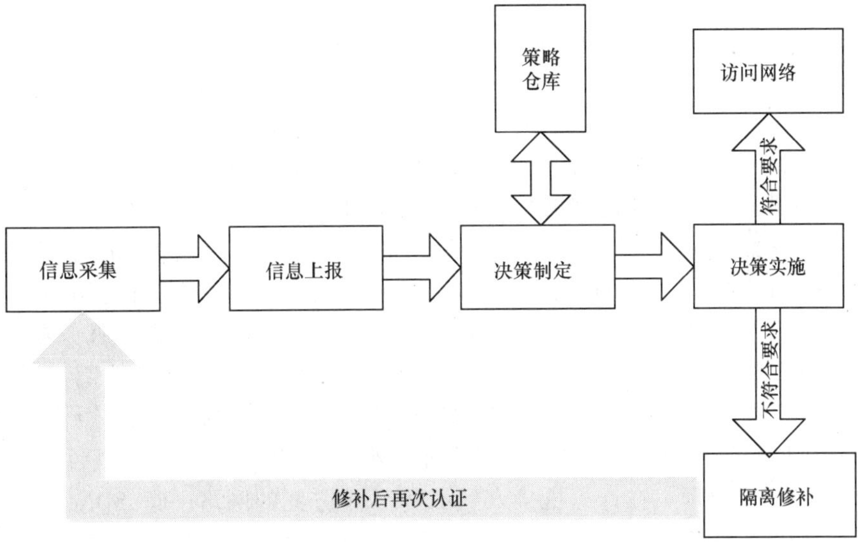

策略仓库
访问网络
符合要求
信息采集
信息上报
决策制定
决策实施
不符合要求
修补后再次认证
隔离修补

图 4.4 TNC 访问控制过程

实施、隔离修补等步骤。在信息采集阶段,AR 实体要收集一些关于终端的信息,包括是否安装反病毒软件、是否安装防火墙、是否给系统打补丁等一些设备完整性的信息,完整性采集器 IMC(Integrity Measurement Collectors)主要负责收集信息的工作。在信息上报阶段,AR 把这些信息通过策略实施点 PEP 发送给策略决策点

PDP。在决策制定阶段,PDP 根据先前制定好的策略,根据上报的各种信息来做出决策,完整性分析器 IMV(Integrity Measurement Verifiers)主要负责这项工作。在策略实施阶段,PDP 把决策结果传达给 PEP,如果检测合格,就允许终端访问网络,如果检测失败,就让 PEP 把终端进行隔离并进行相应的修补工作,如给终端安装最新的补丁、安装防护软件等。在修补工作完成后,终端又可以重新申请访问网络资源,继续重复上面的过程。

TNC 框架具有开放性、安全性、系统性的特点。TNC 规范自身作为一个完整的体系结构,每一个相应的接口都具有子规范进行详细定义,同时它采用了很多现有的标准与规范,如 EAP、802. 1X 等,使得该架构可以适应多种环境的需要。TNC 的规范内容详细,考虑的问题全面,很多接口定义规范提供了具体的消息流程、XML Schema 和相关操作系统和编程语言的绑定,如 IF - IMC、IF - IMV 和 IF - TNCCS 等,易于指导产品的实现。

TNC 本身只是一个框架,并不是一种具体的产品,它只是为内网接入提供规范和指导。但是 TNC 吸收和采用了目前一些成熟的技术,如 802. 1x、radius、EAP 等,用户可以很容易地依据规范构建出可信的网络接入环境。

2) NAC 技术

网络接入控制(Network Access Control, NAC)是思科(Cisco)的研究成果。NAC 技术用于确保端点设备在接入网络前完全遵循本地组织定义的安全策略,保证不符合安全策略的设备无法接入该网络,并设置可补救的隔离区供端点修正其安全策略,或者限制其可访问的资源。

网络接入控制是自防御网络架构(Self - Defending Network Structure, SDN)的基础,是用来解决外部和内部网络的信任问题的关键。NAC 是一个分布式控制、集中安全策略管理的架构。由接入设备(如接入路由器、交换机、无线 AP)完成分布式控制工作,通过认证的用户可以进入网络,而没有通过认证的用户将不能进入网络。集中安全策略架构主要是由策略服务器和反病毒策略服务器组成,前者生成安全策略,后者则用来完成反病毒策略评估,确定进入的用户是否安全。在客户端和策略服务器中的网络安全软件包括客户端反病毒软件、信任代理和安全代理软件等。客户端反病毒软件(与 SDN 联盟的防病毒软件商)将集成 SDN 的信任代理。在计算机接入到部署 SDN 方案的网络中时,SDN 信任代理将与策略服务器和反病毒厂商的策略服务器进行通信,交互信息,验证计算机上的反病毒软件是否存在,是否升级到了最新版本等,只有策略服务器认为客户端可以信任时才会被允许接入网络。安全代理软件能够对计算机的日常操作进行监控,一旦计算机出现异常的行动(如某类流量突然增长)就会提供报警。这一软件可以对计算机提出主动性的防御,在新病毒出现而病毒厂商尚未提供病毒代码或操作系统相应的补丁程序没有发布之前,能够对各种非法操作提供警告信息。

3）NAP 技术

网络访问保护（Network Access Protection，NAP）技术是微软从 Windows 7 操作系统开始引入的一套操作系统组件，它可以在访问保护网络时提供系统平台健康校验。NAP 平台提供了一套完整性校验的方法来判断接入网络的客户端的健康状态，对不符合健康策略需求的客户端限制其网络访问权限。NAP 通过保证连接到组织网络的客户端计算机满足组织网络和客户健康策略要求，提供对客户计算机和组织网络的保护，确保网络不遭受接入的客户计算机引入的恶意元素（如计算机病毒）的危害。而且，NAP 能提供自动补救功能，不满足健康策略的 NAP 客户端能够利用在受限网络中的健康更新资源快速更新，修正其健康状态，满足系统健康策略。NAP 不是为保护网络免受恶意用户的侵害而设计的，它是为维护网络中计算机的健康，维护整个网络的完整性而设计的。

NAP 是一个可以扩展的平台，它提供基础结构和 API，易于增加用于对计算机健康检测和修正的组件，能方便地集成到其他已存在的策略服务器中，NAP 的验证和强制功能可与来自其他供应商的软件集成或与自定义程序集成。NAP 平台提供各种组件和基础结构，可帮助管理员验证网络访问策略并强制执行。管理员可以创建解决方案以验证连接到其网络的计算机，提供所需更新或访问所需资源，并限制不符合条件的计算机的网络访问。

4.5 典型案例分析

本节介绍一个典型的大型信息系统的网络安全建设方案。这系统是一个大型赛会的安保网络系统，安保网络为三层架构：核心层、汇聚层和接入层。由某分局与市公安局作为安保网络的两个核心节点，两个节点之间通过双链路互联，提高可靠性。汇聚层主要指各个分局，大型赛会期间在各分局设立安保分指挥中心，接入层主要指各场馆及相关设施通过网络设备接入到安保网中。

4.5.1 网络结构设计

某大型赛会安保网络安全体系架构如图 4.5 所示。

各类安全设备和系统的部署说明如下。

防火墙部署于场馆网络安全域、分区指挥中心网络安全域、安保指挥中心网络安全域以及安保专网与公安网的边界处。

入侵检测部署于公安网与保专网出口处的核心交换、汇聚交换以及安保指挥中心服务器群的主干链路处，并在安保指挥中心部署入侵检测系统管理中心。

接入安保专网内的主机上均安装防病毒系统、主机安全监控系统，并在安保指挥中心部署防病毒系统、主机安全监控系统的管理中心。

网络安全管理平台的管理中心部署于安保指挥中心。

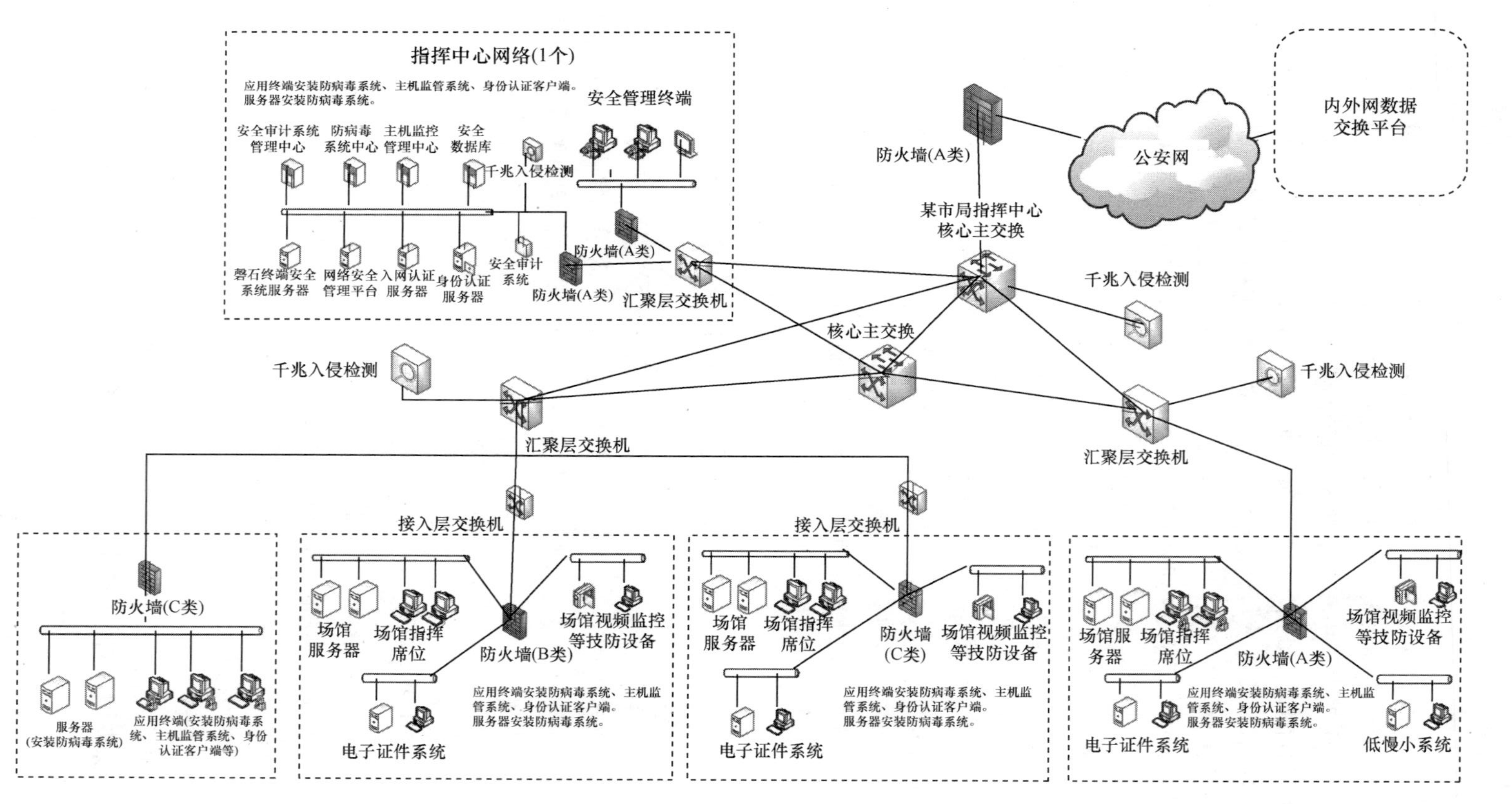

图4.5　某大型赛会安保网络体系架构

在安保指挥中心服务器群旁路部署安全审计系统。

内外网数据交换平台建设在市局公安网边界处,实现与外网的数据安全交换。

4.5.2 网络边界安全

网络边界安全主要从计算机网络层面上采取技术措施,对接入安保骨干网的设备划分安全域,从整体安全域到安全子域,最大程度保护网络边界安全,保障信息系统网络安全。技术上,采用成熟的安全产品包括防火墙、入侵检测来发现和控制潜在的网络攻击,重点是根据存在的实际业务需求进行安全策略的最优化配置。

4.5.3 防火墙方案

为了保证各分系统之间既能有安全的数据交换,又各自具有独立的网络安全域,防火墙的部署起到关键性作用。防火墙作为网络边界防护设备,实现各网络安全域之间的安全逻辑隔离。各场馆防火墙能够采用通用或专用的传输和管理接口,有选择地上报相关日志信息至网络安全管理平台,并能在网络安全管理平台统一配置。

防火墙作为网络边界防护设备,对保护网络安全域的内部安全保护起到重要作用。如图4.5所示,安保骨干网络连接了某市局、安保指挥中心、分区指挥中心、79个场馆及相关附属设施,同时安保专网作为一个整体网络域通过一台核心交换机与公安网相连。由于应用的需求,安保专网需要与公安网络以外的网络进行数据的交换。基于对网络及应用的分析,将安保专网基本划分出以下几部分网络安全域:安保指挥中心子域、分区指挥中心子域、各场馆及相关附属设施子域。

根据划分的网络安全域,并结合各安全域内的实际应用及设备接入情况,依据网络链路、结合应用的实际情况选取不同类型的防火墙进行部署。

安保指挥中心作为整个安保指挥的核心场所,起到指挥、决策的重要作用,特别是安保指挥系统的重要服务器群亦部署于此,各终端及服务器对此处的访问以及数据交换量较大;核心场馆有可能作为临时指挥部承担指挥调度的任务,数据流量也可能会相对较大,因此在这些场馆网络域边界处部署高端防火墙,重点保护其网络边界的安全。

其他场馆和分区指挥中心网络域边界处部署低端千兆防火墙,主要实现该场馆网络域的整体边界防控。前端安防系统的视频及报警数据会提供给安保专网内的安保指挥系统使用。通过采用此类防火墙,将安防系统划入防火墙的DMZ区进行统一管理,并实现与该场馆其他系统间的访问控制。

4.5.4 入侵检测方案

入侵检测系统依照一定的安全策略,对网络与系统的运行状况进行实时监测,尽可能发现、报告、记录各种攻击企图、攻击行为或者攻击结果,通过入侵检测系统来探测网络运行状况并进行报警,及时发现入侵事件,在第一时间控制网络安全风险。入侵检测能够采用通用或专用传输接口,上报入侵事件信息至网络安全管理平台。

根据安保专网网络结构,在重要场馆的汇聚交换机处部署千兆入侵检测系统和入侵检测控制台,通过对各个场馆的数据包进行监测,及时查看各场馆对安保指挥中心进行网络的入侵攻击。

在安保指挥中心服务器群的主干链路上部署入侵检测系统,重点监测网络中对重要服务器产生的攻击,一旦检测到可疑攻击包,立即进行报警,提示安全管理员进行相应的防范措施,及时查看各个场馆可能存在的网络安全异常情况。

在安保网与公安网出口处的主干链路上部署入侵检测系统,对安保专网和公安网间的数据传输进行实时监测,发现可疑数据后立即报警。

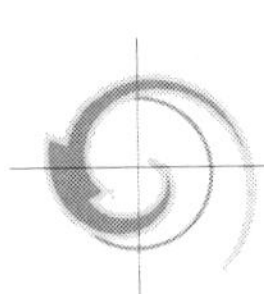

第5章 大型信息系统数据安全

数据作为一种资源，它的普遍性、共享性、增值性、可处理性和多效用性使其对于大型信息系统具有特别重要的意义。但在大型信息系统享受信息化带来的种种便利的同时，也逐渐体验了由其带来的各种“副作用”，数据安全问题首当其冲。数据安全，其实质就是要保护数据资源免受各种类型的威胁、干扰和破坏。

针对数据安全问题对大型信息系统的发展带来的冲击，本章从安全防护的角度出发，首先对数据安全进行一定的概括，其次分别从数据安全存储、数据容灾备份、数据集中管控三个方面对大型信息系统数据安全防护展开详细论述。

5.1 数据安全概述

5.1.1 数据安全的概念与范畴

数据安全有两方面的含义：一是数据本身的安全，主要是采用现代密码算法[21]对数据进行主动保护，如数据保密、数据完整性、双向强身份认证等；二是数据防护的安全，主要是采用现代信息存储手段对数据进行主动防护，如通过磁盘阵列、数据备份、异地容灾等手段保证数据的安全。

数据安全范畴包括数据处理的安全与数据存储的安全。数据处理的安全[22]是指如何有效地防止数据在录入、处理、统计或打印过程中由于硬件故障、断电、死机、人为的误操作、程序缺陷、病毒或黑客等造成的数据损坏或数据丢失现象，某些敏感或保密的数据可能被不具备资格的人员或操作员阅读，而造成数据泄密等后果。而数据存储的安全是指数据在系统运行之外的可读性，一个标准的Access数据库，稍微懂一些基本方法的计算机人员，都可以打开阅读或修改。一旦数据库被盗，即使没有原来的系统程序，照样可以另外编写程序对盗取的数据库进行查看或修改。从这个角度说，不加密的数据库是不安全的，容易造成商业泄密。

简单来讲，有关数据安全的内容可以简化为以下三个基本点。

(1) 保密性(Secrecy)：又称机密性，是指个人或团体的信息不被其他不应获得者获得。在电脑中,许多软件(包括邮件软件、网络浏览器等)都有保密性的相关设定,用以维护用户信息的保密性,另外间谍档案或黑客有可能造成保密性的问题。

(2) 完整性(Integrity):数据完整性是数据安全的三个基本要点之一,指在传输、存储数据的过程中,确保数据不被未授权的篡改或在被篡改后能够迅速发现。

(3) 可用性(Availability):数据可用性是一个计算机存储制造厂商和存储服务提供商(SSP)用来描述产品和服务的词汇,这些产品和服务是用来确保在从正常到"崩溃"的环境中,当性能保持在一个必需的级别上时,数据必须是可用的。数据可用性通常用数据可用的比例(如供应商提供了99.999%的可用性)以及在同一时间可以流动多少数据量(如同一家供应商承诺了3200Mbit/s速率)来衡量。

5.1.2 数据安全的作用及定位

随着计算机系统越来越成为数据的载体,数据安全成为信息系统建设中非常重要的核心环节。研究表明:在一个依赖计算机应用系统的企业,丢失300M的数据对于市场营销部门就意味着13万元的人民币损失,对财务部门意味着16万元人民币的损失,对工程部门来说可达80万元人民币的损失,而企业丢失的关键数据如果15天内仍无法恢复,企业就有可能被淘汰出局。

通常人们对信息安全关注的重点集中在网络周边防护设备和密码设备上,如防火墙、入侵检测系统、传输加密系统、防病毒系统等,对个人计算机(PC、笔记本)及各种移动存储设备(如U盘、光盘)基本上依靠业务流程进行管理。虽然防火墙、入侵检测、隔离装置等网络安全设备对于阻止基于网络的攻击行为具有不可替代的作用,但是数据存储的安全隐患却能导致危害最大的信息安全事故,分布在大量存储介质的数据处于高风险的状态。中国国家信息安全测评认证中心提供的调查结果显示,现实的威胁主要为电脑终端上的信息泄露和内部人员犯罪,而非病毒和外来黑客攻击。

在政府层面,数据安全建设被作为信息安全体系的重要组成部分进行监督指导。2007年6月,公安部、国家保密局、国家密码管理局、国务院信息化办公室联合制定并审批通过了《信息安全等级保护管理办法》。该管理办法定义和描述了信息系统安全保护等级,在定义和描述中,数据安全是重要的安全等级保护关注的重点对象,接受国家信息安全职能部门的监督管理。

5.1.3 数据安全主要研究方向

5.1.3.1 数据安全存储技术

数据安全存储技术确保数据的访问控制安全、机密性与完整性,既包括存储设备自身的安全,又包括保存在存储设备上数据的逻辑安全。数据安全存储主要研究包括数据访问控制、数据机密性和完整性保护、数据访问的不可抵赖性,以及存储设备自身的安全增强与防护、基于存储的审计和入侵检测等[23]。

数据访问控制是进行数据安全防范和保护的核心策略,为有效控制用户访问网络存储系统,保证存储资源的安全,可授予每个用户不同的访问级别,并设置相应的策略保证合法用户获得资源的访问权。

数据机密性是指数据不能泄露给非授权的用户,用户必须得到明确的授权,才能访问到数据,主要体现在对数据加密来防止黑客攻击。数据完整性就是确保用户在访问数据的过程中,保证所有数据的正确性,主要体现在用 Hash 函数对数据进行完整性检查。

数据访问的不可抵赖性体现在确保数据确实由某个存储设备发送并且无法否认,且接收到数据的用户一定是得到授权的用户,一般使用数字签名技术来实现。

存储设备自身的安全增强与防护体现在采用可信计算平台、硬件加密、数据自销毁等技术对数据进行主动防护,常见的存储安全增强设备包括安全移动硬盘、自毁固态盘、安全磁盘阵列、安全 NAS 设备等。

基于存储的审计和入侵检测,入侵者通过被攻破的存储服务器来窃取存储设备上的数据,对于这种安全威胁可采用主动防护措施和被动防护措施来保护存储服务器。目前比较常用的主动防护技术有各种防火墙技术和容错技术,比如,PASIS 系统采用了阈值方案的容错技术。被动的防御措施有入侵检测技术,如 Self Securing Storage 系统中就采用了入侵检测技术。

5.1.3.2 容灾备份技术

容灾备份是指通过特定的容灾机制,在各种灾难损害发生后,仍然能够最大限度地保障信息系统的正常运行。对于提供实时服务的信息系统,用户的服务请求在灾难中可能会中断,容灾备份能提供不间断的应用服务,让客户的服务请求能够继续运行,保证系统提供的服务完整可靠、一致。在建立容灾系统时会涉及多种技术,一类是生产站点与冗余站点间的互联技术,一类是进行异地数据备份的远程镜像技术,还有一类是改善容灾管理的存储虚拟化技术。

(1) 互联技术:由于容灾涉及生产站点与冗余站点,因此将它们连接起来的互联技术在容灾中十分重要。目前,生产站点与冗余站点之间的连接主要有两种方式:第一种方式为光纤通道连接,可以提供很高的性能,但是成本较高;另一种方式是 IP 互联技术,包括 FCIP、iFCP、iSCSI 等。

(2) 远程镜像技术:数据镜像即把磁盘(或磁盘子系统)中的数据完全复制到另一磁盘(或磁盘子系统)中,数据在两处的存储方式完全相同。远程镜像又叫远程复制,是容灾备份的核心技术,同时也是保持远程数据同步和实现灾难恢复的基础。按照请求镜像的主机是否需要远程镜像站点的确认信息,又可分为同步远程镜像和异步远程镜像。

(3) 存储虚拟化技术:存储虚拟化为容灾提供了一种灵活的解决方案,可以在虚拟的各类设备之间实现容灾功能,其目标是改善管理和提高利用率,实现更高层次的管理功能。利用虚拟化特性,数据管理工具可以更好地处理快照、复制、按需配置容量,以及基于策略的决策。

5.1.3.3 数据资源集中管控技术

数据资源集中管控技术能够实现以电子文档为主要目标的数据资源在创建、存储、使用、流转、销毁等各个环节的集中存储和安全防护,并结合数据访问控制策略、用户身份属性、数据资源安全属性,实现对用户访问数据资源的细粒度控制和安全审计。数据资源集中管控技术主要的研究内容包括身份认证、安全应用环境、远程应用、安全标签、文件访问控制、安全存储、安全审计等。

(1) 身份认证:能够通过多种认证方式对用户身份进行有效鉴别,确保用户身份的真实性和合法性。

(2) 安全应用环境:为敏感数据资源的使用提供一个安全的运行环境,能够实现对终端数据保密性的防护。

(3) 远程应用:能够在瘦/零客户端模式下向用户安全地提供所需的远程应用程序服务和文件服务。

(4) 安全标签:实现对数据资源的安全标签的嵌入和管理,支持对数据资源的全生命周期管理、监控和审计。

(5) 文件访问控制:能够根据用户属性和安全标签中标识的文件属性对文件操作和用户行为进行细粒度访问控制。

(6) 安全存储:通过对集中存储的文件进行安全防护,包括隔离、访问控制、格式变换等。

(7) 安全审计:能够对各类子系统的日志进行集中采集、集中管理、集中审计,同时能够对异常事件进行告警。

5.2 数据安全存储技术

5.2.1 数据安全存储的概念

国际存储网络工业协会(Storage Network Industrial Association,SNIA)将数据安全存储表述为确保数字资产安全的存储、网络和安全的准则、技术和方法的集合。数据安全存储涉及网络安全性和存储安全性,数据安全存储既要保证信息在不可信网络中的传输安全,又要保护数据在存储设备上的存取安全。数据安全存储和网络安全既有一定的关系,又有其特殊要求,数据安全存储可以借鉴网络安全领域中已有技术,如身份验证、数据加密、数字签名等,保证数据在传送和存储中的机密性和完整性，同时必须研究和采用不同于网络安全中的安全协议和机制满足数据安全存储对访问控制、密钥管理、存储资源分配和管理的不同需求。SNIA 概括了数据安全存储涉及的主要内容，并用一个简单的模型加以表述，如图 5.1 所示。该模型将抽象的信息安全 C. I. A 特性，即机密性（Confidentiality）、完整性（Integrity）和可用性（Availability），转化为切实的面向技术的安全组件。

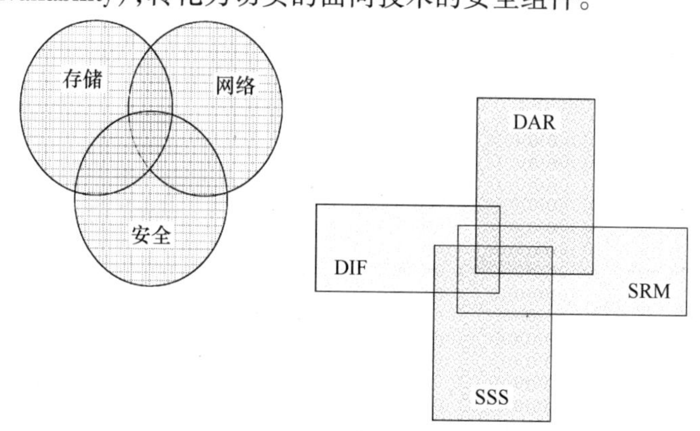

图 5.1　SNIA 数据安全存储组件

如图 5.1 所示，SNIA 定义的数据安全存储组件包括以下四项。

（1）存储系统安全（Storage System Security，SSS）包括存储系统底层/嵌入式系统的安全，以及存储与 IT 或安全基础设施（如外部认证服务、集中式日志，防火墙等）的集成。

（2）存储资源管理（Storage Resource Management，SRM），指安全控制并提供存储资源，对存储资源进行监控、调整、重分配以保证数据可以方便地被存储和读取。

（3）传送中的数据安全（Data In - Flight，DIF），确保数据在存储网、LAN 和 WAN 上传送时的机密性、完整性和/或可用性。

（4）静态数据安全（Data At - Rest，DAR），确保数据存储在服务器、存储阵列、NAS 设备、磁带库和其他存储介质，特别是移动存储上的机密性、完整性和可用性。

从数字信息以文件的形式组织并存储在存储介质上开始，数据安全存储就得到了关注和研究，随着存储系统和存储设备变得越来越网络化，解决网络环境下的数据安全存储问题变得更加重要和紧迫[24,25]。数据安全存储的解决必须对来自于网络、存储和数据自身的挑战加以系统的考虑。然而，长期以来，数据安全存储的研究思路主要是将传统信息安全的已有技术应用于存储系统，为某一特定应用提出专门的解决方案[26-28]。例如，增强文件服务器的安全性、客户端加密文件系统、客户端直接访问磁盘的认证机制和高度可扩展文件系统，这些方案往往专注于数据安全存储的某一方面，对解决网络环境下的数据安全存储存在诸多不足。甚至出现将数据安全存储与网络安全割裂开来的误解，对数据安全存储和网络安全在作用域上人为地加以界定，如将数据安全存储解决范围界定在存储网络以内，而将网络安全界定在存储网络边界之外。

因此，数据安全存储的解决首先是一个信息安全技术的系统集成问题，必须对存储系统的可靠和可用、存储资源的控制和管理、数据传送和存储中的安全加以系统考虑，优化的解决方案应该是针对特定应用和特定系统，权衡了存储安全的各个组件，在满足用户安全需求的同时将安全协议的开销降到最低，并采用必要的容灾、备份等数据保护技术为企业和用户提供高可靠的服务。

5.2.2 数据安全存储的研究现状

目前，网络存储系统的安全性研究主要是将已有的安全技术移植到网络存储系统中，如网络存储系统的访问控制机制、网络存储加密系统等。

5.2.2.1 网络存储系统的访问控制机制研究

第一个网络存储系统是 1985 年由 Sun Microsystems 公司提出的网络文件系统（Network File System，NFS）[29]，也是文件共享事实上的标准。NFS 早期版本依靠操作系统进行访问控制和弱认证机制。NFS v2 使用 UID/GID 的 UNIX 风格的认证、Diffie – Hellman 认证、Kerberos v4 认证。其中使用最多的是基于 UID/GID 的认证，但这种认证很不安全，攻击者可以容易地哄骗或重放权限证书。因此 NFS v4[30,31]使用 RPCSEC_GSS，它可以提供 RPC 请求与响应的认证、机密性与完整性，还将 Kerberos 融合到了 GSS – API（Generic Security Application Programming Interface）中。传统的 NFS 支持 POSIX 访问控制模型，然而 NFS v4 支持基于 Windows NT 模型的 ACL 而不是 POSIX 模型，相对于 POSIX 模型，Windows NT 模型提供更丰富的安全选项，Windows NT 模型中的访问控制选项包括四种含义：ALLOW、DENY、AUDIT 和 ALARM。因此，NFS v4 能够同时提供强安全性和灵活的文件共享。

基于对象的存储系统（OBS）获得实质性进展源于 NASD 项目[32,33]，NASD 运用加密技术和基于证书的访问控制机制保障系统安全性，即客户端使用证书就能直接访问特定磁盘，而不必再次与服务器交互。

UCSC 开发的 SCARED[34]是 NASD 的一个扩展，提供身份认证和授权、消息的完整性和反重放。SCARED 支持基于权限密钥（capability key）和身份密钥（identity key）两种认证，可以进行客户和存储设备间的相互认证；SCARED 协议自身可以保证客户和存储设备间的消息完整性；SCARED 为每个客户请求生成一个唯一的计时器（timer）或计数器（counter）来保证客户请求不被重放。

NASD 和 SCARED 的安全协议采用的是细粒度证书（fine grained capability）[35,36]，每个证书对单个对象和单个用户授权，在一个存在大量对象和用户的高性能系统中，元数据服务器（MDS）必须在短期为热点对象（即很多用户在一个短时间访问同一个对象）产生大量的证书，这将导致 MDS 出现性能瓶颈。UCSC 存储系统研究中心(Storage System Research Center,SSRC)的 Leung 和 Miller 等人提出了一个粗粒度证书(coarse grained capability)协议[37],同一个证书能够对不同大小的用户组授权,也能对多个对象授权。和细粒度证书相比,粗粒度证书可以减少 MDS 产生和 OSD 验证证书的数目。但是粗粒度证书协议也为证书的回收带来了困难,由于一个证书对应一个用户组和多个对象,其中任何一个用户的访问权限或对象权限发生了改变,系统必须立即对该证书进行回收,这将影响多个用户的操作,导致在 MDS 上出现大量请求证书操作。Leung 和 Miller 等人提出采用短期证书(short - lived capability)和延长有效期(extend expiration time)的办法回收证书解决证书回收的问题。

明尼苏达州大学(University of Minnesota)的 Kher 和 Kim 在他们的对象存储访问控制协议中采用基于角色的访问控制(Role - based Access Control,RBAC)[38],旨在减少对象存储用于访问控制的加密密钥的数目。客户只需要从文件管理器获得一个身份密钥,客户可以用获得的身份密钥派生一个角色密钥(role key),该角色密钥标识了用户可以拥有的角色。相对基于权限密钥的协议,该方案减少了系统中的密钥数,客户不需要频繁地和文件管理器交互,因此降低文件管理器的负载。

5.2.2.2 网络存储加密系统研究

网络存储加密系统可分为共享和非共享加密文件系统。共享加密文件系统在一组用户间共享文件,因此系统除了提供基本的加密服务外,还要提供复杂的密钥管理技术来有效地进行密钥共享和回收。非共享加密文件系统不需要提供密钥共享和回收机制,用户如果想和其他用户共享自己的文件,必须将自己的私钥直接传送给共享用户,共享用户将获得和文件所有者同样的权限。

1) 非共享的加密文件系统

AT&T Bell Labs 开发的 CFS 是一个运行在客户端上的用户态虚拟文件系统,其主要目标是给用户提供安全透明的文件服务,CFS 作为系统的一个特殊组件,用户不需要考虑文件的加密是如何进行的。典型的 CFS 被挂载在目录/crypt 下,用户为每一个目录分配一个密钥,所有属于该目录的文件以及它们的路径名将被该密钥加密,被加密的文件可以存储在文件服务器上,当用户需要与其他用户共享加密文件时,需要亲自将密钥交给其他用户。

磁盘加密系统允许用户在本地磁盘创建安全分区并透明地加密本地磁盘上的数据,其原理是在本地磁盘上创建分区或虚拟分区,并用用户选择的口令或密码为每一个分区生成一个密钥,该密钥被用来加密存储在安全分区上的所有数据。SFS(Secure File System)和 SecureDrive 是早期的两个磁盘加密系统。SFS 为 DOS 和 Windows 系统提供加密服务,允许用户在本地磁盘上创建一个可以被加密的券,每个卷以正常的 DOS 驱动器出现,存储在卷上的数据在扇区一级被加密,被加密的卷可以被手动或自动地挂载或卸载。

在目前开放的网络环境下,非共享的加密文件系统是不适用的。

2) 共享加密文件系统

意大利萨勒诺大学(University of Salerno)的透明加密文件系统(Transparent Cryptographic File System,TCFS)是一个UNIX系统下为用户提供加密服务的核态文件系统。通过为每一个文件维护一个比特位,TCFS指示该文件是否被加密。TCFS的文件加密对用户透明,并提供数据完整性以及组用户间的文件共享。用户必须维护一个口令用来加密所有文件密钥,加密后的文件密钥存储在文件头的文件密钥字段中,文件头和文件存在一起。TCFS需要一个中心服务器进行密钥分发,比如组服务器。

纽约州立大学石溪分校(Stony Brook University,SUNY)开发的NCryptfs是利用堆栈文件系统技术设计的共享的加密文件系统,主要目标是提供透明的文件加密服务,无须过分依赖底层操作系统内核的具体细节,具有较高的可移植性;NCryptfs提供内核级别的安全服务,因此在性能上有很大的优势。NCryptfs通过挂载点/mnt/ncryptfs进行访问,并在挂载点附加一个或多个授权项,每个授权项存储一个口令的盐渍哈希(Salted Hash)和相应的权限,持有与授权项内口令匹配的用户将被授予这些权限。

斯坦福大学(Stanford University)的SiRiUS是一个实现在NFS v3上的用户层文件系统,主要目标是在不改变文件服务器的前提下,设计和实现网络文件系统的安全机制。除了数据的机密性,SiRiUS还确保数据和元数据的完整性。存储在SiRiUS文件服务器上的所有文件包含两部分,即数据文件(d - file)和元数据文件(md - file),数据文件包含被加密的文件数据,而元数据文件包含访问控制信息。

在国内,一些科研院校也在进行存储安全方面的研究,如清华大学TH - MSNS中的数据备份/恢复系统[39],以及华中科技大学外存储实验室对基于对象的存储系统的安全性的研究[40]。

5.2.3 数据安全存储的关键技术

伴随着云计算的发展,越来越多有关其安全性的问题浮出水面,而大数据时代数据价值的提升对数据自身的安全防范能力提出了更高的要求,除了传统以强化设备、系统安全为主的数据保护方案,如数据访问控制、数据机密性和完整性、基于存储的入侵检测和审计等,大数据和云时代数据安全存储的关键技术还涉及数据安全自毁技术、基于纠删码(Erasure Code)的分布式存储技术和溯源存储技术等新技术。

5.2.3.1 数据安全自毁技术

数据自毁通过控制密钥的生命周期来为加密数据提供安全保护,从而为隐私信息共享和保护提供了新思路。在云存储应用日益普及的情况下,数据自毁技术能够使得用户敏感数据在没有用处之后自动销毁,而不需要用户或者任何第三方去手动删除。信息拥有者只能在有限的一段时间内获取数据的内容,也就是说,这种数据的价值具有时间有限性,一旦过了预先设定的时间期限,任何人都将无法解密出这些敏感数据,包括那些能够得到被加工后敏感数据副本的已知或未知的第三方。无论是传统的应用系统还是云存储背景下的网络应用系统都能够通过与数据自毁系统结合为用户提供更先进、更可靠的隐私数据保护方案,而且不受类似于传统数据销毁技术的限制。

5.2.3.2 基于纠删码的分布式存储技术

纠删码技术作为分布式存储系统中的一种冗余机制被用来提高数据的可靠性,保证分布式存储系统的高可用性和高容错性。其基本思想是将要存储在系统中的文件分割成不可识别的 K 个数据块(数据块中追加有额外的信息,每个独立的数据块不包含足以泄露原始文件的信息),然后采用纠删码技术对其编码得到 N 个文件块,通过将这些文件碎片分布到系统中不同节点,实现冗余容错。同时,只需从这些节点中获取 $K'(K' \geq K)$ 可用的文件碎片,就可以重构得到原始文件(究竟需要多少数据块取决于当初加入到每个数据块的额外信息,额外信息越多意味着恢复整个文件需要的数据块越少)。纠删码技术在没有过量的存储空开销的基础上,通过合理的额外存储来提供系统的高可靠性和可用性。

5.2.3.3 溯源存储技术

数据溯源信息可用来判断数据的来源、质量和可靠性。建立数据溯源安全模型可以为数据溯源信息提供完整性和机密性保障,有效地追踪数据的来源、传播和演化过程,防止内部或外部攻击者对数据溯源的非法篡改。溯源存储的核心是保证溯源链的完整性,包括两个方面:一是保证独立的溯源记录不能伪造,二是溯源链本身的完整性,即记录所有者的顺序是非伪造的。保证独立溯源记录的完整性可以采用数字签名、校验和、签名哈希等方法。但保证溯源链的完整性就复杂多了,因为溯源链要穿过多个域,且有些还是非可信域。关于可用性,安全的溯源机制不能降低信息的可用性,一个直接的方法是把溯源信息存储在安全存储系统中,但溯源信息的收集对存储和计算来说,不能或只能增加很少一些开销。关于机密性,一是相关操作的信息可能是机密的;二是溯源链本身,即所有者的历史可能包含一些敏感信息,需要对非授权用户保密。

5.2.4 典型应用及解决方案

本小节以 SAN 存储网络的安全防护方案作为案例,旨在展现传统数据安全防护技术在大型信息系统安全工程中的创新应用。

5.2.4.1 方案概述

SAN(Storage Area Network)是一个集中式管理的高速存储网络,由多供应商存储设备、存储管理软件、应用主机和网络硬件组成。SAN 存储网络独立于主机网络,提供在应用主机与存储系统之间的高速数据传输,常常称为主机后面的网络。由于 SAN 存储网络的相对封闭性,SAN 的安全问题常被用户忽略。随着越来越多的企业选择 SAN 作为存储系统,其设计和实现过程中的数据安全性已经成为一个至关重要的要求。本方案分析了 SAN 存储网络的特点和存在的安全威胁,在此基础上,提出了一种基于代理的 SAN 存储网络安全防护方案,实现了 SAN 存储网络的接入控制、主机访问行为监测与防护、设备统一安全监控与审计。

5.2.4.2 安全威胁分析

SAN 存储网络作为大量数据信息存放载体的内部网络,面临着内部入侵攻击,位于存储区域网边界上的被入侵主机的攻击,以及来自管理访问域的入侵攻击,如图 5.2 所示。

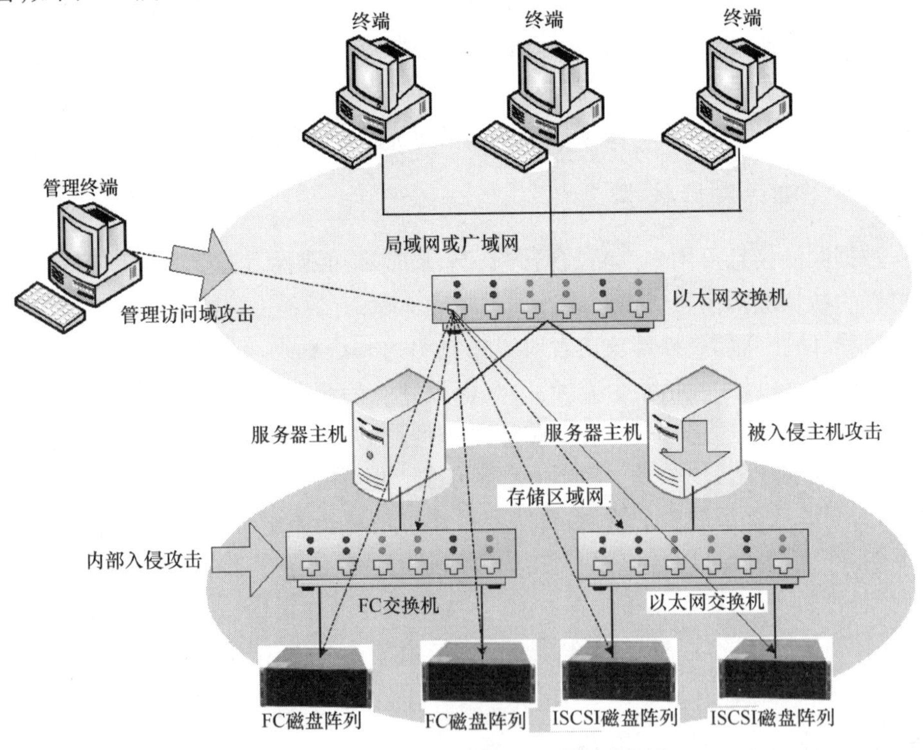

图 5.2 SAN 存储网络安全威胁示意图

1) 内部入侵攻击

据权威机构调查,三分之二以上的安全威胁来自泄密和内部人员犯罪,政府和企业因信息被窃取所造成的损失远远超过病毒破坏和黑客攻击所造成的损失。存储区域网作为企业核心数据的集中存放地，面临内部人员非授权更改存储配置，违规接入并伪造合法主机身份，访问应用程序篡改数据，窥探网络或执行 DoS 攻击。

当前常用的 iSCSI 协议提供的 CHAP（Challenge - Handshake Authentication Protocol）认证方式通过匹配用户名和登录密码来识别用户的身份，密码不需要以纯文本的形式在网络上传送，从而避免了掉包和被拦截的情况发生，然而这些密码必须存放在连接节点的主机上，有时候甚至以纯文本的形式保存，很容易被内部人员或入侵主机的黑客获取。网络存储协议认证方式弱的特点，难以阻止非法主机接入存储区域网。

2）被入侵主机攻击

服务器主机位于存储区域网和用户网的边界，容易受到来自外部网络的攻击威胁，合法的主机被入侵和控制后，通过主机拥有的访问权限，很容易对网络存储设备进行攻击和破坏，或是窃取设备上存储的其他应用系统的数据信息。而常用的 iSCSI、FC 网络存储协议是块级传输协议，可用于安全分析的信息少，如数据包不包含用户信息，因此，难以在存储层监测到被入侵主机的恶意攻击与访问。

3）管理访问域入侵攻击

对 SAN 存储网络的管理配置通常在一台安装存储管理平台的管理终端上进行，管理终端通过 IP 网络与磁盘阵列、SAN 交换机相连，这种为管理磁盘阵列形成的区域称为管理访问域。管理访问域存在两方面的威胁：一是由于通常是通过 IP 网络来管理磁盘阵列，常见的伪装、篡改、拒绝服务等网络攻击均可能针对管理访问域；二是存储管理软件的远程控制台功能也增加了被攻击的可能性。攻击者通过入侵管理访问域，可以假冒管理员身份恶意修改存储配置，提升用户身份和访问权限，给存储设备带来数据泄露的安全隐患。

此外，SAN 存储网络涉及大量的网络存储设备，设备类型多样、接口形态各异，管理配置复杂，多样性的设备部署给统一监控和管理带来了挑战，难以对主机接入状态、存储资源使用状态、存储设备配置管理过程进行有效监管，各类设备日志格式迥异、分散存储与管理，难以实现统一集中审计，造成无法及时、准确发现上述入侵攻击，慑止内部人员的越权访问。

5.2.4.3 安全防护设计

SAN 存储网络安全防护系统由网络存储安全防护代理软件、网络存储安全防护设备组成，如图 5.3 所示。

1）网络存储安全防护代理软件

网络存储安全防护代理软件运行于接入存储区域网的所有主机上，对接入存储网络的主机进行强身份认证；实时监控主机所有应用对存储资源的访问行为，并与网络存储安全防护设备进行通信，获取网络存储安全防护设备上的安全规则信

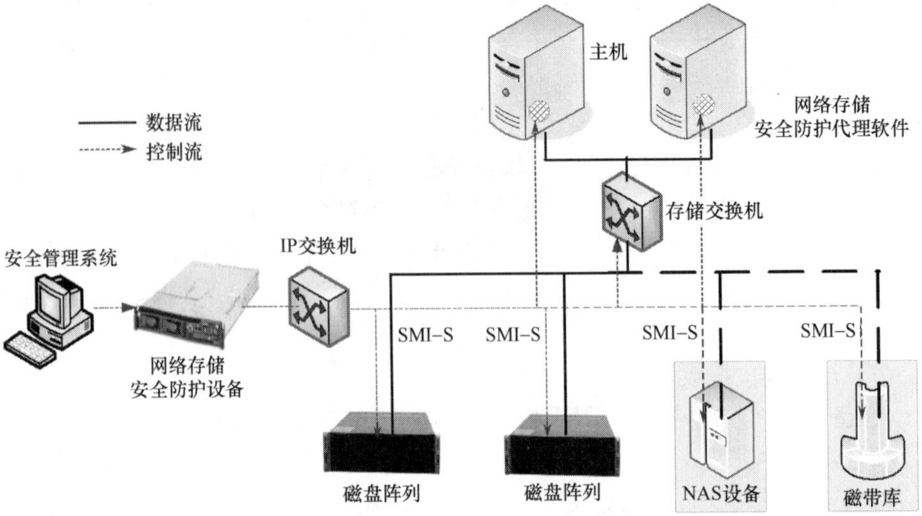

图 5.3　SAN 存储网络安全防护系统部署图

息,依据规则信息对服务器的访问行为进行审计,对非授权访问行为进行及时准确的判定,并在发现非法访问行为时对非授权访问行为进行阻止。

2) 网络存储安全防护设备

网络存储安全防护设备通过以太网交换机与服务器主机、存储交换机、磁盘阵列等存储设备相连,对支持 SNMP、SMI－S(Storage Management Initiative Specification)协议的网络存储设备、交换设备进行安全监控和管理,为用户提供统一的、支持"三员"架构的 B/S 监控界面,同时为安全管理平台、运维平台提供统一的网络存储设备安全管理接口;对所有网络存储设备的配置信息更改行为进行审计,对非法修改网络存储安全策略、非法访问存储资源的行为进行及时准确的判定,并在发现异常行为时对行为进行阻断。

5.2.4.4　防护效能分析

SAN 存储网络安全防护系统实现存储网络接入认证、主机存储访问行为监测与防护、管理访问域安全防护、存储资源访问和管理的统一监控和审计四方面功能,可以有效防护针对 SAN 存储网络的内外入侵攻击。

1) 存储网络接入认证

针对当前 iSCSI、FC 存储协议认证弱的特点,对访问网络存储设备的主机提供强身份认证,防止未授权主机伪装合法主机越权访问存储资源。

2) 主机存储访问行为监测与防护

对主机访问存储的行为进行监测,及时阻止内部人员或攻击者越过应用系统复制存储数据、恶意软件访问或破坏存储数据。

3）管理访问域的安全防护

设置特定主机实施针对存储设备的网络管理，即所有网络管理命令只能通过安全防护设备发出，用户终端与安全防护设备之间采用安全通信传送管理数据流，记录管理操作日志，加强用户身份管理和认证，防止攻击者假冒管理员，提升用户身份和使用权限。

4）存储资源访问和管理的统一监控和审计

安全防护设备集中维护网络存储设备配置信息、安全策略，实时监控和审计存储设备、存储交换机配置信息、设备运行状态和主机接入状态，实现存储资源的集中安全管控，及时发现异常情况或攻击行为。

5.3 容灾备份技术

5.3.1 容灾备份的概念

容灾备份系统，又称为灾难恢复系统，就是通过特定的容灾机制，确保在各种灾难损害发生后，仍然能够最大限度地保障提供正常应用服务的计算机信息系统。从对系统的保护程度分，容灾备份系统可以分为数据级容灾和应用级容灾。数据级容灾是指通过建立异地灾备中心，做数据的远程备份，在灾难发生时，要确保原有的数据不会丢失或者遭到破坏；应用级容灾是在数据级容灾的基础之上，在备份站点同样建设一套相同的应用系统，通过同步或异步复制技术，保证关键应用在允许的时间范围内恢复运行。

5.3.2 容灾备份的研究现状

灾难备份于20世纪70年代中期起步，其历史性标志是1979年在美国宾夕法尼亚州的费城建立的SunGard Recovery services。在这以后的数十年里，随着银行、证券、保险、医疗和政府部门对灾难备份的需求增加，美国的灾难备份行业得到了迅猛发展，行业年平均增长幅度约17%，灾难备份中心服务年平均增长幅度约30%，并形成了系列相关的制度和准则。到1999年，美国市场上共有31个灾难备份中心服务商，为金融到政府各行业的客户提供服务。

在我国，计算机的应用时间更短，但是各个行业的关键业务流程都逐渐迁移到了信息系统中。银行、电力、铁路、民航、证券、保险、海关、税务等行业和部门的信息系统，以及电子政务系统已经成为国家重要基础设施。2003年9月，中共中央办公厅、国务院办公厅转发了《国家信息化领导小组关于加强信息安全保障工作的意见》（中办发〔2003〕27号文），文件要求“各基础信息网络和重要系统建设要充分考虑抗毁性与灾难恢复，制定和不断完善信息安全应急处理预案”。国家为此圈定了必须建立灾备基础设施的八个重点行业，包括金融、民航、税务、海关、铁路、证券、保险和电力行业。2004 年年初,国务院信息化办公室同人民银行科技司组织有关专家对中国的行业容灾备份现状做了大量的调查研究工作,得出的结论是,除了我国的一些金融机构容灾备份系统已经启动外,其他行业的容灾备份体系基础还非常薄弱,中国的行业容灾备份还处于起步阶段。2004 年 10 月开始,国务院信息办组织起草了《重要信息系统灾难恢复指南》。《指南》的起草既参考了国际有关标准,又结合了我国信息化和信息安全保障的实际情况,其内容覆盖了灾难恢复工作的主要环节。2007 年 7 月,经过两年的实施以及广泛征求意见,《重要信息系统灾难恢复指南》经过修改完善后正式升级为国家标准《信息安全技术信息系统灾难恢复规范》(GB/T 20988—2007)。

容灾技术实现手段最为重要的一个步骤就是通过网络的连接,将本地端的数据复制一份到远程保存。以往受容灾技术实现手段的局限,主要有主机型和存储型两大类容灾方式,目前出现了具有更强能力的存储网络型虚拟化容灾方式,使得容灾的技术手段丰富起来;而 CDP 连续备份技术更是使容灾和备份两大不同的体系走向融合。

1)主机型远程容灾

通过安装在服务器的数据复制软件,或是应用程序提供的数据复制/灾难恢复工具(如数据库的相关工具:Oracle 的 DataGuard、Sybase 的 Replication 等),利用 TCP/IP 网络连接远端的容备服务器,实现异地数据复制。

基于主机的数据复制技术,可以不考虑存储系统的同构问题,只要购买相关的数据复制软件,保持主机是相同的操作系统即可。而目前也存在支持异构主机之间的数据复制软件,如 BakBone NetVault Replicator 就可以支持异构服务器之间的数据复制,可以支持跨越广域网的远程实时复制,缺点是需备份窗口,占用主机资源。

2)存储型异地容灾

利用存储系统提供的数据复制软件,数据流的复制通过存储系统之间传递,和主机无关。这种方式的优势是数据复制不占用主机资源,不足之处是需要灾备中心的存储系统和生产中心的存储系统有严格的兼容性要求,给用户灾备中心的存储系统选型带来了限制。知名的存储系统型远程容灾方案有 SRDF、TrueCopy、PPRC 等。

与主机型远程容灾相比,存储型远程容灾的优点就是将数据与运行分开,对主机系统的运行资源影响小。但存储型远程容灾最大的限制就在于其昂贵的构造成本,用户必须在本地端和灾备端分别配置两套相同的存储系统,而且扩展性缺乏弹性。如果采样光纤通道存储系统构造远程容灾,则必须在本地端和灾备端各安装 FC to IP 转接器,加上网络带宽成本的话,整体费用高昂。另外,存储型容灾方式对于数据库的一致性存在较大的缺陷,在多点到一点的容灾架构上存在不适用性。

基于光纤交换机的容灾方案,则是利用光纤交换机的新功能,或者利用管理软件控制光纤交换机，对存储系统进行虚拟化，然后管理软件对管理的虚拟存储池进行卷管理、卷复制、卷镜像等操作来实现数据的远程复制。比较典型的有 Falcon 等。

3）虚拟化容灾

虚拟化是一种网络存储型远程容灾架构，是在前端应用服务器与后端存储系统之间的存储区域网络（SAN），加入一层存储网关。以虚拟存储技术的代表美国飞康软件公司的方案为例，它结合了 IPStor 专用管理器，前端连接服务器主机，后端连接存储设备，对于 I/O 流量进行监控和分流，实现异地数据复制。

虚拟化远程容灾的优点就是功能强大。由于数据复制是通过存储网关来执行，应用服务器只需数据库执行代理程序，相对于主机型远程容灾来说，其性能影响十分低。另外，通过存储网关的虚拟化技术，可以整合前端异构平台的服务器和后端不同品牌的存储设备，本地端和灾备端的设备无需成对配置，用户可以根据 RTO 和 RPO，在远端建立完整的热备份中心，当本地端发生灾难时，立即接管业务运行；或者采取仅在灾备端安装存储设备的温站配置，先保护数据的完整性和安全性，在本地端修复完成后再进行恢复。

4）CDP 连续数据保护技术

目前很多传统的备份软件中都融入了 CDP 技术。比如，BakBone NetVault Backup 8.0 追加了 TrueCDP 模块 Symantec Backup Exec 11d 等。CDP 技术包括 Near CDP 和 TrueCDP 两种。NearCDP，即准 CDP，其最大特点是只能恢复部分指定时间点的数据（Fixed Point In Time，FPIT），有点类似于存储系统的逻辑快照，无法恢复任意一个时间点。目前 Symantec、CommVault 的 CDP 都属于这种类型。TrueCDP，称为真 CDP，可以恢复指定时间段内的任何一个时间点（Any Point In Time，APIT），目前 BakBone TrueCDP 属于 TrueCDP 类型。

5.3.3 容灾备份的关键技术

容灾备份的核心技术思想就是利用数据保护的基础技术在几十公里、数百千米甚至数千米之外的系统中创建数据的副本，实现生产系统和灾备系统的数据同步。容灾备份系统常用的数据保护基础技术包括备份、镜像、复制和快照等技术（见表 5.1）。此外，近些年来采用的新技术涉及存储虚拟化、灾备链路带宽精简技术、日志同步技术、持续数据保护技术等。

（1）存储虚拟化：主要是基于存储网络的虚拟化，其基本价值是存储资源整合和统一管理，以提高存储资源的利用率。存储网络级虚拟化能兼容并屏蔽底层各种存储阵列的访问差异性，对存储资源进行统一虚拟化管理，在此基础上能够结合镜像、复制技术，实现多生产系统、多存储阵列下的数据统一灾备。也就是说，存储虚拟化技术是实现存储网络级灾备数据同步的重要一环，能打破灾备建设中存储阵列类型和品牌限制，能进行多个存储阵列环境下的统一灾备。

表 5.1　容灾备份系统常用的数据保护基础技术

灾备基础技术	描　述
备份	特指利用传统备份软件，将源数据以相同或者不同的格式在磁盘或者磁带介质上创建副本
镜像	源数据被创建和更新的同时，其副本也被创建和更新了
复制	创建和实时更新源数据的副本；实现上划分两个阶段：首先进行全拷贝（全数据同步）；下阶段根据源数据的变化，通过同步变化数据，进行副本的实时更新
快照	创建源数据的多个时间点的副本；这种副本不是原数据的完整拷贝，而是相邻时间点之间的数据变化量，所以创建过程和数据恢复过程都十分迅速

(2) 灾备链路带宽精简技术：是减少对灾备链路带宽要求的技术，其技术实现原理是通过减少数据传输量来降低对灾备链路的带宽要求。在实现方式上主要有两种方法：一种方法是采用精细的扫描算法，将数据的变化扫描定位到细小的磁盘扇区级别，数据同步仅针对变化扇区数据。这样一来，对于一个数据块的写入只涉及某些细小扇区的情况，数据同步量将有大幅减少。另一种方法是采用重复数据删除技术来精简数据传输量，目前被广泛应用在主流厂商的容灾备份系统中。

(3) 日志同步技术：日志同步技术的技术原理可简单理解为生产系统不直接将数据同步给灾备系统，而是告诉灾备系统在哪个文件或者存储区域写了哪些数据，灾备系统实际是先接受生产系统的"日志指令"，然后根据指令将实际数据写入文件或者存储区域。日志同步技术广义上可以归为复制技术的范畴，因为数据写入都具备顺序性，即先源后目标。但在数据同步机制上有很大差别，复制技术的数据同步机制是基于数据块的，日志同步技术是基于日志的，其突出特点是灾备链路带宽需求小、数据同步效率高、能很好地实现较高的 RPO 目标。日志同步技术目前在存储阵列和主机应用层有实现产品，特别是基于数据库的日志同步技术产品，由于基本能达到灾备等级 6 的高 RPO 和 RTO 要求，而被运用于某些高端灾备系统中。

(4) 持续数据保护技术：传统的备份技术实现的数据保护间隔一般为几天或一周，属于冷备份技术；采用快照技术实现热备份，可以将数据的丢失风险控制在几个小时之内，但是快照技术只能保存快照点上的数据卷的状态，不能保存快照点之后的卷数据。持续数据保护是实现热备份数据的重要手段，可以有效地避免用户操作错误、病毒攻击等非硬件故障造成的数据丢失，并且能够实现对任意时间的数据的访问，提供任意的目标恢复点。持续数据保护可以用于文件系统或块级存储设备的备份和数据卷恢复。基于文件级的持续数据保护，其功能作用在文件系统上，可以捕捉文件系统数据或者元数据的变化事件（如创建、修改、删除等），并及时将文件的变动进行记录，以便将来实现任意时间点的文件恢复。基于块级的持续数据保护在块设备层实现持续数据保护，屏蔽了与具体文件系统类型的相关性,使得功能适用于各种文件系统。基于块级的 CDP 功能直接运行在物理的存储设备或逻辑的卷管理器上,甚至也可以运行在数据传输层上。当数据块写入生产系统的存储设备时,CDP 系统可以捕获数据的拷贝并将其存放在另外一个存储设备中。

5.3.4 典型应用及解决方案

本小节以某集团公司三级信息中心容灾备份解决方案作为案例,旨在为多级跨区域的大型信息系统的容灾建设方案提供参考设计。

5.3.4.1 方案概述

基于异构存储融合的容灾备份架构,如图 5.4 所示,采用基于网络层的异构存储虚拟化技术,将不同厂商存储整合为统一的存储资源池,结合 I/O 级的数据复制技术,实现异构存储之间跨地域的数据容灾。

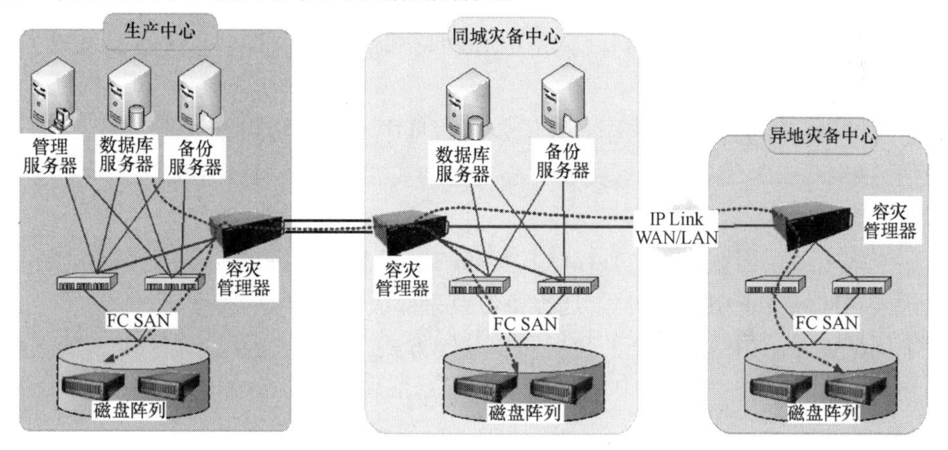

图 5.4 基于异构存储融合的容灾备份架构

方案特点:

1)存储整合

(1)利用异构存储虚拟化技术屏蔽不同厂商存储设备差异,实现异构存储资源按需扩展。

(2)将异构存储资源统一整合为资源池,打破资源孤岛,提高了总体存储空间利用率,降低使用成本。

2)统一容灾

(1)可以对多台异构磁盘阵列进行统一容灾,不需要构建多套远程容灾系统。

(2)只需使用一套软件即可管理各厂商的存储设备资源,能够显著降低维护人员的管理复杂度,降低维护成本。

(3)无须购买各厂商昂贵的数据保护软件。

(4) 无须考虑各厂商数据保护技术的差异和兼容性，降低实现难度和管理复杂度。

3）不影响主机性能

网络层实现，不占用主机和磁盘阵列的性能开销。

4）节约带宽

采用基于 I/O 级别的复制技术，复制的是变化的 I/O，两地之间可通过 IP 链路实现容灾。

5）高可靠性

支持多节点集群，线性提升性能和可靠性。

5.3.4.2 灾备体系结构设计

某集团公司容灾备份系统主要包括总部级同城灾备中心、总部级异地灾备中心和二级子公司同城灾备中心，如图 5.5 所示。

总部信息中心、总部级同城灾备中心和总部级异地灾备中心构成总部级“两地三中心”容灾结构。

总部级异地灾备中心兼作二级子公司信息中心的异地灾备中心，与二级子公司信息中心、二级子公司同城灾备中心一起构成二级子公司级“两地三中心”容灾架构。

二级子公司同城灾备中心存储其所属三级子公司数据，三级子公司数据在二级子公司同城灾备中心汇聚后，远程备份至总部级异地灾备中心。

同城灾备采用基于 I/O 的数据同步复制方式，异地灾备采用基于 I/O 的数据异步复制方式。

5.3.4.3 灾备中心功能分区

灾备中心 IT 系统分为容灾服务区、备份服务区、恢复演练区、安全服务区、运行管理区和网络接入区，如图 5.6 所示。

各分区的功能如下：

(1) 灾备服务区：由容灾管理器、磁盘阵列组成，提供灾备核心数据复制功能，利用磁盘阵列存放灾备数据。

(2) 备份服务区：由备份服务器、磁盘库或虚拟带库组成，使用备份软件，对灾备数据进行定期备份，提高数据的可靠性。

(3) 恢复演练区：由应用服务器、演练磁盘阵列组成，用于灾难恢复演练、数据完整性、一致性验证；当灾难发生时，也可临时接替作战数据中心服务器运行。

(4) 安全服务区：安全服务区放置网络安全设备，如入侵检测、病毒漏洞扫描服务器等。

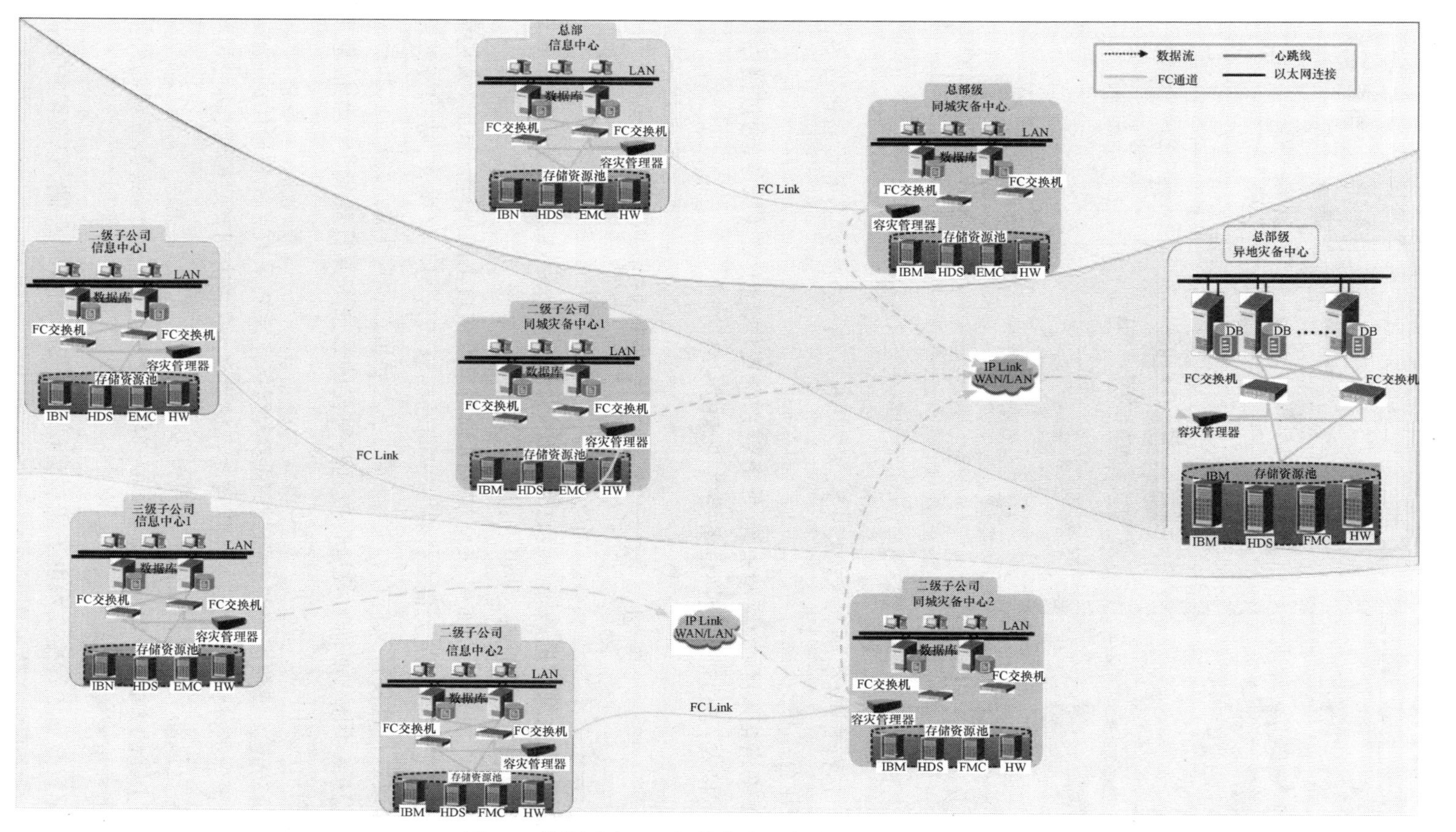

图5.5　某集团公司三级信息中心灾备体系结构图

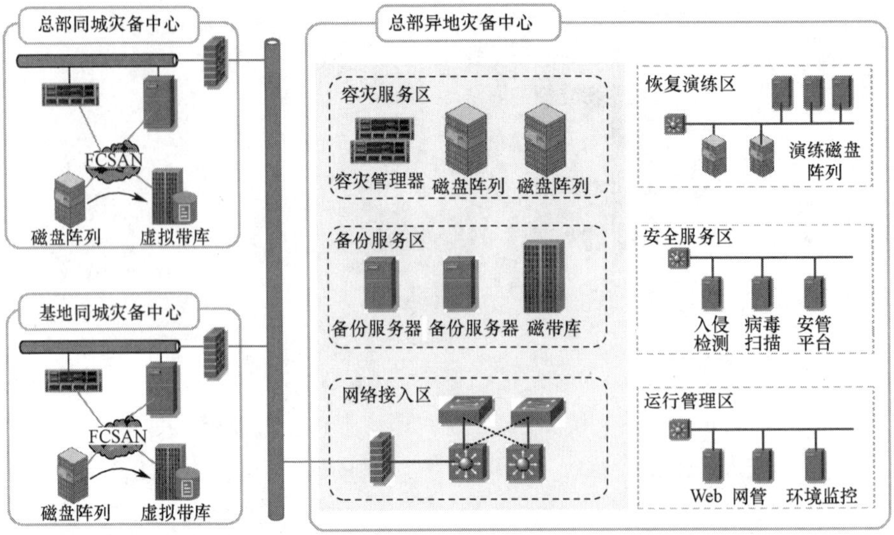

图 5.6　灾备中心功能分区示意图

(5) 运行管理区：通过 KVM 设备，对存储、网络、安全、灾备等设备进行集中监控、集中运行维护。

(6) 网络接入区：为存储系统、服务器系统提供光纤交换服务，通过路由器进行广域网接入，通过核心交换设备提供快速的网络访问。

5.4　数据资源集中管控技术

目前对于大型信息系统而言，由于组织机构的层级较为复杂，系统内部信息网络的分布式布局愈发明显，使得对以电子文档为主要形式的用户数据资源的存储和访问变得更加分散，如此一来便加剧了数据节点被攻击的风险。同时，大型信息系统中不可避免的涉及大量文件在用户间的频繁流转与共享操作，数据资源易复制、易修改的特性使得文件在存储、访问、导入导出过程中面临着被窃取和被篡改的安全隐患。因此，如何有效地管控这些重要的数据资源日益成为大型信息系统中信息网络应用中的一个重要问题。

为了防止关键数据资源的泄露，很多大型信息系统采取了比较原始的做法，例如，封掉机器的外设接口，不得使用移动存储设备，不能访问互联网等，将公司封锁在一个信息孤岛上。但是这样不能充分发挥网络的优势，严重影响工作效率。同时，采用上述的方式，在大型信息系统的实际运行过程中，关键数据资源的外泄问题无法得到根本解决。

数据资源集中管控技术由于能够实现数据资源的集中存储、安全防护和授权访问，同时能够提高数据资源的可管理性和集中安全防护能力，因而日益受到业界的广泛关注。本节将以数据资源集中管控技术为中心，首先介绍数据集中管控的概念及研究现状，其次对数据集中管控的关键技术进行总结，最后给出数据集中管控的典型应用及解决方案。

5.4.1 数据资源集中管控的概念

在传统的数据资源管理阶段，敏感数据信息分布在各个终端，对于终端的安全要求非常高。但终端防护产品因安装复杂、管理繁琐、维护成本高昂等而成为安全防线最为薄弱的环节，分散的节点增加了攻击者的目标，各终端在数据资源处理、存储和交换过程中很容易受到外部或内部人员的入侵和破坏；但同时，若单纯地将分散在各终端的数据信息集中起来进行管理，势必也会因数据资源的存储变得“密集”而增加其被不法分子“一锅端”的风险。因此，在愈加复杂的网络环境下，如何对数据资源进行既安全又有效的集中管理成为大型信息系统信息安全工程亟需解决的问题。

集中管控，顾名思义，即集中地管理和控制，其表述的重点在于“集中”。集中，相对于分散，其含义是，将原来分散在各个终端的资源，统一到服务器端进行集中地管理和控制，从而可以集中精力对服务器端进行重点的安全防护，取代原来对各个终端的分散管控。

数据资源集中管控通常以数据安全存储技术为核心，以身份认证和授权管理为基础，以数据资源创建、传输、存储、访问、修改、删除等全生命周期为保护目标，并结合了基于安全桌面的数据安全防护思想、基于安全策略和安全管控的安全体系结构。它不是采用数据隔离、信息封锁的方式来保障数据资源的安全，而是站在分析数据资源全生命周期的角度，采取安全存储、加密保护的技术手段，来满足数据资源的机密性、完整性和可用性，它不影响数据的流动，不产生人为的信息孤岛，并能有效地控制数据资源的非法泄露，而又不改变业务系统的流程和用户的使用习惯，方便业务系统的构建和用户的使用。

总的来讲，数据资源集中管控能够解决以下四个问题。

(1) 实现对数据资源的集中存储和安全防护，用户终端不留密，保证用户访问文件的安全，防止终端用户有意或无意的泄露信息。

(2) 实现对用户的身份认证，支持基于硬件密钥和数字证书的身份认证，有效防止外部用户的入侵。

(3) 实现针对用户和数据的细粒度访问控制，防止通过非法的拷贝、拖拽、另存、打印、拷屏等操作造成敏感信息泄露。

(4) 实现对数据存储、访问、导入导出过程的监视和审计，对非法访问、恶意篡改等异常事件进行告警，确保信息泄露后的信息可查可追溯。

针对数据资源集中管控，除了采用网络边界安全防护、数据传输安全防护、终端主机安全防护等传统解决方案外，更应该结合数据安全存储和容灾备份技术在数据层面完善对数据资源的安全考量，规避在各种情况下出现的数据损坏或泄露，通过综合手段全面保证数据的机密性、完整性和可用性，如图 5.7 所示。

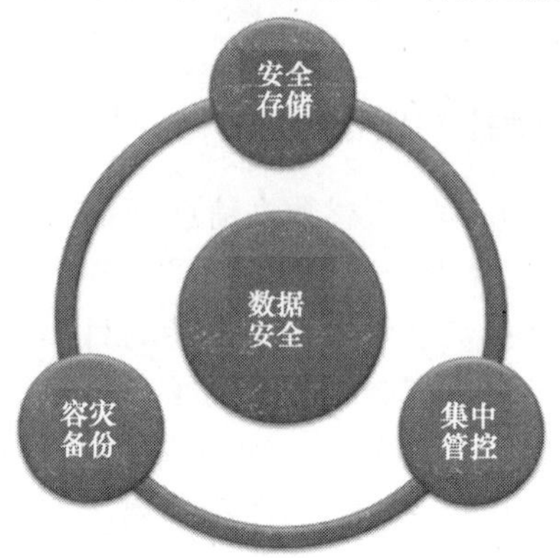

图 5.7　数据安全存储、容灾备份和集中管控

5.4.2　数据资源集中管控的研究现状

随着数据种类和数据规模的不断扩大，对数据资源的集中管控和安全防护也成为国内外研究人员和各类厂商的关注重点。但由于数据资源集中管控技术的提出背景主要是基于云计算、大数据等为代表的数据中心使用模式，因此在理论层面，数据资源集中管控技术的系统性研究还处于探索阶段，学术界和工业界鲜有针对其具体、清晰、科学的论述说明；在实际应用层面，目前主要是围绕和结合身份认证、授权管理、安全存储、数据加密等传统防护手段进行设计和实施。因此本节后续内容将主要从系统应用层面对数据资源集中管控技术进行介绍。

5.4.3　数据资源集中管控关键技术

针对大型信息系统信息安全工程而言，数据资源集中管控在系统应用层面主要涉及的关键技术如下。

5.4.3.1　远程应用技术

在以“集中管控”为特征的网络环境中，瘦/零客户端利用服务器端资源实现对数据的访问和处理已成为一个必要条件。远程应用技术能够提供多系统平台上的应用集中发布、远程操作同步与交互、多任务调度以及应用虚拟化管理等功能，实现对多类客户端设备的应用访问支持。远程应用技术把网络应用程序集成到后台服务器一个虚拟的工作环境进行统一管理，并以浏览器为载体提供登录与使用的方式。用户在客户端无须受代理软件的限制，使用瘦/零客户端自带的浏览器便能够随时随地实现远程访问和互操作。

远程应用技术通常的实现思路为：通过在客户端和服务器之间部署用户请求

中心来处理用户请求,建立客户端与应用程序服务器的连接;使用 Web 技术构建用户界面框架,把多个应用进行集中式整合;在后台截获应用程序窗口的图像更新,并通过远程传输协议传输到应用传输单元,在客户端显示;通过窗口同步技术来同步用户端和服务端的应用窗口;通过把数据传输通道迁移到物理机中,直接读取虚拟机显示缓存的方式来优化图像传输性能。

5.4.3.2 沙盒技术

针对用户终端程序运行和文件操作的安全性需求,利用沙盒技术可以为用户创建一个隔离的虚拟系统安全环境,方便用户进行敏感数据文件的新建、导入、共享、授权、流转、外带等日常操作。

沙盒通常通过操作系统底层机制为外来程序提供一组严格受限的资源,例如,硬盘上或者内存里的缓存空间,程序在其中进行运算时的状态、所访问的资源都受到严格的控制和记录。从操作系统的角度出发,程序总是运行在内核态或用户态,因此可以把沙盒的实现途径分为三类:用户态的沙盒实现机制、内核态的沙盒实现机制和混合类型的实现机制。用户态的沙盒可以通过基于软件的隔离技术实现;内核态实现机制可以驻留在内存中,依靠硬件存储器的保护机制来实现隔离;在混合型沙盒中,内核态代码提供了操作系统的隔离支持和相关执行机制,而系统的剩余部分则在用户态中,完成丰富的系统功能。

5.4.3.3 安全标签技术

原有操作系统所带文件属性已经不能满足安全需要,在集中管控的模式下,必须将文件整个生命周期的工作过程、文件自身的权限(如文件有效期、文件接收人、打开次数、打印份数等)、文件密级、操作信息等信息与文件实现牢固绑定,以实现文件全生命周期的可控可追溯。

通过研究安全标签技术,定义安全标签的内容属性,设计安全标签的实现机制和基于安全标签的访问控制手段,可以达到上述安全目的。通过分析安全标签所处的不同状态和外部环境,将安全标签的管理分为静态管控和动态管控:当信息系统内的某一文件没有被用户访问编辑,并且系统外部环境也相对稳定时,文件处于相对静止的状态,此时,文件的安全标签一旦在信息系统中被标定,就不能由其他人员随意修改;当文件处在实时动态流转的过程中时,允许文件对应的合法用户对其安全标签进行修改,同时在审核通过后生效。针对静态管控和动态管控,考虑的解决方案为,使用 HMAC 完整性校验技术和文件系统过滤驱动技术解决静态管控需求;通过在文件头密级标识字段后添加若干标志位并使用 HOOK 技术解决动态管控的需求。基于此,可以保证文件密级在静态时刻与信息主体不可分离不可篡改,在文件动态流转过程中文件标签安全受控。

5.4.4 典型应用及解决方案

本小节以某大型企业(以下称H企业)的数据集中管控解决方案作为案例,旨在展现数据安全防护在大型信息系统和新计算环境下的应用模式,以及与大型信息系统安全防护需求的深化对接。

5.4.4.1 方案概述

在纸介质条件下,敏感文件有形化管控、集中化存储、上下一致地严格使用审批手续,以及用后及时归还的制度被证明是最为行之有效的。随着信息化进程的加快,给传统数据安全管控工作带来了前所未有的挑战。H企业提出,在信息化这一新形势下要想保障信息的安全,必须对传统的文件管控制度加以借鉴,同时还要结合电子信息新属性,在技术实现上给与新的手段来支撑和保障。

目前内网安全防护主要通过加强内网计算机的外设端口管理、介质使用管理、接入认证管理、非法外联管理等手段,对用户的操作行为进行监控,从而达到防止内部数据泄漏事件发生的目的。但作为防护对象的敏感信息数据仍分散存储在各计算机中,终端用户不止是敏感电子文档的使用者,也是敏感电子文档的所有者,使用权和所有权没有分离,致使终端用户手里留有大量的敏感信息,单位领导或管理者难于掌握本单位电子文档的属性信息和分布情况,管理风险大,内部数据泄露事件屡禁不止,事件发生后无法追究其责任人。

由此,H企业决定采取并实施向“集中管控”的管理模式进行转变,计划逐步实现对各类服务器、数据库系统和终端主机的大量信息和数据资源的集成与共享。与此同时,H企业也指出了信息化条件下集中管控系统的建设目标。

(1) 敏感文件集中管控。

(2) 敏感文件处理结束后,终端不留密。

(3) 能够适用于多样的网络和应用环境。

(4) 敏感文件的处理始终处于安全可信的运行环境。

(5) 全部敏感文件必须有形化管理、全生命周期管理。

(6) 必须具备灵活可控的安全管理策略,管理流程根据不同需求可再造。

(7) 能够使建设者、使用者、管理者职权明确,使各主体敢建、能管、好用。

5.4.4.2 需求分析

为实现上述建设目标,H企业计划采用一套安全、简洁、高效的数据资源集中管控系统,以满足以下三个方面的功能需求。

(1) 为防止因数据资源分散存储和使用带来的入侵和攻击,需要实现对数据资源的集中存储和安全防护。

分散式数据存储模式加剧了数据节点被攻击的风险,为确保各类数据资源的安全与受控,需要对数据资源进行集中存储和安全保护,防止发生由于外部用户的攻击和内部用户的误操作带来的信息泄密。

(2) 为降低因数据资源频繁流转与共享带来的信息泄露威胁,需要实现对数据资源的细粒度集中管理和安全审计。

现有数据资源管理模式较为粗放,没有实现对不同用户访问不同安全等级文件的精确控制、动态规则调整、综合管理和监控审计,为适应对数据资源简洁高效的管理需求,需要设计可嵌入数据资源文件的安全标签,并基于标签实现对数据资源全生命周期的细粒度管控和安全审计。

(3) 面向瘦/零客户端的使用模式,需要实现安全的远程应用和数据访问。

随着数据中心的建设以及手持机、便携机、手机等多样性的终端应用日益普及,瘦/零客户端等依赖于服务器处理能力实现数据访问和应用处理已成为一个必不可少的应用模式,需要研究面向瘦/零客户端访问方式的安全防护技术,实现安全的远程应用和数据访问。

5.4.4.3 总体设计

1) 系统组成

H 企业采用的数据资源集中管控系统为软件形态,由部署在数据资源集中管控服务器上的集中管控服务器软件和部署在客户端上的集中管控客户端软件构成,支持两类访问模式:集中管控客户端可以远程磁盘方式访问服务器,在受控的本地桌面环境中处理数据资源,同步更新到服务器;瘦/零客户端可直接以 IE 等典型的浏览器方式访问服务器,利用服务器端的应用环境实现对数据资源的集中处理。集中管控客户端软件和集中管控服务器为 C/S 的设计架构;集中管控服务器软件同时支持 B/S 的访问方式,实现配置管理和瘦/零客户端的数据集中管控。

数据资源集中管控系统的设备组成如图 5.8 所示。

数据资源集中管控服务器是数据资源集中管控系统的基础和核心,所有重要数据资源集中存储在该服务器上配置的存储设备中,采用与用户关联的防护手段(如特定格式变换等)保证集中存储的数据资源的安全。服务器上部署的集中管控服务器软件作为数据资源集中管控系统的安全策略中心、身份认证中心、安全标签管理中心和日志审计中心,完成对用户访问数据资源过程的监控和管理。

数据资源集中管控客户端部署有集中管控客户端软件,构建安全可信的数据资源处理环境,接收用户的本地操作,远程同步完成服务器端的文件处理。

2) 系统原理

数据资源集中管控系统支持普通客户端和瘦/零客户端两类访问模式。

集中管控普通客户端访问模式的主要工作原理如下。

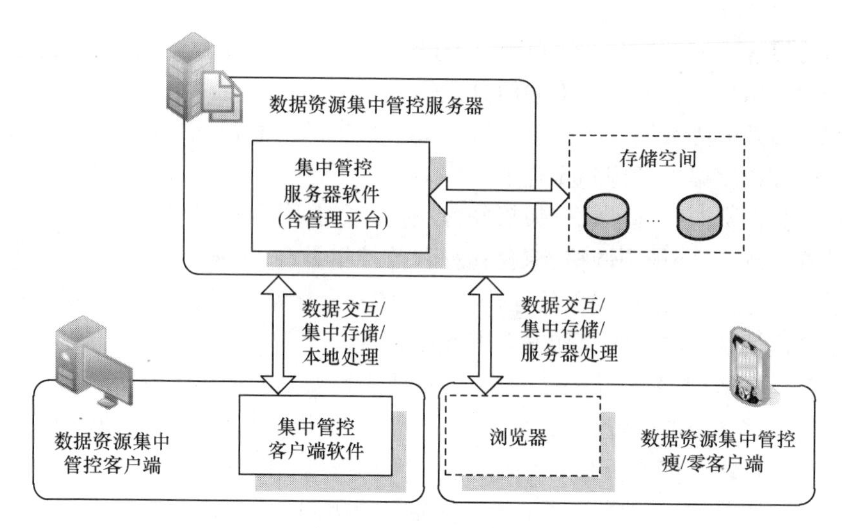

图 5.8　数据资源集中管控系统设备组成

(1) 在集中管控客户端访问模式中,文件的存储和管控集中在后台服务器,按用户类型或文件安全等级进行分区存储,利用专用文件格式实现对文件的存储保护,服务器端无法识别文件内容。

(2) 在客户端需要访问和处理文件时,客户端和服务器间完成身份认证并建立文件访问连接,服务器根据用户属性和文件安全标签属性,确定用户对文件的访问权限,并在终端建立安全应用环境,将用户可访问的文件下载到本地受控的内存环境中还原和处理,根据文件安全标签属性实现对文件的细粒度访问控制,并将文件处理同步到服务器端。

(3) 文件需要导出到系统外时,在受控的应用环境和系统环境中将文件导出,增加水印并形成审计信息,方便溯源。

瘦/零客户端访问模式的工作原理为:在集中管控普通客户端访问模式的基础上增加远程应用服务功能,远程应用服务作为应用虚拟化的一种实现形式,应用服务由物理或虚拟的服务器提供,通过应用发布机制进行发布,提供了对瘦/零客户端的应用支持。在此类访问模式中,瘦/零客户端的文件处理在服务器端安全应用环境中完成(由具体的物理应用服务器或虚拟应用服务器提供),瘦/零客户端上无须安装任何应用或代理,通过浏览器的模式实现呈现,界面互操作由远程应用服务发布的相关服务支持。

数据资源集中管控系统充分考虑数据资源的保密性、完整性、可用性等原则,综合利用虚拟化技术、基于数据安全的防护技术、驱动级防护技术、文件授权技术、安全标签技术、安全审计技术等,实现对文本、图像、音频、视频等多种格式的电子数据资源的安全标签嵌入、验证和管控能力;提供数据资源的集中安全存储和访问控制功能;提供基于本地安全应用环境和远程安全应用环境的管控应用模式;同时对数据处理全过程进行监视和审计。

5.4.4.4 部署模式

数据资源集中管控系统涉及的设备包括数据资源集中管控服务器和数据资源集中管控客户端,数据资源集中管控服务器部署于 H 企业的信息服务中心,提供对数据的集中存储管控和远程应用服务支撑;数据资源集中管控客户端软件部署于 H 企业用户网络的各个计算机终端。

数据资源集中管控系统部署如图 5.9 所示。

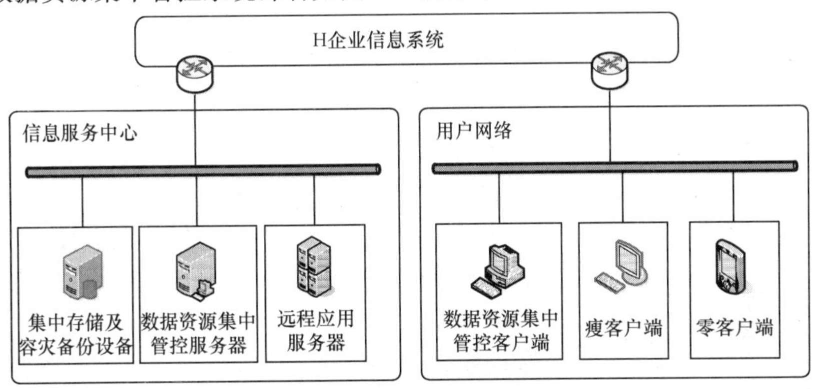

图 5.9 数据资源集中管控系统部署

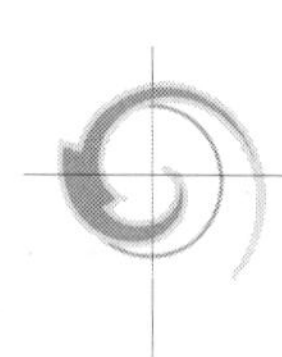

第6章 大型信息系统安全运维管理

安全运维管理经历了从分散到集中，从以资产为核心到以业务为核心的发展轨迹。网络安全管理、网络安全态势感知等技术的出现提升了用户信息安全管理运维的水平，从而也使用户对信息安全管理有了更高的期望，其发展趋势将是实现安全与业务的融合，真正从客户业务价值的角度进行一体化安全防护体系的建设。

本章首先介绍安全运维管理的概念、定位，并结合大型信息系统的特点，对安全运维管理的网络安全管理、网络安全态势感知与处理两个主要研究方向进行详细论述。

6.1 安全运维管理概述

本节将对安全运维管理的概念及范围、定位及作用和主要研究方向进行论述。

6.1.1 安全运维管理的概念与范畴

广义上，按照ISO/IEC 27001《信息技术 安全技术 信息安全管理体系要求》标准，安全运维管理是指企业或组织按照信息安全管理体系相关标准和要求，制定信息安全管理的方针和策略，并采用风险管理的方法进行信息安全管理计划、实施、评审、检查、改进的信息安全管理工作，是集方法、技术、手段、制度、流程等为一体的一套完整的管理体系。

狭义上，安全运维管理是一套用于对信息系统进行安全管理的技术支撑手段，通过安全运维管理系统，实现对网络安全设备统一监控管理，对安全事件集中采集和存储、对全局安全状态进行统一分析和呈现、对安全风险进行预警和处置、对安全策略进行统一配置和管理、对应急任务进行统一安排和协同、对运维保障能力进行量化分析和评估，从而实现网络安全管理的智能化、精确化、科学化、可视化，简化管理复杂度，提升信息系统的整体安全防护水平。

除特殊说明，本章所指的安全运维管理均为狭义的安全运维管理。

6.1.2 安全运维管理的定位及作用

网络安全体系[41,42]通常体现在三个层面,如图6.1所示:第一层,系统自身安全防护,是各应用系统和安全对象自身的基础防护措施,降低自身的安全风险;第二层,安全产品防护,是在各系统自身基础防护措施之上,对应用系统和安全对象采取的外围防护措施,主要应对外部的安全威胁;第三层,统一安全运维管理,是通过安全集中监控管理将系统自身安全防护以及外围安全防护产品所产生的大量安全信息进行统一分析和管理,以提高安全防护效率和整体安全水平。

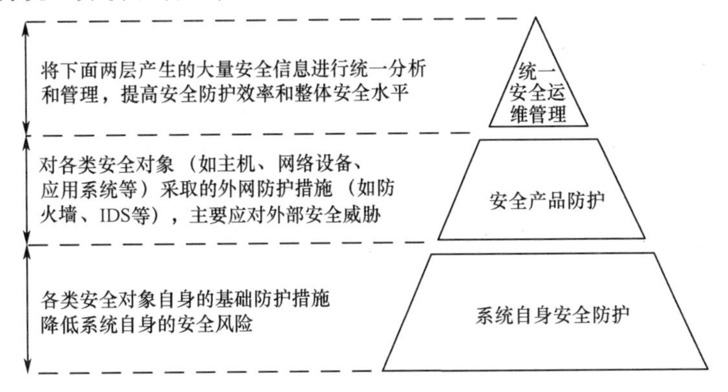

图6.1　安全运维管理在网络安全体系中的定位

安全管理运维产品不是取代原有的安全产品,而是在这些安全产品之上,面向具体安全需求,从业务安全角度出发,构建一体化的技术集成平台,是日常开展网络安全管理运维活动的上层支撑平台,提供对各种安全产品及系统的整合和协调,实现对各种安全对象、安全事件及数据的统一管理、集中分析、融合展现。

6.1.3 安全运维管理的主要研究方向

安全运维管理主要关注两个方向:一是通过技术手段实现对功能各异、数量庞大的各类安全设备或系统进行统一管理,有效降低管理难度,提升管理效率;二是在统一管理的基础上能够进行进一步融合分析,进而实现对全局安全态势的掌控、对未来安全风险的预测。本小节将对上述两个方向的具体技术进行讨论。

6.1.3.1 网络安全管理技术

随着网络安全技术的不断发展,防火墙、入侵检测系统、漏洞扫描器、网络防病毒等各类网络安全设备应运而生并得到了飞速发展。然而,随着众多安全设备的集中使用,新的问题也逐渐凸显出来。第一,不同安全设备的管理控制平台操作使用差异较大,增大了安全管理人员对设备进行配置管理的难度;第二,各类设备产生的告警信息和安全事件数量巨大、反映局部安全风险,存在大量冗余信息等,且相互隔离和独立，难以形成准确的全局安全视图；第三，各类安全设备彼此之间缺乏协调统一的管理机制，无法相互支撑协同工作，在遭遇复杂的综合型攻击时，由于缺乏产品之间的协同联动，安全防护常常十分脆弱，从而形成安全防护体系中彼此隔离的“安全防御孤岛”。

基于上述问题，网络安全管理技术应运而生，其实现对网络中安全设备、安全事件信息的统一管理，对安全设备状态的集中监测与报警，对安全事件的统一采集与分析，从而使用户了解全局网络的实时安全状况，降低安全管理人员分析安全事件、配置安全设备的难度，并为安全管理人员进行安全事件应急处置提供技术辅助手段。

6.1.3.2 网络安全态势感知与处理技术

大型信息系统具有规模庞大、结构复杂、功能综合、因素众多等特点，针对大型信息系统的攻击行为也呈现规模化、分布化、复杂化等特点，传统安全防护技术手段对大型信息系统的安全保障能够起到一定的积极作用，但由于侧重点各不相同，容易形成安全“孤岛”，无法从整体全局的角度充分掌握大型信息系统的安全状况及发展趋势。

因此，从总体上掌握整体安全状况的动态变化是大型信息系统安全运维管理必不可少的部分。网络安全管理技术对全局网络实时安全状况的掌控强调全面性，需要覆盖大型信息系统中各类安全设备、网络设备、应用系统等对象，需要全面地收集各类安全日志、运行状态、安全策略等信息；而网络安全态势感知与处理技术则强调对全局网络安全状况以及发展趋势掌握的整体性，需要对大型信息系统中产生的各类异构安全信息进行深层次融合，高效实时地分析、展现大型信息系统的整体安全状况及发展趋势，提升对大型信息系统安全状况的认知和理解，从而发现潜在的安全威胁，提高大型信息系统安全防护和应急响应能力。

6.2 网络安全管理技术

作为网络安全运维管理的主要技术支撑手段，网络安全管理技术可以有效降低多源异构设备的管理复杂度，实现海量安全信息的采集、共享，提供多维度安全分析能力，满足安全监测、运维评估、应急响应等应用需求，实现全局安全状态可见、可控，提升整体的安全运维与管理能力。

本节主要对网络安全管理的概念、原理与研究现状进行阐述，并结合大型信息系统的特点对安全管理的关键技术和典型应用进行论述。

6.2.1 网络安全管理的概念与原理

关于网络安全管理，业界并没有给出明确统一的概念。

在国外,Gartner 组织对网络安全管理定义如下。

安全信息和事件管理技术提供两个主要功能,一是安全信息管理,二是安全事件管理。安全信息管理提供日志管理、合规性管理、内部威胁管理、资源访问监控等功能。安全事件管理负责收集安全设备、网络设备、操作系统和应用系统的事件信息,并提供实时监控,发现针对特定目标的攻击行为,能满足合规性管理的要求。

在国内,随着信息化水平的不断发展,企业和组织对安全管理的要求不断提升,网络安全管理的概念和范畴也在不断丰富和完善,主要经历了以下阶段。

第一阶段,网络管理中心(Network Of Center,NOC)。NOC 强调对用户网络进行集中化、全方位的监控、分析与响应,实现体系化的网络运行维护。在该阶段,用户的安全意识还比较薄弱,信息系统中采取的安全措施较少,主要关注点在网络运行状况监测和维护。

第二阶段,面向资产的网络安全管理运维阶段。主要是以资产为核心,以安全事件管理为关键流程,依托安全事件统一采集和监测技术,建立实时的资产风险评估模型,协助管理员进行事件分析、风险评估、预警管理和应急响应处理的集中安全管理系统。

第三阶段,面向业务的网络安全管理运维阶段。从业务出发,通过业务需求分析、业务建模、面向业务的安全域和资产管理、业务连续性监控、业务价值分析、业务风险分析、业务可视化等环节,采用主动、被动相结合的方法采集来自信息系统中构成业务系统的各种 IT 资源的安全信息,从业务的角度进行归一化、监测、分析、审计、报警、响应、存储和报告。

第四阶段,目前在业界还没有形成统一的认识,但是安全管理平台的范畴已经在不断向外延伸,不断地将新的功能纳入到安全管理平台系统中,例如将管理和评估等专业技术纳入到安全管理平台系统中,形成基线管理体系、安全指标评价管理体系,安全运维绩效管理体系、安全态势感知/评估/预测体系等,使得安全管理更加科学化、精确化。

第五阶段,信息安全运维管理服务。从服务的角度看,网络安全管理系统将成为综合服务支撑平台,成为 SaaS(安全即服务)的技术支撑平台,成为云计算、云安全的安全管理后台。所有用户体验到的安全服务都会由网络安全管理系统来进行总体支撑。

总体来说,网络安全管理是一种综合型技术,需要来自信息安全、网络管理、分布式计算、人工智能、综合管理等多个领域研究成果的支持,其目标是充分利用以上领域的技术和方法,解决网络环境中各种安全技术和产品的统一管理和协调问题,从整体上提高整个网络的防御入侵、抵抗攻击的能力,保持系统及服务的完整性、可靠性和可用性。

6.2.2 网络安全管理的研究现状

关于网络安全管理技术,国内科研领域在十多年前就开始了研究,安全管理平台大约在2005年前后也开始逐渐面世,并不断发展和完善;在国外,相关的研究和技术应用更早一些。本小节从技术、产品等方面对网络安全管理研究现状进行介绍。

6.2.2.1 技术现状

网络安全管理技术概括起来主要包含以下三大类技术:信息集成技术、智能分析技术和协同通信规范。随着网络环境向栅格化、服务化的不断转变,网络安全管理技术与大数据技术的关联也越来越密切。

1) 信息集成技术

网络安全管理系统需要管理不同种类和厂商的安全产品,所以如何从这些异构产品中采集所需信息并加以处理,以便进行关联分析,是安全管理需要解决的首要问题。它不仅关系到安全管理平台能够支持的安全产品的种类和数量,还关系到安全分析的准确性。信息集成技术研究的就是这一问题。其任务主要包括两个方面:数据采集和数据预处理。数据采集的目标是从各种安全产品的数据库、配置文件等相关数据源中收集关联分析所需的信息。该过程既要考虑信息收集的充分度,又要尽量减少数据总量。而数据预处理的工作是净化去除数据中的冗余或错误信息,并将其统一成方便分析的统一格式。

关于信息集成的研究在数据仓库、数据挖掘等领域已有很多。目前网络安全管理主要是借鉴这些已有工作的成果,专门针对安全管理中信息集成的研究文献很少。在安全管理中,信息集成的难点在于许多安全产品没有提供信息采集的接口,导致许多重要信息难以获取。这一问题并非仅靠技术所能解决,而是需要各安全厂商达成共识并制定通用的开放接口标准。

2) 智能分析技术

智能分析引擎是网络安全管理系统的核心部件,其作用是关联分析安全数据以识别深层次威胁、自动响应部分安全事件并产生告警。其中关联分析是重点和难点,它的特点在于综合分析多种安全设备的安全数据,例如,漏洞和攻击情况可以综合分析,同一时间不同地点的事件也可以综合分析。这种综合分析能形成单一分析无法获取的信息,提高分析的准确性。安全管理平台的优势在很大程度上是由这种分析方式体现的。

关于智能分析方面,目前已形成了多种有效的分析方法,例如,基于特征相似的概率关联、基于因果的关联分析、基于规则的关联分析、序列模式挖掘、基于攻击场景的关联分析等;在结合多种关联分析方法的基础上,形成面向上层应用需求构建的实时关联分析模型和历史数据挖掘模型。

目前,网络安全智能分析正面临大数据的挑战。业界已经开始关注大数据处理的技术,正在尝试将分布式并行计算、分布式文件存储等大数据处理技术引入到安全事件的智能分析中。此外,网络安全智能分析还需要不断提升分析的准确度,降低漏报和误报率,同时,还需要研究如何简化安全关联引擎规则的配置,使得用户体验更加友好。

3）协同及通信规范

网络安全管理的另一个关键技术是实现安全部件间的无缝协同,它是安全事件综合分析与联合响应的前提。为了有效地协同,用户与安全部件之间、安全部件与宿主机之间、安全部件彼此之间均需要一个联系纽带。该联系可以是直接的,即通过消息、协议或接口的方式,也可以是间接的,即通过向公共安全管理信息基读写数据的方式。目前这一领域的研究工作也正集中在这两方面。

4）大数据技术

美国政府将大数据视为强化美国竞争力的关键因素之一,把大数据研究计划提高到国家战略层面。2012 年 3 月 29 日,奥巴马政府宣布投资 2 亿美元启动《大数据研究和发展计划》(*Big Data Research and Development Initiative*),旨在增强海量数据收集、分析和萃取信息的能力。该计划中,国防部高级研究计划局(DARPA)针对网络安全的大数据项目包括多维度异常检测 ADAMS(Anomaly Detection at Multiple Scales)项目、Cyber 内部威胁 CINDER(Cyber - Insider Threat)计划、加密数据的编程计算 PROCEED(Programming Computation on Encrypted Data)等。

许多以大数据分析为驱动的安全公司,有的面向大数据分析的技术层面进行改变,有的面向大数据分析的应用,如 SIEM、APT 检测、零日漏洞/恶意代码分析、网络异常流量检测、用户行为分析、网络取证分析和安全情报分析等应用方向。

国内方面,尽管大数据火热,但在安全领域,并没有专门针对大数据安全的产品和解决方案出现。一些业界主流厂商宣称开展大数据网络安全分析研究,其具体应用和效果不得而知。但正如一些专家分析,基于目前国内研发水平以及信息化基础来看,要推出针对大数据安全的有效解决方案尚需时日。面对大数据,网络安全技术和市场有新的机会,但也需要新的工具、服务和专家。

6.2.2.2 产品现状

1）产品市场规模

Gartner 发布了 2012 年度 SIEM(Security information and event management)国际市场的分析报告。报告指出,在 2012 年,SIEM 技术的市场需求依然强劲,报告显示,安全管理产品的国际市场从 2010 年的 8.58 亿美元增长到 2013 年的 15 亿美元,年增长率超过 15%。Gartner 认为现在的 SIEM 市场已经完全成熟。

依据赛迪顾问 2013 年报告显示[43]，在过去的两年中，网络安全管理平台国内市场的销售额总量呈现增长趋势，从 2010 年的 3.17 亿增加到 2013 年的 5.86 亿，与同期的整个信息安全产品市场销售额逐年增长的趋势相吻合；销售额增长率却呈现稳中有降的趋势，从 2010 年的 26.8% 降低到 2012 年的 23.1%，与同期的整个信息安全产品市场销售额增长率逐年增加的趋势不符，说明用户在重视网络安全管理产品的重要性的同时，也开始对该产品的实际效益进行认真评估。

2）产品成熟度

网络安全管理产品从面世到目前，走过了十余个年头，但是产品仍然处于发展期、完善期，还没有达到用户的期望，还有很长的路要走。据来自美国用户和中国用户对安全管理产品满意度的调查报告，58% 的美国用户对安全管理产品比较满意或非常满意，仅 3% 的用户认为不满意，中国用户则仅有 8% 的比例认为成熟，而 29.9% 的用户认为不成熟。

3）厂商对产品的理解

安全管理平台在安全管理保障体系中发挥着重要的作用，本身也是一个非常复杂的体系，但是业界一直没有定论，明确安全管理平台应提供的功能。图 6.2、图 6.3 是分别对美国企业和中国企业的调研，反映了企业安全管理人员对安全管理平台的主要需求。

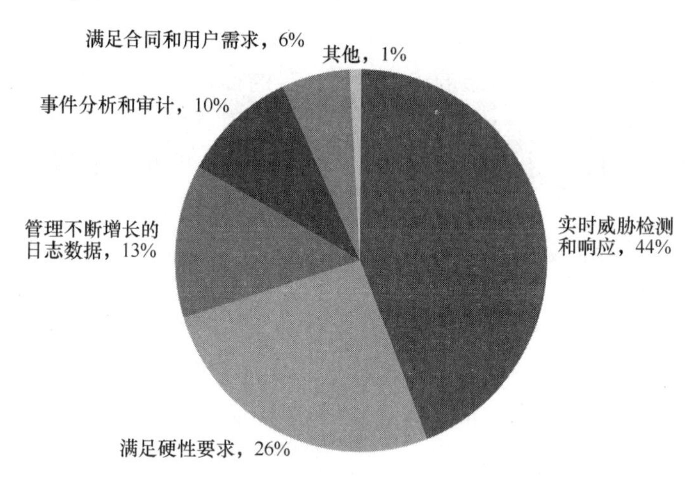

图 6.2 美国企业对安全管理平台的主要需求

调查结果显示，中国企业和美国企业分别最关注的前五项见表 6.1。不难发现，美国企业更加关注安全管理平台的上层应用需求，更加注重对法律法规的要求，更加关注用户的需要，中国企业则更加关注安全管理平台的基础功能。这也从另一个角度说明国内的产品仍然处于起步阶段。

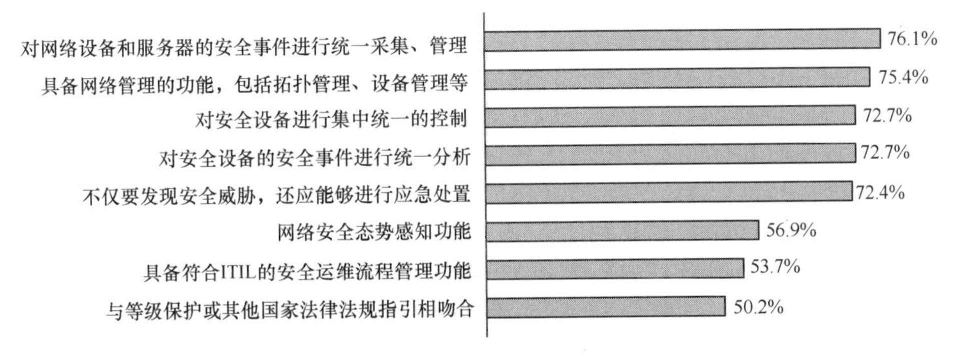

图6.3 中国企业对安全管理平台的主要需求

表6.1 安全管理平台核心功能

中 国	美 国
对网络设备和服务器的安全事件进行统一收集	实时威胁的监测和响应
具备网络管理功能	合规性需求
对各种安全设备进行集中统一控制	日志的统一收集和管理
对安全设备的安全事件进行统一分析	历史安全事件的挖掘和取证
不仅能发现安全问题,还能进行一定的应急处置	满足客户的定制需求

4）国家重大政策的牵引

国家政策非常重视安全管理产品的发展。工业和信息化部2012年颁布的《信息安全产业“十二五”发展规划》中,提出十二五期间重点发展的信息安全产品包含五个大类,安全管理类产品为其中之一。规划中指出,重点发展面向大规模网络应用的网络内容、流量、安全状态、信息泄密以及系统行为的安全监控与审计类产品,发展面向大规模网络环境的集成产品配置管理、网络安全事件管理、网络安全态势评估以及安全策略管理等功能的网络综合安全管理系统。

6.2.3 网络安全管理的关键技术

大型信息系统安全管理与一般系统相比,主要特点体现在以下四个方面。

1）监控的数据源种类多、数据类型多样、数据量大

在实际大中型网络应用环境中,由于通常采用分期或者分系统建设,在不同的时期和不同应用系统经常会采用不同厂商的安全产品和方案,并引入了多种异构的安全技术。为了更加有效地分析安全事件,采集的数据类型更加广泛,更加多样化,除了传统的安全日志外,还包括如文档、网页、应用日志、视频、图片等信息。

2）业务系统的种类繁多,用户的访问控制关系错综复杂,增加了关联分析的复杂性

在大型信息系统中,用户频繁进行跨域访问,访问控制模型错综复杂,如何从纵横交错的访问行为中,发掘异常和违规访问是网络安全管理系统亟需解决的

问题。

3）多级、多域协同监控和管理

大型信息系统往往体现在大规模、多级、多安全域的网络部署，与单系统相比，安全运维管理还需要考虑多级、多安全域环境的协同监控和管理。

4）不断变化、完善的上层应用需求

作为大型信息系统，很难在规划、设计之初，就能把具体需求论述清晰、体系架构设计完善，系统往往在部署使用后，才能暴露出用户的真正需求。因此，网络安全管理系统在体系架构设计时就要考虑功能、性能、接口等的扩展性，为后续上层应用的扩展奠定基础。

因此，解决好大型信息系统的安全管理问题，需要掌握动态可扩展的体系架构设计、海量数据集成、大数据分布式并行计算与存储、安全事件关联分析及柔性可重组的接口设计等方面的关键技术。

6.2.3.1 面向大数据的动态可扩展的安全管理框架

随着云计算、面向服务架构等新技术的广泛应用，网络中安全数据的海量、异构的特点越来越显著，海量的数据信息降低了“有价值信息”的密度[44,45]，使得各种攻击和异常行为更加容易隐藏在大量的“噪声”数据背后，更加隐蔽，更难检测，传统数据分析手段和平台面临巨大的挑战。在新形势下，如何既能保证获取到更加全面的数据，同时又能发掘出真正的安全威胁，对传统的安全管理技术架构提出了新挑战与新需求。

1）海量安全数据的采集需求

网络中各类终端、网络设备、安全设备种类繁多，每天产生海量的日志信息，并且日志格式各异，而要形成对网络安全状况的整体把握，必须尽可能收集全部日志，传统的日志收集无法应对如此海量、异构的日志信息，采集效率低下，数据丢失率高，因此，需要采用分布式采集技术实现对海量安全数据的采集。

2）海量数据的实时分析和离线挖掘需求

现有安全手段、安全设备产生的日志数量巨大，并且存在大量误报、漏报，管理员很难从海量数据中提取出有价值的安全信息。此外，APT 攻击等潜伏时间长、危害大的新型攻击难以防范，需要通过对长时间的安全日志进行挖掘才能发现，因此，依托大数据分析平台，才能实现对海量安全数据的分析，发现海量安全数据中的有效信息，挖掘潜在和隐蔽的信息。

3）海量数据的分布式存储需求

传统的数据库存储在面对海量数据时存储、检索、维护效率低下，存储容量也难以满足 TB 级、PB 级数据量的需求，并且对于海量数据的深层次挖掘支持度不够，采用分布式存储技术，不仅能够提高存储效率和查询效率，理论上可以通过存储节点的扩展提供无限容量的存储，并且能够有效、方便地利用批处理机制实现对海量数据的高效、快速的挖掘。

因此,安全管理系统在体系架构设计时,应当考虑采集、计算和存储方面的可扩展性,一种基于大数据处理架构的安全管理系统设计如图6.4所示。在采集方面,能支持分布式部署、多方式采集、多路分发;在计算方面,能支持分布式并行计算模式,通过增加计算节点提升系统的分析能力,而不是传统的单机计算模式;在存储方面,采用分布式文件系统与传统关系型数据库相结合模式,满足TB级、PB级结构化数据和非结构化数据存储的需要。在上层应用功能设计时,也应当考虑各个应用功能的独立性及功能模块间通信接口的标准化,满足内部功能模块的动态扩展以及与外部系统的接口对接。

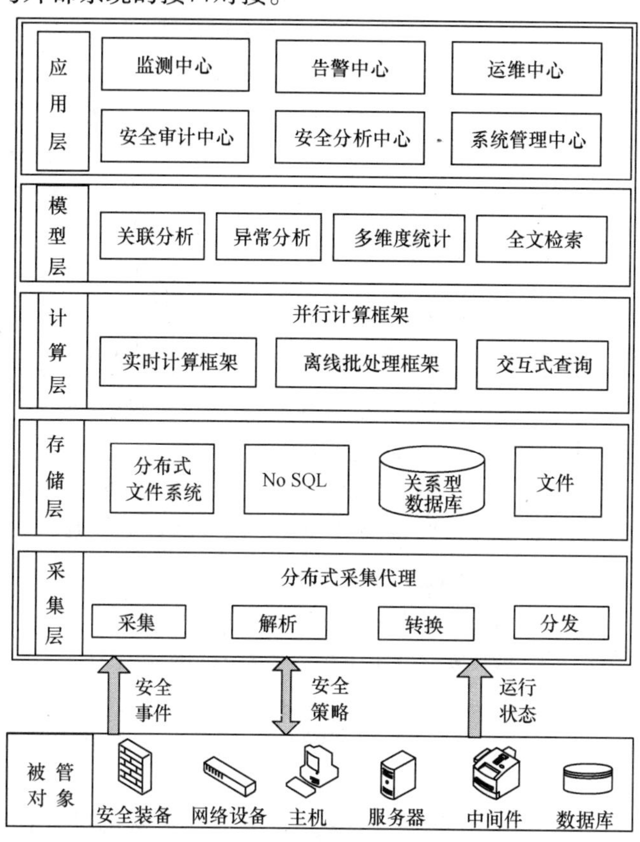

图6.4 基于大数据处理架构的安全管理系统设计

6.2.3.2 海量数据集成技术

在大型信息系统中,网络安全管理系统需要管理的设备种类多、数量大。这些设备的数据采集接口复杂多样、数据格式千差万别,且产生的数据量巨大,通常以TB级、PB级为单位。如何保证海量数据的全面采集、准确解析是数据集成技术需要解决的问题。海量数据集成技术应具备以下三个特征。

(1) 在数据采集方面,能支持多种主动、被动等数据采集方式,满足对各类不同数据源的全面采集。

(2) 在数据解析方面,能够提供强大、灵活的数据解析策略,可对各种异构数据格式的原始数据进行快速抽取、映射、替换、补齐等操作,实现对新增数据格式的快速解析和面向多应用系统的数据标准化。

(3) 在传输方面,能支持多级衔接、多路分发技术,采集系统之间可弹性组合、级联部署、多路分发,满足了网络环境纵横扩展的要求。

海量数据集成技术并非安全管理系统特有技术,在互联网、金融、气象等领域也被广泛使用。目前一些比较流行的开源数据采集系统,如 Cloudera 的 Flume、Apache Chukwa、Facebook 的 Scribe、LinkedIn 的 Kafka 等,主要面向海量日志数据的采集,提供数据“分布式采集、统一处理”的框架,克服了传统的集中式 ETL(Extraction - Transformation - Loading)数据采集框架对单一节点造成巨大数据转换开销的缺点,具备较好的可扩展性,均可以满足每秒数百 MB 的数据采集和传输需求。

6.2.3.3 大数据分布式并行计算与存储技术

随着云时代的来临,大数据吸引了越来越多的关注。维基百科对大数据的定义:无法在一定时间内用常规软件工具对其内容进行抓取、管理和处理的数据集合。大数据具有如下特性:即 Volume,表示数据量巨大,处理的数据量达到 TB、PB(1000 T)、EB(一百万 T)甚至 ZB(10 亿 T);Variety 表示多样化的数据来源和类型,需要被管理和分析对象包括巨量的结构化数据和非结构化数据,如文档、网页、日志、视频、图片等;Velocity 则表示快速的数据产生和处理。大数据的“三 V”特性,对传统的网络安全带来如下挑战。

(1) 加剧数据安全、隐私安全的风险。大量数据的聚合、集中存储增加了数据泄露风险,数据的滥用也成为人们担心个体隐私的泄露,一些敏感数据的所有权和使用权并没有明确界定,很多基于大数据的分析都未考虑到其中涉及的个体隐私问题。

(2) 为攻击者提供了更多机会,使得攻击更精准,攻击过程更加隐蔽。攻击者有机会从大数据中收集更多有价值的信息,为发动攻击做足准备。大数据还可能成为 APT 攻击的载体,传统的检测是基于单个时间点进行的基于威胁特征的实时匹配检测,而融合了多种攻击模式的 APT 攻击是一个实施过程,并不具有被实时检测出来的明显特征。同时,大数据的价值低密度特性,使得安全分析工具很难聚焦在价值点上,攻击行为在海量的数据中更为隐蔽,安全分析和追踪会更加复杂和困难。

(3) 带来新的安全问题。一些新的分布式架构技术的使用,满足大数据分析和计算高性能要求，但因其应用模式成熟度、技术成熟度等因素，自身的安全性也存在风险。大数据引发的业务模式变化，势必会对当前现有的安全合规性管理带来挑战，传统的安全架构和防护措施也需要变革。

与小型系统相比，大型信息系统的网络安全管理系统需要满足以下几个方面的需求。

（1）需要分析的数据量大，通常为TB级、PB级。

（2）需要存储的数据种类多样，包含结构化数据和非结构化数据。

（3）在大数据量下，提供实时分析能力，信息的价值会随着时间推移而快速降低。

（4）在大数据量下，保障快速的检索能力，保证良好的用户体验。

（5）不断变化的需求。大型信息系统的一个最主要特点就是规模庞大、结构复杂。所以，系统在规划、设计和建设之初很难设计完善，需要不断进行改进和调整。因此，针对大型信息系统的网络安全管理系统也必须满足动态变化的需求，在性能和功能上都能满足动态扩展的需要。

这些需求都是传统的基于单节点计算、基于关系型数据库存储的网络安全管理系统所不能满足的。

正如海量数据集成技术一样，对大数据的处理技术也不仅是安全管理系统的“专利”。在互联网行业，为了获取更好的执行效率和面向不同的应用，业界提供了多种大数据处理技术，在构建大型信息系统的安全管理系统时，完全可以借鉴这些被得到验证和广泛使用的大数据分析与存储技术。

针对实时分析的效率，主要采用流式（stream）计算思想结合应用搭建实时数据流处理系统，如Twitter的Storm、Yahoo的S4、Facebook的Puma等。在支持数据批量分析或离线分析的并行计算代表有Apache的Map Reduce、微软的Dryad、Google的图批量同步处理系统Pregel等。在交互式实时处理方面，代表有Apache开源的Open Dremel、Cloudera的Impala等。在分布式存储方面，典型的NoSQL数据存储模型有列存储、文档存储、Key - Value存储、图存储等，NoSQL数据库类型的划分没有绝对的分界，存在交叉的情况。

6.2.3.4 安全事件关联分析技术

1）实时分析

（1）异常检测：利用用户行为基线和网络行为基线，对关键、核心应用行为进行实时审计，对网络内授权用户的行为进行实时审计，实时监控关键数据、服务中心的访问，当有异常发生时实现快速定位异常。

（2）基于场景的攻击检测：目的是发现复杂攻击行为，网络攻击遵循一定的模式（扫描网络——获取权限——发动攻击），复杂攻击的每一步可以通过多种手段实现，通过构建复杂攻击规则，对实时产生的安全日志、应用系统日志进行匹配，发现复杂攻击行为,并标示其攻击源、攻击目标和攻击手段。

(3) 攻击预测:通过实时匹配,在复杂攻击的初始或中间阶段预测攻击的发生,及时定位攻击源、攻击目标;通过已感染病毒终端与其他终端之间的通信情况,实时评估网络中病毒爆发和传播的可能性,快速定位病毒的传播源和感染边界,预测病毒的扩散趋势、传播路径。

2) 离线挖掘

(1) 频繁模式:从海量安全日志、应用系统日志中挖掘出海量历史数据中的频繁模式,对频繁模式进行人工分析,识别正常模式与异常模式,总结异常模式对应的用户行为特征和网络数据特征,对于异常模式构建复杂攻击规则,支撑实时分析中对复杂攻击行为的检测。

(2) 用户行为基线:为防止授权用户权限的误用、滥用和恶用,通过对网络中授权用户的行为进行审计,借助用户属性关联等手段,实现对用户行为的追踪和重现,分析出用户行为习惯,形成基线,在实时分析中当用户行为与基线不符时发出用户行为异常告警,及时发现异常、可疑事件,避免内部人员威胁带来的严重后果的发生。

(3) 网络行为基线:当网络一直处于安全、稳定的状态时,网络的各类特征也会趋于稳定,当发生网络攻击或异常时,网络的特征会偏离正常状态,因此,通过对网络行为进行审计,分析出网络行为基线(如流量基线、各类协议流量基线等),在实时分析中当网络行为与基线不符时发出网络行为异常告警[46,47]。

6.2.3.5 柔性可重组的接口设计技术

大型信息系统的特点是规模大、节点多,大部分以分级、分域模式部署,各节点关系复杂,存在多级垂直管理结构,也存在扁平管理模式。与对传统的信息系统安全运维管理相比,对大型信息系统安全运维管理应能支持多级、分域的监控管理模式,各类监控和管理信息能够根据需要逐级向上传递;各种监控管理策略能逐级向下传递执行;各个监控管理域之间能够协同联动,配合应急响应系统开展大范围的应急响应处置工作,支持松耦合的扩展接口,能够与其他各类管理系统进行无缝集成和对接。

为解决上述问题,在系统接口设计时,需要考虑动态可扩展、柔性可重组需求和相关的技术手段。本小节主要介绍两种动态可扩展、柔性可重组的基础支撑技术,分别为消息中间技术和面向服务的 Web Service 设计技术。

1) 消息中间件技术

在网络安全运维管理系统中,各系统之间需要传送大量的各种告警信息和汇总信息,如何能够高效并且可靠地将这些数据送达目的地,就成为整个系统的关键任务之一。已有的实现是在每个需要通信的子系统之间使用 Socket 进行 TCP 或 UDP 方式通信。这种方式的缺点是各系统之间的耦合度高,编程复杂,不易进行功能扩展或修改等问题。为了解决上述存在的问题,提出了运用中间件设计网络安全运维管理系统的信息订阅发布平台满足各子系统之间信息传递的需求,中间件的使用可以降低各子系统之间的通信耦合度,简化编程复杂性,方便系统进行扩展。图6.5所示是一个典型的消息订阅发布中间件通信模型。

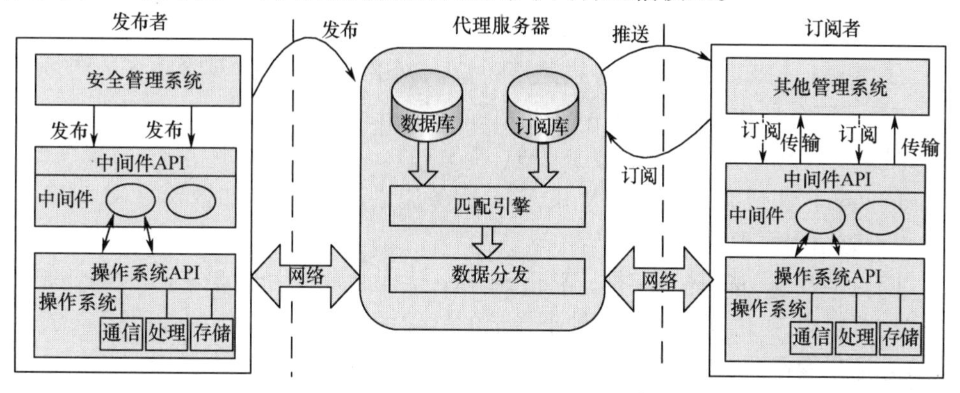

图6.5 基于代理的消息订阅发布中间件通信模型

在网络安全运维管理系统设计中,适合使用消息订阅发布中间件的需求主要包括上级安全运维管理系统向下级发送订阅信息指令、安全策略、工单指令、预警信息、考核结果、共享知识库信息等,以及下级安全运维管理系统向上级发送业务系统信息、安全风险信息、各类数据报表信息等。

2）面向服务的 Web Service 设计技术

(1) Web Service 概念。Web Service 体系工作组对 Web Service 提供了如下的参考定义:"Web Service provides a standard means of interoperating between different software applications, running on a variety of platforms and frameworks."从定义可以知道,Web Service 在不同的软件应用之间提供了标准的交互方式,使原来各孤立的站点之间的信息能够相互通信、共享,而不用考虑应用程序的实现技术以及运行平台。

对 Web Service 更精确的解释是:Web Service 是建立可互操作的分布式应用程序的新平台。Web Service 平台是一套标准,定义了一套标准的调用过程。

(2) Web Service 核心协议。

① SOAP 是信息包装层采用的主要协议,是基于 XML 的消息传递,是一个用于分布式环境下数据交换的简单、轻量级协议,它与编程语言、对象模型以及操作系统平台都无关。

② WSDL(Web 服务描述语言)是服务描述协议,用 XML 文档来描述 Web 服务的标准,是 Web 服务的接口定义语言,描述了服务所提供的操作、参数、参数类型;数据格式、访问协议以及由特定协议决定的网络地址。

③ UDDI(Universal Description, Discovery and Integration)是服务发布、发现层

描述协议,定义了服务如何公开它们自己以及如何在网络上相互发现,对于要相互查找的服务,统一描述、发现和集成为查找和访问服务定义了注册中心和相关的协议,本质是服务的公共网址。由于 WSDL 文件中已经定义了 Web Service 的地址 URL,外部可以直接通过 WSDL 提供的 URL 进行相应的 Web Service 调用,所以 UDDI 不是 Web Service 必须的一个组成部分。

④ WSFL、BPEL4WS 是业务描述层协议。WSFL 作为叙述网络服务流程的语言,定义了服务操作的顺序,服务间的交互方式;BPEL4WS 定义了一起进行分布式事务处理的工作流操作、Web 服务事务(WS - Transaction)、Web 服务协调(WS - Coordination),集成并替代了 IBM 的 Web 服务流语言(WSFL)和微软的 XLANG 规范,用于应用程序和流程的集成。

(3) Web Service 体系架构。Web Service 架构通常指用于架构 Web Service 的整体技术架构,提供了运行于多种平台上的软件系统之间互操作的一种标准方法,其核心是互操作性,如图 6.6 所示。

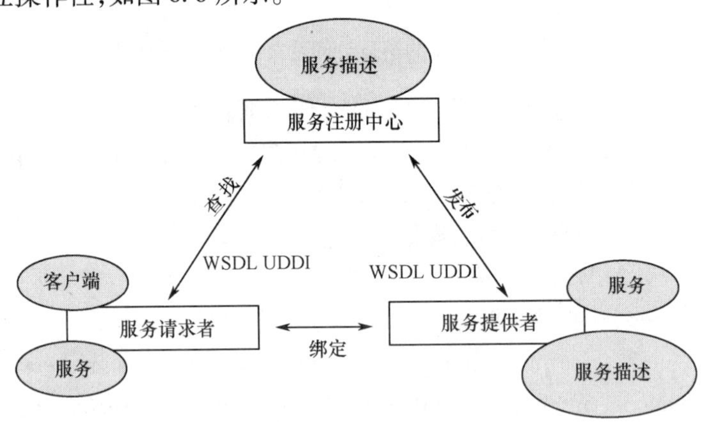

图 6.6　Web Service 体系架构图

任何 Web Service 架构环境都少不了以下基本活动。

① 发布(Publish)服务:服务提供者向服务注册中心发布服务描述,以使服务使用者可以发现和调用,发布的信息包括与该服务交互必要的所有内容,如服务路径,传输协议以及消息格式等。

② 查找(Find)服务:服务请求者直接检索服务描述或在服务注册中心查找和定位满足其标准的服务,查找服务的操作由用户或者其他服务发起。

③ 绑定(Bind)服务:在绑定操作中,服务请求者根据服务描述中的绑定细节来定位、联系和调用服务,一旦服务请求者发现适合自己的服务,它就将根据服务描述中的信息在运行时直接激活服务。

这些活动涉及以下五种基本角色。

① 服务(Service):Web Service 是一个由服务描述来描述的接口,而服务描述

的实现就是该服务。服务是一个软件模块，独立于技术的业务接口，部署在服务提供者提供的可以通过网络访问的平台上。

② 服务提供者(Service Provider)：服务的创建者和拥有者，是一个可以通过网络访问的实体，它将自己的服务和服务描述发布到服务注册中心，以便于服务请求者来定位，也可以因为用户需求的改变而取消服务。

③ 服务请求者(Service Requester)：从服务注册中心定位其需要的服务，向服务提供者发送一个消息来启动服务的执行。它可以是一个请求的应用、服务或者其他类型的软件模块，完成发现提供所需服务的 WSDL 文档，以及与服务通信的功能。

④ 服务注册中心(Service Registry)：服务提供者在此发布自己的服务描述，服务请求者查找服务并获得服务的绑定信息。实现增加、删除、修改已发布的服务描述，以及从注册表中查询服务的功能。

⑤ 服务描述(Service Description)：本质是服务内容的标准化描述，提供了服务内容、绑定类型、传输协议、服务地址等，生成相应的文档，发布给服务请求者或服务注册中心。

Web Service 由于其互操作、跨平台的特性，在不同应用程序集成方面有非常广泛的应用。例如，企业经常需要将不同语言写成的、在不同平台上运行的各种程序集成起来，而这种集成将需要投入大量的研发经费和较长的研发周期。通过 Web Service 技术，应用程序可以用标准的方法把功能和数据"暴露"出来，供其他应用程序使用，实现快速、低成本的集成。

在网络安全运维管理方案中，尤其是大型信息系统的网络安全运维管理方案，需要与电子工单系统、网管系统、综合告警系统、应急响应协同系统等综合性管理系统，以及专业的安全子系统(如网络安全态势系统、僵尸网络监控系统、域名安全分析系统等)进行数据交换和接口调用，随着时间的推移，可能还需要同新建的系统进行对接。这些系统往往采用不同的开发语言，不同的开发平台。因此，将需要被外部系统调用的模块或功能封装为 Web Service 是解决上述问题的可行方法。

6.3 网络安全态势感知与处理技术

网络安全态势感知与处理技术是一种动态实时的网络安全分析与可视化技术，与网络安全管理技术配合，网络安全管理能够提供大型信息系统中全面的基础安全信息，网络安全态势感知与处理通过对这些安全信息进行深层次关联融合，实现对大型信息系统网络安全状况的动态实时分析，并对安全状况发展趋势进行预测，为大型信息系统安全运维管理提供整体安全视图，"事后"提供实时响应能力，"事前"提供及时预警能力。

本节将对网络安全态势感知与处理技术的概念原理、研究现状及关键技术进行详细阐述。

6.3.1 网络安全态势感知与处理的概念与原理

态势,顾名思义,包含两个层面:状态和趋势。任何单一的情况或状态都不能称为态势。态势强调动态性和唯一性,随着环境和环境中实体的动态变化,态势也在时刻变化,不同时刻的态势存在差异。

Endsley 将态势感知[48]定义为"在一定的时空条件下,对环境因素的获取、理解以及对未来状态的预测",这也是目前最被广泛接受和引用的态势感知的定义。

态势感知的概念由来已久,但网络安全态势感知却是一个新概念。本节将对网络安全态势感知的相关概念进行阐述。

6.3.1.1 网络态势感知的概念

网络态势感知可看作是传统态势感知技术在网络环境中的延伸。当前普遍对网络态势的定义是:网络中各种设备的运行状况、网络行为以及用户行为等因素所构成的整个网络的当前状态和变化趋势。

1999 年,T. Bass 首次提出了网络空间态势感知[47,48](Cyberspace Situation Awareness,CSA)的概念,将传统态势感知的理论和技术应用于网络空间,用以提高网络安全管理人员对网络状况的感知能力。次年,Bass 提出了基于多传感器数据融合和数据挖掘的两种入侵检测框架,并表示新一代网络入侵检测系统需要对来自异构分布式网络传感器的海量数据进行融合,以形成有效的网络空间态势感知能力。

目前网络态势感知还没有统一的定义。Bass 对网络空间态势感知的定义是:在大规模网络环境中,对能够引起网络空间态势发生变化的要素进行获取、理解、评估、显示以及对未来发展趋势的预测。

6.3.1.2 网络安全态势感知与处理的概念

基于网络态势的定义,网络安全态势被定义为:由各种网络设备和安全设备的运行状况、安全事件、网络行为以及用户行为等因素所构成的整个网络当前的安全状态和未来变化趋势。

结合态势感知和网络态势感知的概念,网络安全态势感知与处理可被定义为:在大规模网络环境中,对能够引起网络安全态势发生变化的安全要素进行获取、融合、分析、评估、展示以及预测未来的发展趋势。

大型信息系统安全运维管理需要实时地了解网络的整体安全状况,从而能够有效地感知网络安全态势,并根据态势的变化做出相应的安全防护决策。安全态势不仅仅是大量的底层数据和系统信息,还应是海量安全信息经过深层次融合后形成的具体的网络整体安全状况信息。当前安全运维管理能够获取大量的安全数据,却缺乏有效的技术手段来融合这些数据。

6.3.2 网络安全态势感知与处理的研究现状

国外发达国家早已意识到开展网络态势感知技术研究的必要性,并将其提升到战略的高度,在多个战略和计划中强调了深入开展网络态势感知技术研究的重要性,并切实、持续开展了大量研究。很多研究机构已开始研究网络安全态势感知技术,并着手研制网络安全态势感知系统工具。

目前,美国政府正在实施“爱因斯坦-3”计划,有美国国内众多权威安全厂商参与,旨在保护电子政务网络和一些重要私人网络。在历经的“爱因斯坦-1”、“爱因斯坦-2”,以及正在实施的“爱因斯坦-3”中,态势感知均是其中的核心研究内容。

“爱因斯坦-1”始于2004年,能够自动收集、关联、分析和共享美国联邦政府之间的安全信息,近实时地感知威胁与攻击,建立对美国网络空间的态势感知能力,提升关键电子政务服务的安全性,增强网络的可生存性;“爱因斯坦-2”始于2008年,在“爱因斯坦-1”对异常行为分析的基础上,增加了对恶意行为的分析,获得更强的态势感知能力;2009年,美国政府启动了“全面国家网络空间安全行动计划”(CNCI),旨在提升联邦政府的态势感知和事件响应能力,国土安全部的“爱因斯坦-3”是CNCI的核心部分,并且美国国家安全局NSA和美国国防部都明确加入其中,“爱因斯坦-3”的总体目标是识别并标记恶意行为,以增强网络空间的安全分析、态势感知和安全响应能力。

而目前国内网络安全态势感知与处理技术研究仍处于理论研究阶段,距离实际应用还有较大差距。这导致不管在军用领域,还是在民用领域,均缺乏对大型信息系统瞬息万变的网络安全态势进行实时、准确地感知、分析、可视化展现的能力,无法为大型信息系统安全运维管理提供决策辅助,导致网络安全的整体防控面临巨大的压力。

6.3.3 网络安全态势感知与处理的关键技术

面向大型信息系统的网络安全态势感知与处理主要包含以下三项关键技术。

(1)网络安全态势感知与处理模型:构建合理可用的模型是进行网络安全态势感知与处理的基础,因此需要构建面向大型信息系统的网络安全态势感知与处理模型,指导相关关键技术的研究以及系统的设计实现。

(2)网络安全态势融合技术:态势融合是态势感知与处理的核心,是对大型信息系统当前网络安全态势的一个动态实时推理理解过程,通过对网络安全态势要素以及量化指标的融合、分析,形成网络安全态势,反映大型信息系统当前整体安全状态。

(3)网络安全态势预测技术:态势预测依据大型信息系统的历史和当前网络

安全态势融合分析结果预测未来网络安全态势趋势，态势感知的一个目标就是得出准确、及时的态势预测结果，从而提升大型信息系统预防安全威胁的能力。

本小节将详细分析面向大型信息系统的网络安全态势感知与处理、网络安全态势融合和网络安全态势预测三项关键技术。

6.3.3.1 网络安全态势感知与处理技术

构建网络安全态势感知与处理技术是开展技术研究以及系统实现的基础。国内外已开展了大量有关网络安全态势感知与处理模型的研究，并取得了实际成果，但大部分模型属于理论性概念模型，对于网络安全态势感知与处理的关键技术研究以及系统实现的指导意义有限。

由于大型信息系统具有规模庞大、结构复杂、功能综合、因素众多等特点，网络安全态势感知与处理需要面临海量、异构的安全信息，需要保证态势感知与处理的实时性、全面性、整体性、准确性，传统网络安全态势感知与处理模型并不适用，因此需要构建面向大型信息系统的网络安全态势感知与处理模型。

下文将介绍一些经典的态势感知模型，并构建了面向大型信息系统的网络安全态势感知与处理模型。

1）Endsley 态势感知概念模型

Endsley 除了提出一种态势感知的定义，还构建了 Endsley 态势感知概念模型，如图 6.7 所示。Endsley 把态势感知分成觉察、理解和预测三个层次的信息处理。

（1）觉察（Perception）：感知和获取环境中的重要线索或元素。

（2）理解（Comprehension）：整合感知到的数据和信息，分析其相关性。

（3）预测（Projection）：基于对环境信息的感知和理解，预测相关知识未来的发展趋势。

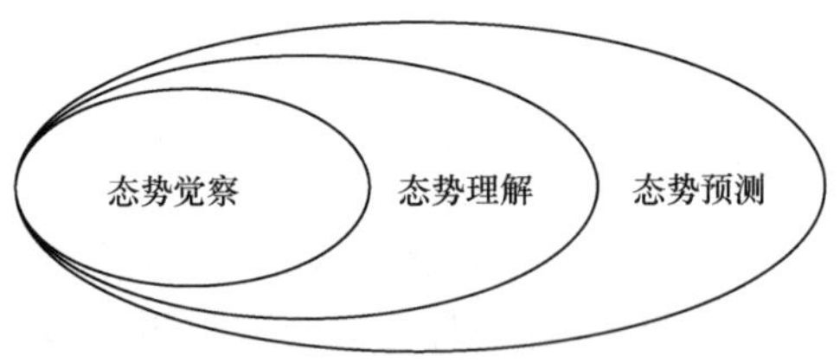

图 6.7 Endsley 态势感知概念模型

Endsley 模型为网络安全态势感知技术研究指明了方向，但 Endsley 模型作为一个概念模型，过于简单，局限于指导框架技术的研究，对于具体的技术研究以及系统实现的指导意义有限。

2）JDL 数据融合模型

美国三军组织实验室理事联合会（Joint Directors of Laboratories，JDL）的数据

融合专家组构造了数据融合过程的通用模型,如图6.8所示。该模型是目前经典的数据融合概念模型,被很多理论研究和实际应用采用。

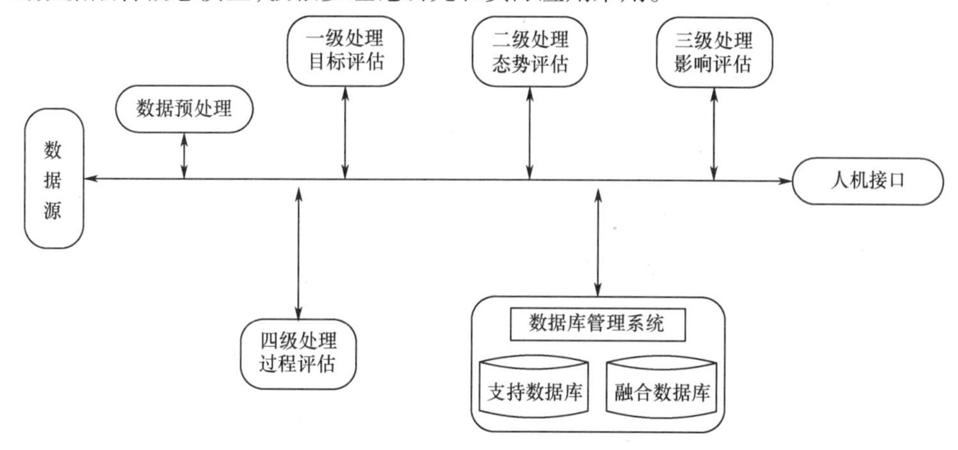

图6.8 JDL数据融合模型

在JDL数据融合模型中,包括以下四级处理过程。

第一级处理是目标评估(Object Assessment)。它的主要功能包括数据配准、数据关联、目标位置和参数估计,以及属性参数估计、身份估计等,其结果为更高级别的融合过程提供辅助决策信息。

第二级处理是态势评估(Situation Assessment)。它是对整个态势的抽象和评定。其中,态势抽象就是根据不完整的数据集构造一个综合的态势表示,从而产生实体之间一个相互联系的解释。态势评估关系到对产生观测数据和事件态势的表示和理解。

第三级处理是影响评估(Impact Assessment)。它将当前态势映射到未来,对参与者设想或预测行为的影响进行评估。

第四级处理是过程评估(Process Assessment)。它是一个更高级的处理阶段。通过建立一定的优化指标,对整个融合过程进行实时监控与评价,从而实现多传感器自适应信息获取和处理,以及资源的最优分配,以支持特定的任务目标,并最终提高整个实时系统的性能。

JDL数据融合模型作为多源数据融合的经典模型,对于网络安全态势感知与处理模型研究具有很大的指导意义,但作为一个面向军事应用的数据融合理论指导模型,其在网络安全态势感知与处理研究领域并不能直接适用,需要根据实际情况进行功能划分和设计。

3)面向大型信息系统的网络安全态势感知与处理模型

由于大型信息系统具有规模庞大、结构复杂、功能综合、因素众多等特点,网络安全态势感知与处理需要面临海量、异构的安全信息,因此在设计网络安全态势感知与处理模型时,需要结合大数据分布式并行计算与存储技术,以满足大型信息系统安全运维管理的对于网络安全态势感知与处理的实时性和准确性需求，如图6.9所示。

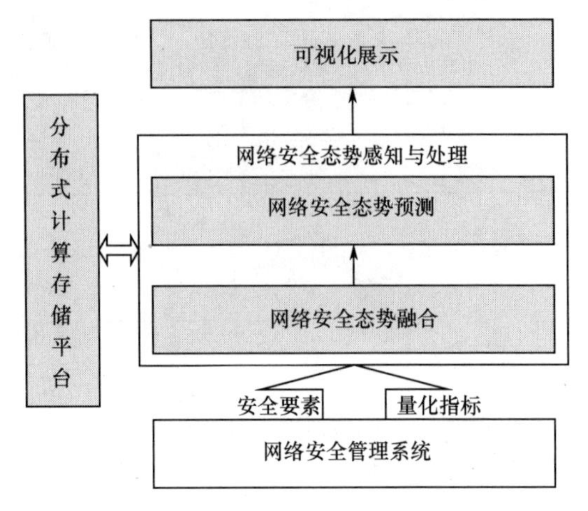

图6.9　面向大型信息系统的网络安全态势感知与处理模型

与传统态势感知模型相比，该模型不包含态势觉察环节，原因是在大型信息系统安全运维管理体系中，网络安全管理能够全面地收集安全信息，并将安全信息用于网络安全态势感知与处理。

在该模型中，网络安全态势感知与处理过程包括两个主要步骤：网络安全态势融合和网络安全态势预测。

此外，为了处理海量安全信息，保证实时性和准确性，面向大型信息系统的网络安全态势感知与处理模型基于分布式计算存储平台，利用分布式实时分析框架和批量分析框架实现对大型信息系统安全态势的融合、挖掘、预测、可视化。

在网络安全态势融合过程中，利用分布式实时分析框架对实时产生的安全要素以及量化指标进行高效融合，生成大型信息系统当前安全状况并进行实时可视化展示。在网络安全态势预测过程中，前期利用分布式批量分析框架对海量历史数据进行挖掘，形成态势变化模式，在网络安全态势预测时，利用态势变化知识进行模式匹配，近实时地实现网络安全态势预测并进行可视化展示。

6.3.3.2　网络安全态势融合技术

网络安全态势融合主要对态势觉察的结果进行深层次融合分析，形成大型信息系统的当前安全状态。对于网络安全态势融合技术的研究，国内外研究人员和机构借鉴战场态势感知研究的经验，已进行了一些探索性的研究，取得了一定的成果，但真正能够应用于大型信息系统的网络安全态势融合技术仍需进一步研究。

网络安全态势融合能够从多个层次、多个角度对大型信息系统的安全状况进行分析和评估，主要分为网络安全态势评估、基于统计的态势分析以及基于模板的态势融合。

1）网络安全态势评估

网络安全态势评估主要采用数学方法和模型，构造网络安全态势融合评估函数，综合考虑各类态势要素，提取网络安全态势指标，面向地理区域、网络区域评估大型信息系统网络安全态势。网络安全态势评估最终能够形成网络安全态势值，便于直观、连续地掌握大型信息系统的安全态势。

网络安全态势评估主要有公式法和权重分析法两种。

公式法在传统战场态势感知时就已得到广泛应用，利用数学工具建立战场态势模型，给出敌我双方实力的表达式。与此类似，在网络安全态势感知与处理技术研究领域，同样通过数学公式建立模型，从而评估大型信息系统网络安全态势。

权重分析法是最常用的评估方法，由态势要素及其权值共同确定。权重分析法是最典型的基于数学模型的方法，该方法的关键是求得态势要素的权值。

基于数学模型的网络安全态势评估方法能够与分布式实时分析框架充分结合，高效地实现网络安全态势的融合。该类方法的关键在于数学模型的构造、参数的选择，以及网络安全态势要素的指标化。

2）基于统计的态势分析

基于统计的态势分析采用分布式实时分析框架，对网络安全管理收集的海量安全信息进行实时处理，按照地理区域、网络区域对大型信息系统网络安全态势进行综合统计分析，形成各类网络安全统计分布态势。

（1）基于地理区域的网络安全态势：按照地理区域，统计各地区的安全事件数量、告警数量、漏洞数量、病毒数量、网络攻击数量、安全设备数量、安全防护人员数量等。

（2）基于网络拓扑的网络安全态势：按照网络拓扑，统计各网络区域的安全事件数量、告警数量、漏洞数量、病毒数量、网络攻击数量、安全设备数量、安全防护人员数量等。

基于统计的态势分析最终将分析结果以图表、图形等多样的可视化方式展现，为大型信息系统安全运维管理提供直观的安全信息实时分布态势和数量变化态势。

3）基于模板的态势融合

网络安全态势融合支持模板机制，实现可定制的网络安全态势融合，增强针对大型信息系统的网络安全态势融合的灵活性。

根据网络安全态势融合维度的不同，基于模板的网络安全态势融合具备以下三种基础模式。

（1）基于目标的网络安全态势融合。针对大型信息系统中特定目标，对其发生过的安全事件、存在的漏洞、感染的病毒、遭受的攻击等进行关联分析，挖掘深层次关联关系，主要包括：

① 漏洞—攻击序列：反映目标存在的漏洞与其遭受的攻击之间的关系。

② 攻击—病毒序列:反映目标遭受的攻击与感染的病毒之间的关系。

③ 攻击—安全事件序列:反映目标遭受攻击后产生的安全事件。

④ 病毒—安全事件序列:反映目标感染病毒后产生的安全事件。

基于时间对上述序列进行组合,分析目标所受威胁的整体关联,挖掘目标面临的具有目的性的长期安全威胁(如高级持续性攻击、信息泄露事件等),实现对大型信息系统中安全威胁的溯源以及预警,并为有效及时地安全运维管理提供支撑。

(2) 基于区域的网络安全态势融合。网络攻击、病毒、蠕虫等安全威胁具备传播性,因此通过对大型信息系统中多个网络节点的网络安全态势进行融合,能够形成网络安全态势的传播态势。

针对某种类型的安全事件、病毒、网络攻击安全问题,当大型信息系统中多个网络节点同时遭受其威胁时,由点形成面,挖掘出受影响的地理区域、网络区域,并通过关联这些地理区域、网络区域的漏洞分布、安全设备部署、安全防护人员部署等态势,分析出大型信息系统中大规模安全事件爆发态势、病毒蔓延态势或网络攻击趋势。

(3) 跨域网络安全态势融合。大型信息系统的全局安全态势由地理区域或网络区域组成部分的网络安全态势构成,不同地理区域或网络区域的网络安全态势具有互相影响的关系,因此需要通过跨域网络安全态势融合生成大型信息系统的全局安全态势。

对于多个地理区域或网络区域的网络安全态势,根据地理位置关系或网络区域连接关系,以及相关地理区域或网络区域内的漏洞分布、安全设备分布、安全防护人员分布等态势,评估地理区域或网络区域之间网络安全态势的相互影响程度,确定各地理区域或网络区域的网络安全态势权值分配,支撑大型信息系统的全局安全态势融合。

6.3.3.3 网络安全态势预测技术

网络安全态势预测是态势感知与处理的一个重要组成部分,是预防大规模网络攻击的前提和基础。网络在不同时刻的安全态势有一定关联,安全态势的变化也有一定的规律,利用这种规律可以进行网络安全态势预测,从而可以指导安全人员进行决策,实现动态安全防护。

将历史和当前的网络攻击、防御、整体安全态势作为后一时刻态势的影响因素,而不同因素的影响之间存在不确定性。由于 D - S(Dempster - Shafer)证据理论[49]在处理不确定信息方面具有很强的优势,并且 D - S 证据理论的融合过程更加符合人类思维,理解性很强。因此,利用 D - S 证据理论,对上述三种因素对未来态势的影响进行融合,消除不确定性,完成网络安全态势预测,同时提升预测过程和结果的理解性[50]。

1）D－S 证据理论简介

D－S（Dempster－Shafer）证据理论的核心是 D－S 合成规则，由 AP. Dempster 于 20 世纪 60 年代末提出，G. Shafer 将其扩展，使之理论化、系统化，形成一套不确定性数学推理理论[51]。

D－S 证据理论是对经典概率论的进一步扩充，其一项重要特性是支持对未知不确定性的描述，在处理不确定信息等方面具有很大的优势，并且在专家系统、人工智能、模式识别和系统决策等领域中得到了广泛应用。

D－S 证据理论的目标是仅根据一些对系统状态的观察推测出当前系统所处的状态，这些观察并不能够唯一确定某些系统状态，而仅仅是系统状态的不确定性表现。

2）基于 D－S 证据推理的网络安全态势预测模型[52]

基于 D－S 证据理论的态势预测模型，如图 6.10 所示。

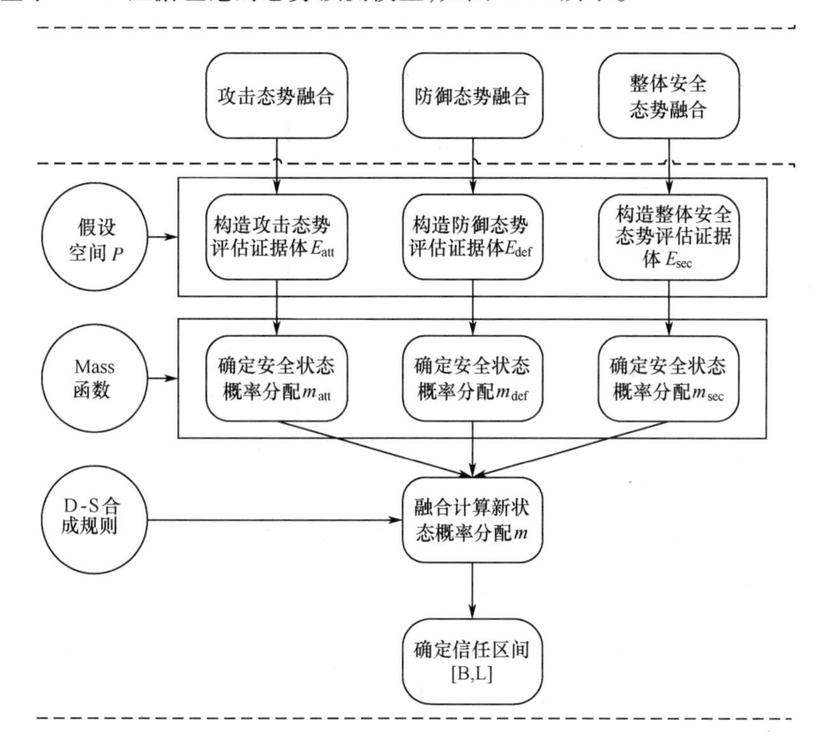

图 6.10　基于 D－S 证据理论的态势预测模型

预测模型的处理对象是各类网络安全态势融合的结果，包括攻击态势、防御态势以及整体安全态势。基于 D－S 证据理论的态势预测模型的工作流程具体描述如下。

（1）构造假设空间 P，即网络安全态势预测所有可能的状态集合。

（2）基于历史和当前的态势融合结果，包括网络的攻击态势、防御态势以及整体安全态势融合结果,构造依据假设空间 P 的三类证据体,分别为攻击态势融合证据体、防御态势融合证据体和整体安全态势融合证据体。

(3) 确定三类证据体中各类安全状态的概率分配。

(4) 利用 D-S 合成规则融合三类证据体,计算证据体联合作用下的各类安全状态新的概率分配。

(5) 确定各类安全状态的可信度区间[B,L]。

基于 D-S 证据理论的态势预测不同于现有的研究,最终预测结果并不是当前网络安全态势值的延续,而是网络在未来一个时刻处于各类安全状态的概率。这种预测结果虽然仍具有一部分不确定性,但理解性却得到大大增强,提升了网络安全预测结果对于大型信息安全运维管理的辅助决策作用。

6.4 典型应用及解决方案

本节介绍两种典型大型信息系统安全运维管理的解决方案。

6.4.1 某大型赛事安保科技系统安全运维管理解决方案

1) 系统概述

某大型赛事安保科技系统部署规模涉及百余个比赛场馆,分散在城市的不同地理位置,场馆之间通过千兆骨干传输网络相互连通。每个场馆为一个独立的安全管理域,在该安全域内部署了票证验证系统、应急指挥控制系统等业务和管理系统以及管理终端,在安全域的边界部署防火墙和入侵检测系统。安保科技系统设置了统一的指挥控制中心,负责对全网百余个比赛场馆的分系统进行统一调度和指挥控制。

2) 系统需求分析

(1) 对任何一台入网设备进行实时监控,发现异常,及时告警。

(2) 对每一台安全设备的日志进行全面收集和存储,支持统一查询和事后取证。

(3) 针对每一条告警信息,要实时定位相关设备,调取相关设备的资产信息。

(4) 实现对全局网络安全态势的细粒度、准确掌控。

(5) 每天定时生成日报,汇总当天的安全事件、告警信息及处置情况。

3) 系统解决方案

通过分析用户的需求,不难发现主要体现在三个方面:一是及时性,第一时间发现异常信息,第一时间形成告警,第一时间进行处置,第一时间掌控全局安全态势;二是完整性,要求所有的日志进行全面的采集和存储,支持后续分析取证;三是总结汇报。

针对整个系统的部署模式及用户的需求,提出了如下的安全解决方案具体如

图6.11所示。

(1) 在各个场馆,部署分布式采集节点,负责对该场馆所属的各类设备日志信息进行实时采集、过滤和标准化。

(2) 在指挥控制中心,部署安全运维管理平台服务端,负责统一接收来自各个场馆采集代理转发的归一化日志信息,并进行分析、呈现、告警和存储等操作。

(3) 为了保证日志信息实时传输到指挥控制中心,对各分布式采集节点与安全运维管理服务端的通信采用带外传输模式。

(4) 为了保证安全运维管理平台服务端的高效性和健壮性,采用了分布式存储计算架构,事件的过滤分析与全局安全态势的分析、评估、预测依托于MapReduce计算平台,事件存储于分布式HDFS文件系统。

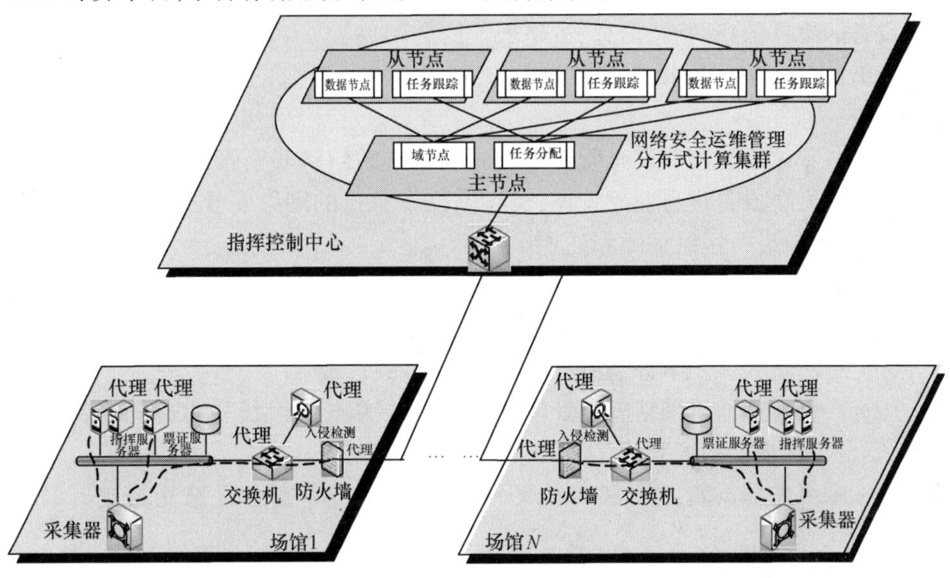

图6.11 某大型赛事安保科技系统安全运维管理解决方案

6.4.2 某大型企业科研生产网安全运维管理解决方案

1) 系统概述

某大型企业组织结构分三级部署,共计几十家科研生产单位,分布在全国十余个省市和地区。每一家科研生产单位的科研生产网按照一级总部的统一管理和指导,独自进行建设和管理。三级单位的科研生产网通过铺设专线接入所属的二级单位科研生产网,各二级单位科研生产网通过租用专线的形式,统一接入一级总部。每一家单位的科研生产网除了部署门户网站、ERP系统、OA办公系统、物资采购系统、财务系统、科研管理系统等自行独立管理和使用的业务系统外,还按照一级总部的统一要求,部署各类垂直管理系统,如公文扭转系统、视频会议系统、电子邮件系统等。各家单位入网设备少则几百台,多则几千台。

2）系统需求分析

按照一级总部的统一安全管理要求，各家单位的科研生产网为一个独立的安全域，各单位根据自身网络建设情况和业务部署情况，独自进行内部安全域的划分和安全保障措施的建设。按照一级总部的统一要求，各科研管理网至少要部署防火墙访问控制系统、入侵检测系统、网络病毒防护系统、终端监控管理系统、终端入网监控系统、统一身份认证系统、漏洞扫描系统、补丁统一分发系统、安全审计系统、网络安全管理平台等。

一级总部对全网的统一安全运维管理要求如下。

（1）各单位独立部署网络安全管理平台。

（2）各单位通过网络管理平台统一收集本单位所辖范围内的各类安全设备、网络设备的事件信息、状态信息、策略配置信息。

（3）各单位按照一级总部的统一要求，对采集信息进行标准化和本地集中存储。

（4）各单位通过网络安全管理平台开展日常的网络安全管理工作，负责对所辖范围内的安全设备进行监控管理，实时监控本单位的网络安全运行状态和告警事件，组织人员进行运维保障和处置。

（5）各单位应按照一级总部统一模板，定时生成日报和月报，并逐级向上汇报，最终在一级总部汇总，形成全局性的安全态势图。

（6）针对重大突发事件，各单位应及时向上级汇报。

（7）一级总部通过网络安全管理平台，向下级单位下发统一的安全策略、通知公告、安全管理规章制度等。

（8）一级总部负责对下属单位的安全保障能力和安全运维能力进行统一考核。

3）系统解决方案

根据用户的需求，安全管理平台在设计时重点考虑了以下方面(图6.12)。

（1）网络安全管理平台采用三级部署模式，其中一级和二级网络安全管理平台具有汇总功能。

（2）每个单位部署的安全管理平台为一套独立的系统，具备完整的采集、存储、处理和展现功能。

（3）应当支持多样化的事件采集接口，并具备良好的扩展功能。

（4）制定统一的事件标准化格式，保证安全事件的全局交换和共享。

（5）制定良好的上下级管理接口，保证报表信息的及时上报和上级安全策略的统一下发。

（6）制定完备的升级方案和接口，保障网络安全管理平台自身的升级更新。

（7）提供持续的维护服务，负责新接口的定制、安全关联分析策略的调整、功能的升级等。

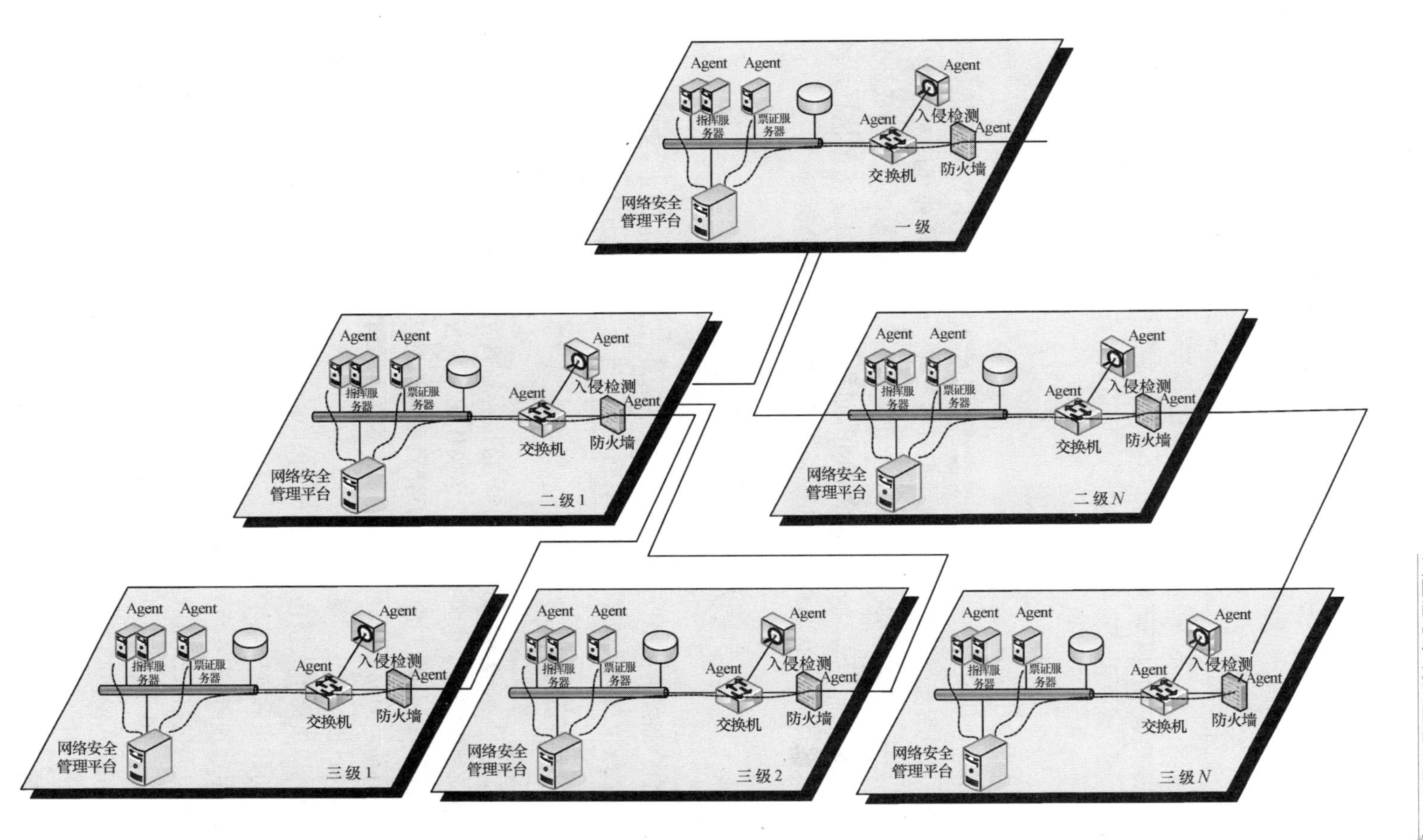

图 6.12 某大型企业科研生产网安全运维管理解决方案

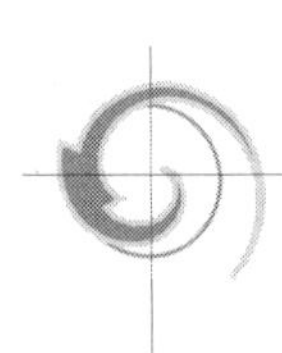

第7章 大型信息系统应急响应

随着信息化建设的快速发展,大型信息系统网络安全组件不断增多,网络规模逐步扩大,系统所面临的信息安全威胁也日益严峻。应急响应作为应对各类安全事件、保障系统安全运行的有效手段,是大型信息系统不可或缺的重要组成部分。

本章首先概述了应急响应的概念、作用、过程及方法,论述了大型信息系统应急响应的关键技术,并在此基础上进行了典型应急响应案例分析。

7.1 应急响应概述

应急响应涵盖了信息安全的多个技术领域,具有很强的综合性与实践性,研究大型信息系统应急响应技术,须首先明确其相关概念、过程及方法。

7.1.1 应急响应的概念与范畴

应急响应(Emergency Response)[53]是指应急响应组织根据事先对各种可能情况的准备,在突发/安全事件发生后,尽快作出正确反应,及时阻止事件进一步发展,尽可能减少损失或尽快恢复正常运行,以及追踪攻击者、搜集证据直至采取法律措施等行动。简而言之,应急响应指对突发/安全事件进行响应、处理、恢复、跟踪的方法及过程。

应急响应贯穿于大型信息系统安全保障的各个技术及组织层面[54,55],主要包括事前预防和事后响应两个方面。

(1) 事前预防:主要指针对信息系统及其业务的具体特点,前期做好充分准备。技术方面包括增强系统安全性,如使用可信安全系统、对重要业务和数据进行备份、安装操作系统补丁、升级系统软硬件;安装部署各类网络安全防护系统/工具,如防火墙、入侵检测、防病毒系统等;终端计算机安装监测与防护类软件,使用漏洞扫描等工具及时发现安全漏洞,评估网络安全风险;对信息进行加密。管理方面包括定期进行安全培训、根据风险评估结果结合业务影响分析制定安全策略、编制应急响应预案并进行测试和演练。

(2) 事后响应:主要是事件发生后采取各种措施和行动抑制事态发展,根除问题,尽快恢复系统正常运行。技术方面主要包括调整安全策略、网络访问策略隔离被攻击系统、限制或关闭被攻击服务,使用备份进行系统恢复、反击等。管理方面主要包括总结应急响应过程,及时更新应急响应预案等。

随着大型信息系统发挥的作用和功能的扩展,大型信息系统的规模和复杂度也在逐渐增大,同时,网络入侵攻击行为正朝着规模化、智能化、复杂化的方向迅速发展和演变,大型信息系统所面临的威胁也越来越严峻。为保障大型信息系统的保密性、完整性和可用性,亟需建立有效的应急响应技术及组织管理体系,实现"将对系统影响降至最小、提供应急响应服务"的目的。

7.1.2 应急响应组织及标准

应急响应作为大型信息系统安全实践中的重要环节,受到了全球各个国家的高度重视,纷纷建立了本国的应急响应组织和指导规范。本小节分别从应急响应组织及应急响应标准的发展两个方面进行介绍。

7.1.2.1 应急响应组织

应急响应组织是专门处理计算机安全事件的组织,预防计算机安全事件的发生做准备,并在安全事件发生后采取行动,通常称作计算机紧急响应组(Computer Emergency Response Team,CERT)或计算机安全事件响应组。作为应急响应过程中最重要的主体,应急响应组织是应急响应的主要决策者、指导者和执行者。其主要工作包括网络监测、安全通告、事件应急响应,以及网络安全政策制定和实施监督等。应急响应组中的各成员都应有明确的职责,以确保能做出迅速准确的响应。

1) 国外应急响应组织的发展

国外对应急响应的相关研究起步较早,美国是最早关注应急响应的国家。1988年11月,美国康乃尔大学学生莫里斯编写了"圣诞树"蠕虫程序,造成全球10%的联网计算机陷入瘫痪状态。这起计算机安全事件发生后,美国国防部高级计划研究署(DARPA)在卡内基·梅隆大学(CMU)的软件工程研究所(SEI)建立了计算机应急处理协调中心(Computer Emergency Response Team/Coordination Center,CERT/CC),作为国际骨干应急响应组织开展应急响应培训工作。

1990年,美、英等国发起成立了计算机事件应急响应与安全工作组论坛(Forum of Incident Response and Security Teams,FIRST),对互联网进行异常检测、安全预警、协调处理安全事件,同时通过公告、论坛、技术交流等多种形式进行系统漏洞、安全技术、安全管理等的交流与合作。FIRST是目前最大规模的一种国际协作形式,在国际间信息和技术共享、联合防范网络攻击等方面发挥了重要作用。

2001年,美国商务部协助各公司成立信息共享和分析中心(Information Sharing and Analysis Center,ISAC),它既是美国信息保障国家战略的重要组成部分,又是关键基础设施部门内部共享网络空间安全信息的中间机构，主要处理和维护各种与不同技术机构有关的宝贵信息，搜集、维护和发展分析工具与技术，包括数据库、模拟与仿真，同时提供多样化、复杂和挑战性的研究与分析服务，除了美国之外，欧盟、日本等国家也开始建立本国的 ISAC 机构。

2002 年，亚太地区计算机应急响应组（APCERT）由澳大利亚、中国、日本、韩国等国家的计算机网络安全事件应急小组发起成立，是亚太地区最有影响力的应急响应联合组织。APCERT 成员组织之间初步形成了亚太地区计算机网络安全事件应急处理体系——建立了稳定高效的信息交流、安全事件通报和事件处理配合机制，在处理大规模网络安全事件时互通信息互相配合。该组织定期举办全体会议，研究网络安全应急处理领域的体系发展、技术热点等问题。目前欧洲学术和政府等应急组织、FIRST 以及亚太经合组织（APEC）纷纷开始寻求与 APCERT 建立合作关系、开展网络与信息安全方面的有关活动。

2）我国应急响应组织

2000 年 10 月，我国成立了“国家计算机网络应急技术处理协调中心”（China National Computer Emergency Response Team/Coordination Center，CNCERT/CC），其主要职责是协调全国计算机安全事件响应工作，共同处理国家公共电信基础网络上的安全紧急事件，提供计算机网络安全监测、预警、应急、防范等安全服务和技术支持，及时收集、核实、汇总、发布有关互联网安全的权威性信息，并与国际计算机安全组织开展合作和交流。2002 年 8 月，CNCERT/CC 成为 FIRST 正式成员，同时参与组织成立了亚太地区的专业组织 APCERT。

由于网络安全事件通常具备突发性、多样性和不可测性等特点，在短时间内可能造成巨大损失和危害。因此，需要在各个应急响应组织之间及时共享报警信息和安全防御知识，并开展必要的协同响应。目前，CNCERT/CC 已经与国外应急小组和其他相关组织建立了互信互通的交流合作渠道，是中国处理网络安全事件的对外窗口。

7.1.2.2 应急响应标准

应急响应标准是应急响应体系的重要组成部分，是为应急响应组织自身及相互协调提供信息交互的标准接口，并且为这种协调机制的成功运转提供保证。为了指导和规范各组织的应急响应，国际上已制定出很多信息安全应急响应方面的标准。

美国是信息安全应急响应标准最为完善的国家之一。自 1991 年起，美国国家标准与技术协会（NIST）先后发布了 SP 800－3《建立计算机安全事件响应能力》（CSIRC）、SP 800－34《信息技术系统应急计划指南》、SP 800－61《计算机安全事件处理指南》、SP 800－83《恶意代码事件预防和处理指南》、SP 800－84《信息系统计划和能力的测试、培训和演练指南》、SP 800－86《应急响应整体取证技术指南》、SP 800 - 101《手机取证指南》等一系列标准，针对应急响应的过程、方法、技术、管理、培训、演练等各个方面分别给出了指南建议和详细说明。

国际标准化组织(ISO)和国际电工委员会(IEC)也制定发布了ISO/IEC TR 18044—2004《信息技术 安全技术 信息安全事件管理》、ISO/ IEC 24762《信息和通信技术灾难恢复服务指南》等一系列标准，为信息安全事件的管理过程、方案、灾难恢复等提供了明确的指导。

针对计算机应急响应处理工作，我国也制定了一些相关标准，主要标准见表7.1。

表7.1 中国信息安全应急响应主要标准

标准名称	主要内容
GB/Z 20985—2007《信息技术 安全技术 信息安全事件管理指南》	明确了信息安全事件管理过程和管理规程，提供了规划和制定信息安全事件管理策略和方案
GB/Z 20986—2007《信息安全技术 信息安全事件分类分级指南》	为信息安全事件的分类分级提供指导，用于信息安全事件的防范与处置，为事前准备、事中应对、事后处理提供一个基础指南
GB/Z 20988—2007《信息系统灾难恢复规范》	明确了信息系统灾难恢复的基本要求，针对信息系统灾难恢复的规划、审批、实施、管理等给出了详细指南
GB/Z 24363—2007《信息安全技术 信息安全应急响应计划规范》	明确规定了编制信息安全应急响应计划的前期准备，以及信息安全应急响应计划文档的基本要素、主要内容和格式规范等

这些信息安全应急响应标准与GB/T 20984—2007《信息安全技术 信息安全风险评估规范》、GB/T 22240—2008《信息安全技术 信息系统安全等级保护定级指南》、GB/T 22239—200《信息安全技术 信息系统安全等级保护基本要求》等一系列标准紧密联系、互相配合、互为补充，共同构建成为我国信息安全标准体系。但目前我国应急响应方面的标准相对较少，科学的应急响应标准体系尚未形成，需要加快相关应急响应标准的制定步骤，从而不断完善整个应急响应体系。

7.1.3 应急响应过程及方法

应急响应最早来源于入侵检测领域，逐渐向整个网络安全领域扩展。大型信息系统应急响应方法学是研究安全事件响应过程的科学，定义了应急响应的任务、过程、阶段及顺序，能够帮助系统迅速从混乱状态恢复控制，提高事件响应的效率，形成提高事件响应处理过程的有效机制。

应急响应方法学(PDCERF)涵盖了准备(Preparatory Works)、检测(Detection Mechanisms)、抑制(Containment Strategies)、根除(Eradication Procedures)、恢复(Recovery Steps)、跟踪(Follow - Up Reviews)六个阶段，是一个周而复始、持续改进、螺旋式上升的动态过程，如图7.1所示。

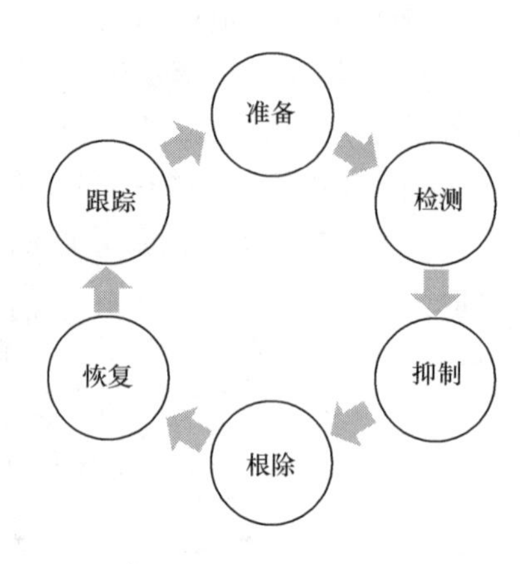

图 7.1　应急响应方法学

1）准备阶段

应急响应准备工作是以预防大型信息系统安全事件的发生、降低安全事件的影响、改善组织的安全生态为目的，是应急响应小组的基础工作。准备工作对于提高响应能力、优化响应过程非常重要。此阶段主要包括以下内容。

（1）评估系统安全风险。响应者应明确大型信息系统安全风险及其范围，了解受害者的系统和网络安全情况，便于响应者提前掌握保护对象的系统和网络环境、提前发现安全隐患并加以排除。

应急响应风险评估使用的安全产品主要包括漏洞扫描设备、补丁更新系统等。

（2）制定安全策略，设置安全防护设施。安全策略一般由专业人员在对保护对象进行风险评估之后制定并加以指导，其应包括建立安全防护措施的内容，根据风险评估的结论和建议选择适当的安全工具并建立软硬件的防御体系。

（3）建立应急响应预案。应急响应预案即应急响应计划，是响应人员进行决策的重要依据，也是应急响应准备阶段的重要内容之一。建立应急响应预案，一旦安全事件发生就可根据相应预案处理事件，正确及时地采取有效措施，大大提升响应时间、降低系统损失。应急预案应经常培训、演习，并根据实际情况及时更新。

（4）获取必要的应急工具和资源。应急响应有专门的响应人员，接受了相应培训；应有响应者所需的资源，如教材、演习环境等；应有可能用到的各种设施，如备份/恢复系统；应有相应的安全和辅助工具，如评估、检测、攻防、漏洞补丁等工具；还应有相关的应急信息系统信息（包括系统口令、路由器及安全设备配置信息等）。

（5）支持应急响应的系统及平台。系统包括建立应急响应组织机构并明确了具体职责；建立用于沟通和联系的通信信息（“呼叫树”）；建立系统备份恢复机制，实施系统备份；妥善保管事件处理过程中收集的各类证据。

2）检测阶段

检测是以识别和发现各种安全事件是否发生为目的，是动态响应和加强防护的依据。从操作的角度来讲，安全事件应急响应过程中所有的行为都依赖于检测。

在检测阶段，应急响应小组可采用入侵检测系统、入侵防御系统、日志审计系统等各类安全工具/系统，进行网络行为监控与检测、系统用户操作监控与检测、系统日志及安全事件审查等，了解并评估安全事件发生范围和影响程度，如安全事件是由谁、在何处、用何种手段发起，哪些业务系统受到影响，事件发展态势如何等。同时，应急响应小组应强化审计功能、备份系统保留现场、实时记录安全事件信息，并在分析之后将重要安全事件及时上报至相应的权威机构。

3）抑制阶段

抑制是一种过渡或者暂时性的措施，其目的在于阻止入侵者访问受害系统，限制攻击范围，避免进一步的损失。在应急响应过程中要非常重视抑制措施，因为某些安全事件可能导致整个系统迅速失控。应急响应小组应尽早作出决定，确定阻断、缓解、封堵、隔离等措施，如临时关闭受侵害系统或主机，断开受侵害系统的网络连接，禁用服务和账户，修改防火墙和路由器的过滤规则，设置入侵诱骗系统等。

4）根除阶段

根除的目的是消除安全事件的根源所在。如果不采取根除手段，系统将始终无法安全运行，可能再次遭受同样攻击。而完全消除入侵根源往往需要很长的实践，只能通过持续有效的安全改进过程才能实现。在根除阶段，响应者应根据具体系统和网络环境，采用防火墙、终端监控、病毒查杀、远程控制、取证等工具/系统，进行病毒及恶意代码清除、违规账号禁用、补丁更新、安全策略改进、安全加固等操作。在必要时（如资源不足、经验欠缺等情况下）应及时向应急响应协调中心请求跨部门跨地区协调帮助。

5）恢复阶段

恢复是实现动态网络安全的保证，其目的是将所有受侵害的系统、应用、数据库等恢复至正常工作状态。由于系统与应用环境的区别，在恢复过程中要遵循详细的技术规程。在恢复阶段，主要进行用户数据恢复、系统服务重建、系统可用性恢复等操作。其中，最基本的灾难恢复是利用备份技术，对数据进行备份，保证数据的一致性和完整性。

6）跟踪阶段

跟踪是一个应急响应流程的最终环节，目的是关注系统恢复后的安全状况，总结、整理、分析安全事件的相关信息。其中，总结整理经验是重要的一环，有助于应急响应人员吸取教训、提高技能，同时经验教训又可作为教材来源，用来培训新的应急人员。应急响应小组应在安全事件处理完成后不断回顾、学习并汲取经验教训，拟定事件记录和跟踪报告，重新进行风险评估以提出新的安全建议，出于管理的目的收集系统日志，建立或完善自己的应急响应事件库等。

7.2 应急响应关键技术

大型信息系统由于地理位置分散、网络规模庞大、安全策略复杂、快速响应过程复杂、组织中单一应急响应组织力量薄弱等特点,其应急响应的难度和所涉及技术的广度远远超过普通信息系统,需要融合网络信息安全各方面的技术内容。本节将结合大型信息系统上述威胁与挑战,提出与大型信息系统应急响应密切相关的主要关键技术。

7.2.1 应急响应协同技术

大型信息系统组织机构复杂、功能部件繁多,高效的应急响应协同能够实现应急响应人员之间有序协作、快速交互,有效防范由于安全事件发生所导致的核心业务中断或系统瘫痪,尽快消除安全事件对目标对象的负面影响。

应急响应协同技术是建立应急响应预案,提供规范化的安全事件处理流程,实现安全事件发生时的全网应急响应统一调度、协同处置的技术。应急响应协同的关键在于建立应急响应预案、设计和管理协同工作流,通过构建统一的应急响应工作流程,能够有效解决应急响应组织机构分散、各应急响应设备/系统间缺乏有效合作分工和信息交互的问题,为网络安全策略调整和应急处置提供支撑。

1) 安全事件应急响应预案

安全事件应急响应预案也就是安全事件应急响应计划,是应急响应准备阶段的重要内容之一,是应急响应决策的重要依据,指导整个应急响应过程。当前国内常用的安全管理体系中的应急响应预案通常采取文本形式,其优点是脉络清楚、步骤清晰。

网络安全事件应急响应预案的内容通常包括如下部分。

(1) 组织体系和职责(明确责任、组织保障)。

(2) 预警和预防机制(事件分级、检测、预警预防、平台要求)。

(3) 应急响应(分级响应、及时通报、协调配合)。

(4) 后期处置(总结、奖惩评定及表彰)。

(5) 应急保障准备(包括预案、队伍、培训、经费、演练、联络机制、监督检查、技术储备)。

(6) 安全事件响应策略数据库。

但在应急响应实际操作中,“文字预案”执行流程不可控、效果不可考核。同时,由于网络安全事件复杂多变,而现有系统应急流程固化,难以适应业务变化。因此,需要开展协同工作流设计,根据应急响应协同预案,将文本预案形式化为工作流模型,转化为计算机可执行的应急响应协同预案工作流,最终成为各应急响应人员可执行的应急处置任务。

应急响应协同工作流如图7.2所示。

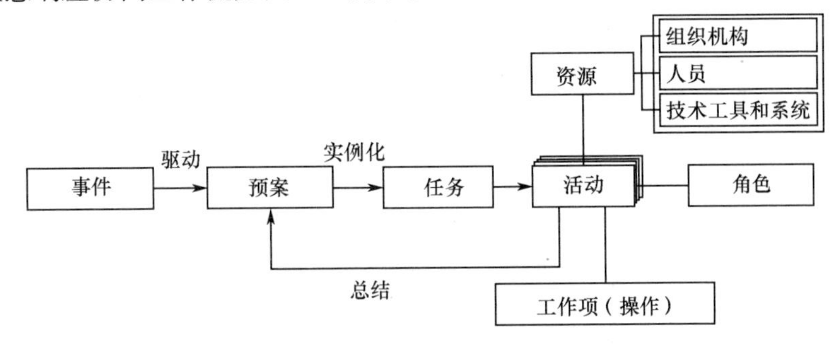

图7.2 安全事件应急响应工作流

(1) 事件:启动一个应急预案的输入。

(2) 预案:对应急事件处理的方案,每个应急预案和一个工作流定义相关联。

(3) 任务:对应一个应急预案的工作流实例。

(4) 活动:组成工作流的各个环节。

(5) 资源:在工作流活动执行过程中被分配的实体,如组织机构、人员、技术工具和系统等。

(6) 工作项:对应活动执行的实际操作。

(7) 角色:指定每个工作项资源所属的角色。

在工作流设计时,利用协同工作流设计器,进行流程建模、流程编制、部署运行、监控分析等。业务人员可以不用技术人员的参与实现形式模型到计算机可理解的预案工作流的设计,即通用的Web应急响应协同预案工作流。在预案工作流设计时可指定每个工作项资源所属的角色,在协同工作流管理时,可根据预案工作流执行状态向不同角色的应急响应人员提供相应的任务列表,并能实时监控并跟踪当前工作流实例执行情况(包括流程图和详细信息)。

2) 基于WFMC规范的应急响应工作流管理技术

工作流管理联盟(WFMC)提出工作流管理系统的参考模型如图7.3所示。

工作流管理系统参考模型中指出工作流管理系统须具备以下三方面功能。

(1) 建模功能。使用过程定义工具对业务流程及其组成活动进行分析,建立节点模型,并用计算机能够处理的形式化语言或模型等进行描述。

(2) 运行控制功能。在运行环境中用来管理工作流实例的运行状况,并对当前未结束的工作进行监控,同时可以维护活动信息或状态信息,可以干预或促进工作流实例的执行。

(3) 运行交互能力。系统为业务实例与用户或被调用的程序间交互提供的工具,用户通过该应用程序,可以知道自己的待办任务列表,调用其他系统的功能或操作,以促进任务项的完成。

应急响应协同预案流程根据安全事件级别性质不同,需协调的应急机构人员

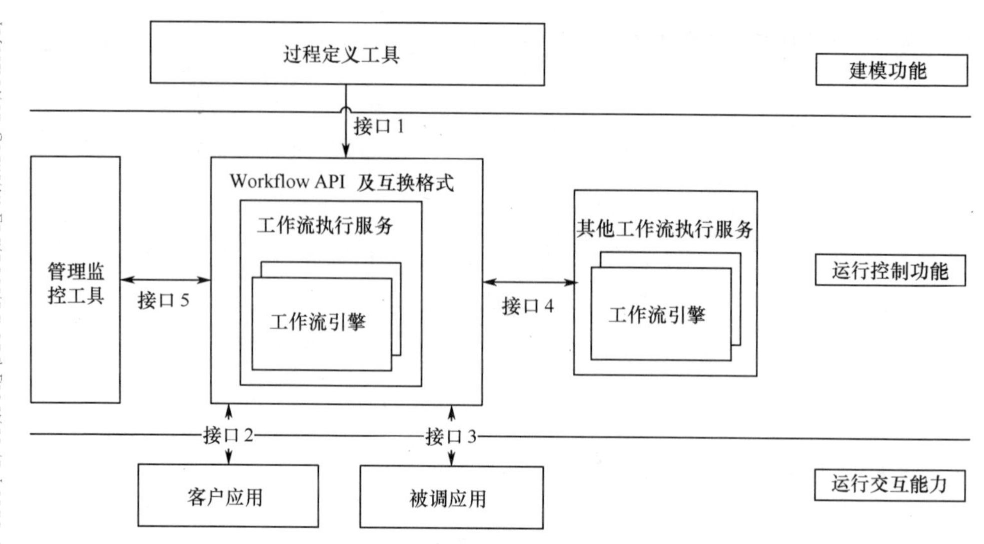

图 7.3 工作流管理系统参考模型

和设备资源变更频繁、响应协同处理流程各不相同。基于 WFMC 规范的应急响应处理工作流管理技术将业务流程以图形和通用语言进行描述,用户不需要开发知识,通过绘制流程方式建立应急响应协同处置流程并自动下发任务,减少产品开发方在业务流程修改时介入引发的各种问题。通过梳理响应协同处理流程之间的联系和异同,将功能相对独立、组件化、可复用的处理任务提取并进行封装,同时梳理出应急响应处理流程中各处理任务相互关系,通过对应急响应处理流程进行编排,实现响应协同流程与任务实现细节剥离。

3）基于工作流引擎集群和本地缓存技术的应急响应处置流程技术

应急响应处置工作流引擎提供引擎集群功能,根据用户应急响应处置流程的请求数量可以被分发到不同的应急响应处置业务流程引擎实例处理,提高整体并发数量;应急响应处置流程访问工作流时自动配置多线程,同时提供本地缓存,进行分布式缓存通知,同时将流程数据分为历史数据和运行数据分离,提高程序访问流程效率从而提高应急响应处置并行处理性能。

7.2.2 应急处置技术

随着信息化技术的高速发展,大型信息系统面临的各种新型网络攻击技术及手段层出不穷,新型智能恶意代码等的破坏性、隐蔽性、持久性越来越强,处置难度增大。同时,安全事件造成的关键数据丢失和损坏往往导致系统失效,同时由于内部人员的不当操作引起的系统失效,难以有效地进行责任认定。在此背景下,大型信息系统应急响应需研究应急处置技术,利用一系列有效的安全技术手段以提高其对恶意代码分析处置、对关键文件和数据恢复、对安全事件的取证追责能力。

大型信息系统应急处置关键技术包括：

1）基于特征码和行为综合分析的恶意程序分析技术

恶意程序具有隐蔽性、专业性、破坏性等特点，一旦爆发，将造成大规模恶意传播，降低系统运行速度，窃取敏感数据，对大型信息系统造成巨大威胁。为此，在大型信息系统中，应针对恶意代码及未知软件的攻击事件，综合利用特征码分析和行为分析技术。基于特征码分析方面，收集各类恶意程序、病毒等样本，分析样本特征，提取特征码并将其保存。以此特征码库为基础进行分析，匹配待测事件是否具有与库中相同的恶意特征。基于行为分析方面，建立虚拟环境模拟执行异常事件，利用工具监视事件执行过程中系统进程、服务、注册表和系统文件等的变化，利用程序工具跟踪程序执行过程中内存、寄存器的变化。

2）基于大数据的业务异常事件检测分析技术

从业务的角度出发，针对大型信息系统的主机、网络等进行异常行为检测分析。由于大型信息系统每天产生大量的日志信息，难以通过人工分析发现异常行为。需要结合大数据技术，针对海量日志信息进行数据挖掘，开展安全事件关联分析、攻击行为预测等研究，对事件行为进行准确分析与追踪溯源。

3）恶意程序清除及关键数据恢复技术

通过各类进程、服务查杀、注册表清理等手段对造成系统安全问题的宿主恶意程序进行彻底清除，使系统回到正常状态；安全事件往往能够造成关键数据和文件的丢失和损坏，造成系统无法正常使用，严重影响系统功能及性能的有效发挥。大型信息系统需要提供能够恢复受安全事件破坏的关键数据、文件及数据库的措施和手段，保障信息系统能够快速恢复正常运作。

4）动态电子取证技术

电子取证技术是将计算机调查和分析技术应用于对潜在的、有法律效力的电子证据的确定与获取。随着网络攻击技术的提高，面向复杂的、协同式的攻击，单一的静态取证技术难以实现对安全事件的回溯分析与责任认定，难以对违规及违法犯罪行为形成震慑。动态取证技术将计算机取证技术、防火墙技术、入侵检测技术和蜜网技术相结合，构成协同工作的体系。通过入侵检测系统进行入侵行为匹配，通过蜜罐发现未知入侵行为，并与防火墙联动关联生成电子证据。

5）统一的知识库

大型信息系统应提供统一的知识库，包括预案库、案例库及事件分析矩阵等。以统一的安全事件处置描述格式，形成应急事件处置预案库、案例库并及时维护更新，同时针对无法直接定义的未知安全事件，提供事件分析矩阵，用于辅助生成流程化的应急处置方案，指导后续应急处置工作的进行。

大型信息系统规模大、人员及设备众多，统一管理难度大，大型信息系统的应急处置还需要借助方便的可视化界面，借助日常检测，以及应急处置过程中的各种应急协同手段来有效应对攻击及各类安全事件的发生。

7.3 典型应急响应案例分析

大型信息系统应急响应需要高效地完成复杂、海量信息安全事件的处理,依赖大量的实践经验、技术储备和相关知识。本节以某大型活动安保科技系统蠕虫病毒爆发应急响应过程为例,介绍应急响应的过程和所使用的辅助工具,为大型信息系统应急响应建设提供参考。应急响应过程的六个阶段并不是相互独立、互不相容的,在应急响应过程中,它们相互依赖甚至融合在一起。为了让读者对应急响应各阶段有一个清晰明确的认识,本书按照六个阶段进行说明。

1）准备阶段

某大型活动安保科技系统物理上分为指挥中心网络和各活动场馆网络,通过专用网络相连,根据场馆分布情况结合信息安全保障体系从技术、管理两方面构建了应急响应体系,提升该大型信息系统的应急响应能力。

（1）技术方面:该大型活动安保科技系统从计算环境安全、网络安全、数据安全、运维管理几方面部署各种安全防护设备和系统,减少安全事件发生的概率。

（2）管理方面:该安保科技系统成立应急响应指挥中心及各场馆应急响应工作组,明确应急响应组织人员角色和职责;制定应急响应事件处理流程;制定应急响应培训和演练制度。

为解决该安保科技系统应急响应人员值班变更频繁、纸质应急响应预案下发不便、各场馆应急处置策略协调一致难、应急响应效果无法量化等问题,该安保科技系统采用应急响应协同系统。通过使用该系统提高应急响应决策、协调调度效率,确保全网应急预案电子化、统一化,同时监督应急响应各过程执行情况和应急响应工作人员绩效考核情况。

2）检测阶段

应急响应事件检测阶段即发现安全事件阶段,安全事件发现的及时与否与安全事件扩散范围有很强的相关性。该安保科技系统安全防护设备/系统众多、运维人员不足、部分人员无安全管理相关经验,为快速准确分析系统安全状况,在该安保科技系统指挥中心部署网络安全运维管理系统实时采集各类安全设备、网络设备、应用系统等对象上报的安全日志、运行状态、安全策略等信息,根据系统内置的规则对各类异构安全信息进行深层次融合,高效实时地分析、展现当前系统整体安全状况及发展趋势。

某日晚19时50分,该大型安保科技系统网络安全运维管理系统发现某视频监控服务器发生蠕虫病毒报警信息,该报警关联的各安全设备/系统的报警信息如图7.4所示。

值班人员初步分析后确定这是一起真实的安全事件,于是立即整理该安全事件信息,使用应急响应协同系统填报蠕虫病毒爆发应急响应处置任务,预案类型选

入侵检测设备

- 蠕虫病毒感染入侵报警

病毒防护系统

- 蠕虫病毒查杀报警

漏洞扫描系统

- 存在WindowsServer服务RPC请求缓冲区溢出漏洞

终端监控系统

- 补丁安装率低于90%
- 不在线报警

该服务器

- 无法访问网关
- 账户策略被自动复位
- Windows系统更新自动禁用
- Windows安全中心自动禁用
- Windows-defender自动禁用
- Windows错误报告自动禁用

图7.4　各安全设备/系统的报警信息

择蠕虫病毒爆发应急响应预案。蠕虫病毒爆发应急响应预案检测阶段应包括的应急响应处置任务见表7.2。

表7.2　检测阶段应急响应处置任务

序号	人员角色	应急响应处置任务
1	值班人员（任务发起人）	观察并随时更新安全事件状况
2	值班人员（其他场馆）	根据安全事件通报情况核实本场馆安全状况，并根据情况启动相应预案
3	指挥人员	协调应急响应小组的所有活动并与应急响应小组外部沟通
4	系统管理员（视频监控服务器管理员）	停用该视频监控服务器，如有备用视频监控服务器启动备用服务器
5	法律人员	准备相关法律材料，配合各阶段应急响应任务收集证据

3）抑制阶段

应急响应事件抑制阶段即处置安全事件的初级阶段，通过调整安全策略将全部被感染主机和可能感染主机进行隔离，以免其进一步扩散。抑制阶段包括的应急响应处置任务见表7.3。

表7.3　抑制阶段应急响应处置任务

序号	人员角色	应急响应处置任务
1	应急响应处置人员	通过防火墙、路由器、交换机或者入侵检测系统的互动将感染蠕虫病毒的主机隔离
2	系统管理员	分析其他服务器和终端的日志文件，以确定蠕虫是否已经扩散

4）根除阶段

应急响应事件根除阶段即在对主机和服务器隔离之后进行蠕虫病毒查杀阶段。为在应急响应处置过程中降低对恶意代码分析处置难度、提高核心系统和文件的恢复能力、快速复制被攻击系统硬盘数据，该安保科技系统使用应急处置工具箱对此次蠕虫进行根除，通过多种应急处置技术有机结合，快速高效恢复业务可用性、为事后的取证提供确凿的电子证据。根除阶段包括的应急响应处置任务见表7.4。

表7.4　根除阶段应急响应处置任务

序号	人员角色	应急响应处置任务
1	值班人员	监视其他Web服务器并记录可疑活动
2	指挥人员	将此安全事件报告上级单位； 因为客户的信息和对系统的访问均未遭破坏，所以不需要通知客户； 联系病毒服务厂商的进行专业病毒查杀
3	应急响应处置人员	创建受破坏系统（视频监控服务器）的映像，用于恢复系统和法律取证； 使用鉴定工具检查视频监控服务器的恢复备份中是否有其他被破坏的迹象
4	应急响应处置人员	对各服务器和终端病毒库进行升级； 为各服务器和终端安装最新补丁
5	应急响应处置人员	进行全面的评估，确认蠕虫被彻底清除，并对各服务器和终端进行安全加固工作，确保不会再次感染

5）恢复阶段

应急响应事件恢复阶段对被攻击视频监控服务器进行恢复。该恢复过程包括的应急响应处置任务见表7.5。

6）跟踪阶段

应急响应事件跟踪阶段即安全事件的总结阶段，该阶段包括的应急响应处置任务如下。

表7.5 恢复阶段应急响应处置任务

序号	人员角色	应急响应处置任务
1	应急响应处置人员	在新硬盘上重新安装操作系统
2	应急响应处置人员	在操作系统重新安装后，进行操作系统的安全配置以提高系统的安全性
3	应急响应处置人员	使用未受感染的备份，结合该视频监控服务器映像还原数据
4	应急响应处置人员	执行完整的系统漏洞评估，记录并修复发现的所有问题
5	应急响应处置人员	将该视频监控服务器重新连接到网络上，并密切监控运行情况

(1) 分析该安全事件产生的原因。通过查看该服务器运行维护记录，确定该视频监控服务器操作系统最近重新安装过，但没有安装最新补丁程序。

(2) 制定预防措施。针对该事件发生的原因，该安保科技系统制定联网许可检查表，以规范的形式规定任何应用系统都必须在“更改配置管理”“Web 服务器支持”和“信息安全”部门检查完成后，才能由“信息安全”部门重新配置防火墙允许连接规则连接到内部网络上。审查人员定期检查，以确保正确而完整地填写联网许可检查表。

(3) 对事件进行总结。整理所有的记录资料，以确定针对此事件完成了哪些任务、每项任务所用的时间，以及是谁执行的任务，并让高层管理人员知道该应急响应事件总代价，它发生的原因，以及计划以后怎样防止此类事件，同时让管理人员意识到没有或不遵守安全步骤或者没有应急响应小组可能带来的损失。

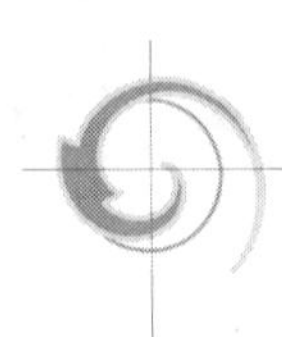

第8章 大型信息系统安全性测试与评估

安全性测试与评估是大型信息系统安全保障的一种有效措施。通过安全性测试与评估技术能够系统、全面、客观地检验、测试和评估大型信息系统的安全状态、安全属性及安全程度。本章首先对安全性测试与评估技术进行总体概述,介绍安全性测试与评估的概念、作用与地位和发展现状;其次针大型信息系统安全性测试技术进行详细描述,包括安全性测试常用的工具和方法;最后介绍大型信息系统的安全风险评估进行详细描述,包括风险评估的要素和风险评估流程。

8.1 安全性测试与评估概述

本节总结了安全性测试与评估的概念、作用及发展现状。

8.1.1 安全性测试与评估的概念

安全性测试与评估[56]开展对信息系统、安全模块、产品等目标的安全性验证、测试、评价和定级,以规范它们的安全特性。安全性测试与评估不同于一般的软件测试,后者主要是检验软件产品是否满足规定的需求,编写相应测试用例测试软件功能、测试软件目标是否存在错误、测试软件稳定性等内容,并对软件定级进行评价,而安全性测试与评估的重点在于信息系统的安全性,通过一系列的安全性手段方法评估信息系统的安全等级以及其抵御安全风险的能力。

安全性测试与评估作为信息系统安全工程过程中的重要环节,在整个信息系统的生命周期中具有十分重要的作用,是保障大型信息系统信息安全的重要手段。安全性测试与评估能够系统、全面、客观地检验、测试和评估大型信息系统的安全状态、安全属性及程度,主要包括安全性测试与安全性评估两个方面[57,58]。安全性测试通过工具或技术手段获得目标的安全属性及度量数据,安全性评估在评估体系的指导下利用安全测试的结果进行客观的评价和定级。当前,安全性测试与评估发展迅速，出现了大量的安全性测试工具、方法和技术，同时针对不同的目标制定了若干评估体系、准则及规范。

安全性测试与评估的对象从传统的通信系统、操作系统、网络系统发展到涵盖技术和管理在内的完整的信息安全保障体系，从最初关注计算机保密性发展到目前关注信息系统基础设施的信息保障，大体经历了以下三个阶段。

1）第一阶段(20 世纪 60—70 年代)：以计算机为对象的信息保密阶段

(1）应用背景：计算机开始应用于政府、军队。

(2）标志性事件：1967 年 11 月，美国国防科学委员会委托兰德公司、迈特公司(MITIE)及其他和国防工业有关的一些公司，开始研究计算机安全问题。到 1970 年 2 月，对当时的大型机、远程终端进行了研究分析，作了第一次较大规模的安全性评估。

(3）主要工作：

① 1973 年，美国国防部制定有关计算机安全的法规、指令和标准(5200.28、5200.28M、5200.28 STD)。

② 1977 年，美国国防部正式提出 BLP 模型(Bell - La Padula 模型)。

③ 1978 年，美国白宫 OMB(管理和预算办公室)发布《联邦自动化信息系统的安全》(A - 71)通告，成为联邦政府就计算机安全提出的最早要求。

④ 1979 年，NBS 颁布风险分析的标准《自动数据处理系统(ADP)风险分析标准》(FIPS 65)。

(4）特点：仅重点针对计算机系统的保密性问题提出了要求，对安全的评估只限于保密性，且重点在于安全性评估，对风险问题考虑不多。

2）第二阶段(20 世纪 80—90 年代)：以计算机和网络为对象的信息安全保护阶段

(1）应用背景：计算机系统形成了网络化的应用。

(2）标志性事件：出现了初期的针对美国军方计算机黑客行为。美国审计总署(GAO)对美国国防系统的信息系统进行了大规模的评估。

(3）主要工作：

① 1981 年，美国国防部组织研究力量研究橘皮书——《可信计算机系统评估准则》，1985 年，橘皮书正式成为国防部的标准，并进一步形成了美国早期的一套比较完整的从理论到方法的有关信息安全评估的准则——彩虹系列。

② 1983 年，制定了《联邦信息处理标准 计算机安全认证和认可指南》(FIPS 102)。

③ 1992 年，美国联邦政府制定了《联邦信息技术安全评估准则》(FC)。

④ 1993 年，美国和欧洲四国(英、法、德、荷)、加拿大共同制定了《信息技术安全通用评估准则》(CC)。

(4）特点：逐步认识到了更多的信息安全属性(保密性、完整性、可用性)，从关注操作系统安全发展到关注操作系统、网络和数据库的安全。试图通过安全产品的质量保证和安全测评来保证信息系统的安全,但实际上仅奠定了安全产品测评认证的基础和工作程序。评估对象多为产品,很少涉及信息系统,因而在严格意义上仍不是全面的风险评估。

3) 第三阶段(20 世纪 90 年代末,21 世纪初):以信息系统关键基础设施为对象的信息保障阶段

(1) 应用背景:计算机网络系统成为关键基础设施的核心。美国的军事、政治、经济和社会活动对信息基础设施的依赖程度达到了空前的高度,2000 年前后,由于国际范围内出现了大规模黑客攻击,迫使美国对信息系统又开始了新一轮的评估和研究,产生了一些新的概念、法规和标准。

(2) 标志性事件:在军方提出信息保障(IA)概念的基础上,美国进行了国家信息安全保护计划和信息保障战略的研究,风险评估思想在其中得到了重要的贯彻。

(3) 主要工作:

① 1997 年 12 月,美国国防部发布《国防部 IT 安全认证和认可过程》(DITSCAP),成为美国涉密信息系统的安全评估和风险管理的重要标准和依据。

② 2000 年 11 月,NIST 为 CIO 委员会制定《联邦 IT 安全评估框架》,该框架提出五个自评估级别。针对该框架,NIST 颁布了《IT 系统安全自评估指南》(SP 800 -26)。

③ 2002 年 1 月,NIST 发布《IT 系统风险管理指南》(SP 800 -30),概述了风险评估的重要性、风险评估在系统生命周期中的地位、进行风险评估的角色和任务。阐明了风险评估的步骤、风险缓解的控制和评估评价方法。

④ 2002 年,NIST 颁布《联邦信息安全管理法案》(FISMA),提出联邦各机构的信息安全项目必须包括定期的风险评估、基于风险评估的政策和流程、安全意识培训计划、对安全的定期测试和评估、对安全事件进行检测和响应的流程以及用来确保信息系统运行连续性的计划和流程。

⑤ 2002 年 10 月起,NIST 先后发布了《联邦 IT 系统安全认证和认可指南》(SP 800 -37)、《联邦信息和信息系统的安全分类标准》(FIPS 199)、《联邦 IT 系统最小安全控制》(SP 800 -53)等多个标准、指南,以风险思想为基础加强联邦政府的信息安全。

(4) 特点:随着信息保障的研究的深入,保障对象明确为信息和信息系统;保障能力明确来源于技术、管理和人员三个方面;认识到 CC 等标准只适合安全产品的测评认证,对于信息系统则需要确立新的包括非技术因素的全面评估,逐步形成了风险评估、认证认可的工作思路,而风险评估工作贯穿于认证认可工作的各个阶段中,且实现了制度化。

经过以上三个阶段的发展,信息安全测试与评估经历了一个从只重技术到技术管理并重,从单机到网络再到信息系统基础设施,从单一安全属性到多种安全属

性全面评估的发展过程。

8.1.2　安全性测试与评估的作用及定位

保障信息系统的安全,需要解决的一个重要问题就是要对自身网络与信息系统的安全状况形成全面的了解,只有充分了解、掌握了信息系统当前的安全状态,包括信息系统存在的脆弱性、面临的威胁、潜在的风险等,才能有针对性地对信息系统实施安全防护、安全改进,才能最有效地发挥安全防护的作用。信息系统安全测试评估正是实现这一目的的重要技术手段,它贯穿于信息系统的整个生命周期。在需求分析、设计、开发、实施、运行等各个阶段,根据不同的评估需求,对组成信息系统的各个组件,包括物理设备、应用系统、数据、管理制度、人员等进行安全测试、分析、评估,以了解信息系统安全状况,认证信息系统的安全性,明确信息系统安全防护需求,实施针对性地信息系统安全防护。信息安全测试评估体系框架如图8.1所示,反映了信息安全测试、评估等的关系。

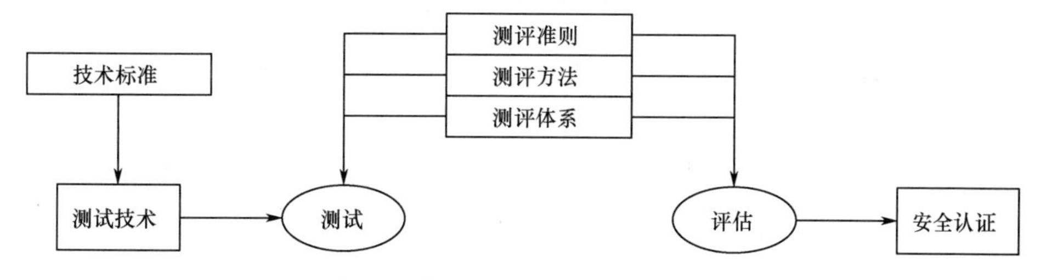

图8.1　信息安全测试评估体系框架

对信息系统进行安全性测试和评估主要可以达到以下目的。

1）系统安全状态的分析评估

信息系统完成建设、投入使用后,最关心的问题就是系统是否安全、是否存在安全漏洞、安全控制措施是否有效、是否能够保证系统内信息的安全性等。通过安全性测试和评估,测试系统安全风险的防御程度,对系统的安全状况进行深入分析评估,评估结论作为衡量系统安全性的重要依据。

2）系统安全需求满足程度的分析评估

信息系统必须满足相应的安全需求,也就是在进行应用系统设计、建设时所规定的系统必须达到的安全要求、具备的安全性。在完成系统建设后,安全需求的满足程度也是衡量其安全性的重要依据。通过安全性测试和评估,测试系统安全功能实现情况,分析系统安全需求的满足程度。

3）系统安全差距和不足的分析评估

明确系统安全现状后,需要对系统存在的差距和不足进行评估,以作为进行系统安全改进、增强的依据,实现系统安全性的不断增强。

4）系统安全防护建议的分析评估

通过系统安全分析评估,确定系统安全不足和差距,并提出改进建议。评估结论可以作为系统安全建设的参考,完成具有针对性地安全技术体系和安全管理体系建设。

综上所述,信息系统安全性测试评估是保证其安全性的重要手段,可以通过系统安全测试与评估达到明确系统安全状况、了解安全需求满足程度、指出存在的不足和差距、提出安全改进建议、指导进行安全防护持续改进等目的。

8.1.3 安全性测试与评估的发展现状

发达国家和地区的政府和信息行业高度重视信息安全测试评估工作,先后研发了大量的信息安全测试技术,制定了一系列的评估准则。

安全性测试与评估是实现信息系统保障的有效措施,各国政府及信息安全行业充分认识到其重要性,制定了一系列的测评标准以指导安全性测试评估工作。信息安全测评标准的发展大体上经历了以下三个阶段。

1) 本土化阶段

1985 年美国国防部(DoD)发布的《可信计算机系统评估准则》(TCSEC)(即橘皮书),是计算机系统信息安全评估的第一个正式标准,该标准的发布对各国产生了广泛的影响。

1990 年前后,英国、德国、加拿大等国也根据本国情况制定了立足于本国国情的信息安全评估标准。例如,加拿大于 1989 年公布的《可信计算机产品评估准则》(CTCPEC)。

1991 年,美国结合北美和欧洲有关评估准则,制定了《美国信息技术安全联邦准则》(FC)。该准则对保护框架和安全目标作了定义,明确了由用户提供其系统安全保护需求的详细框架,产品厂商定义产品的安全功能及安全目标等。FC 只是一个过渡标准,没有最终正式发布。

2) 多国化阶段

由于信息安全评估技术的复杂性和信息安全产品国际市场的逐渐形成,国家单独制定并实施的评估标准已不能满足国际交流的需求,多国联合制定统一的信息安全评估标准迫在眉睫。

90 年代初,英国、法国、德国、荷兰四国信息安全机构针对 TCSEC 的局限性,联合制定了《信息技术安全评估准则》(ITSEC),该准则成为欧盟各国使用的共同评估标准。

ITSEC 出台后,欧美六国七方(即英、法、德、荷、加五国国防信息安全机构,及美国国防部国家安全局 NSA 和美国国家标准与技术局 NIST),经过五年的研究开发,共同制定了一个供欧美各国通用的信息安全评估标准——《信息技术安全通用评估准则》(CC)。

3) 全球化阶段

为了适应经济全球化的形势要求,国际标准化组织于 1999 年将 CC 标准修改作为国际标准——ISO/IEC15408－1999。

国际标准的出台，反过来又推动了各国测评标准的发展进程。澳大利亚在1999年专门针对风险管理制定了国家标准《风险管理指南》（AS4360）。2001年，NIST在联邦IT认证认可的名义下推出的SP800系列特别报告中也涉及了大量的测评相关的标准、指南。

美国国防部于2002年发布了《信息安全保障指令（8500.1）》，于2003年发布了《信息安全保障实现（8500.3）》，作为国防系统安全评估（包括安全管理）的依据。

下面对国内外主要的安全测评标准进行介绍。

1）ITSEC标准

1991年，由英国、德国、法国、荷兰等欧洲国家组成的欧洲委员会共同统一制定了《信息技术安全评估标准》ITSEC（The Information Technology Security Evaluation Criteria version 1.2），并在第二年补充制定了《信息技术安全评估手册》ITSEM（Information Technology Security Manual version 1.0）。

ITSEC标准指出信息技术安全意味着保密性、完整性和有效性。标准主要涉及在硬件、软件和固件上面实现的技术安全措施，而不包括硬件安全的物理方面，例如电磁辐射的控制。

标准主要从安全的功能、安全的保证和安全的效果三个方面进行了定义，旨在证明TOE（Targe of Evaluation）和ST（Security Target）的一致性。

在安全的功能中，标准定义了TOE、ST、预定义类等重要概念。安全的保证是ITSEC的重点，从效力的保证和正确性保证两方面分别加以评估。而且，对评估的每个细节方面都从内容和描述的需求、证明的需求和评估者行为三个方面进行评估；授予一个TOE的等级是评估的效果。标准中指出，TOE的等级包括：TOE安全目标的参考，作为评估的基线；评估层次E0～E6；TOE安全机构的最低强壮性等级（Basic、Medium或High）。

ITSEC是较为早期制定的欧洲标准。ITSEC对产品和系统的安全评估有分别的说明，即标准面向信息产品和系统，分别从产品和系统角度制定安全评估标准；但是，在ITSEC标准具体内容规定中，对产品和系统的评估工作的活动或者评估步骤是一样的，并没有明确的区分；ITSEC是标准框架，具有抽象性，并且可操作性不强。ITSEC作为评估标准，其目的就是作为评估的直接依据，评估者可以依据这些标准进行评估工作，最终给出信息安全级别。

2）CC标准

信息技术安全评估公共标准CCITSE（Common Criteria of Information Technical Security Evaluation），CC（ISO/IEC 15408－1），是美国、加拿大及欧洲四国经协商同意，于1993年6月起草的，是国际标准化组织统一现有多种准则的结果，是目前最全面的评估准则。

CC 源于 TCSEC,但已经完全改进了 TCSEC。CC 的主要思想和框架都取自 ITSEC(欧)和 FC(美),它由三部分内容组成。

(1) 简介以及一般模型:定义 IT 安全评估的一般概念与原则并提出一个评估的一般模型;定义表示 IT 安全目标的结构;描述 CC 的每一部分对每一目标读者的用途。

(2) 安全功能要求(技术上的要求):包含良好定义的且较易理解的安全功能要求目录,它将作为一个表示 IT 产品和系统安全要求的标准方式。该目录按"类—子类—组件"的方式提出安全功能要求。

(3) 安全认证需求(非技术要求和对开发过程、工程过程的要求):包含建立保证组件所用到的一个目录,它可被作为表示 IT 产品和系统保证要求的标准方式。该部分还定义了对保护轮廓(PP)和安全目标(ST)的评估标准。第三部分的目录也被组织为与第二部分同样的"类—子类—组件"结构。在第三部分中还提出了七个评估保证级别(EAL)。EAL 被开发的目的在于保留从源标准(TCSEC、ITSEC 和 CTCSEC)中抽取出的保证概念,这样以前的评估结果就可有一个对应。

CC 的三个部分相互依存,缺一不可。这三部分的有机结合具体体现在 PP 和 ST 中,PP 和 ST 的概念和原理由第一部分描述,PP 和 ST 中的安全功能要求和安全保证要求在第二、三部分选取,而这些安全要求的完备性和一致性,则由二、三两部分来保证。

CC 与早期的评估准则相比,主要具有三大特征。

(1) CC 评估准则是面向整个信息产品生存期的。

(2) CC 评估准则不仅考虑了保密性,而且还考虑了完整性和可用性多方面的安全特性。

(3) CC 评估准则有与之配套的安全评估方法 CEM(Common Evaluation Methodology)。

CC 定义了作为评估信息技术产品和系统安全性的基础准则,提出了目前国际上公认的表述信息技术安全性的结构。CC 分离了功能与保证,即把安全要求分为规范产品和系统安全行为的功能要求,以及解决如何正确有效地实施这些功能的保证要求。

3) GAO/AIMD－99－139 风险评估指南

1998 年 5 月,美国审计总署 GAO 颁布了《信息安全管理指南—向先进公司学习》(GAO/AIMD－98－68),并出版了支持性文件《信息安全风险评估指南—向先进公司学习》(GAO/AIMD－99－139),在风险评估指南中分析了四类公司的风险评估过程,为更多的组织提供了一种行之有效的风险评估方法。

该指南包括三个部分:第一部分主要介绍了风险评估在风险管理中的地位、风险评估过程的基本要素以及信息安全风险评估过程中的难点;第二部分给出了第三部分案例研究的概述,分析了风险评估过程中关键的成功因素、风险评估工具,以及风险评估能为组织带来哪些益处;第三部分主要是案例分析,美国审计总署从调查的众多组织中选取了有代表性的四个组织,对他们的风险评估过程进行了分析和阐述。

标准提出,在风险评估中无论所考虑的风险属于何种类型,风险评估过程通常都包括以下要素。

(1) 识别可能危害关键运作和资产并对其造成负面影响的威胁。

(2) 在历史信息以及有经验的人员的判断基础上,估计此类威胁发生的现实可能性。

(3) 识别并评价可能受到此类威胁发生影响的运作和资产的价值、敏感度和关键度,以确定哪些运作和资产是最重要的。

(4) 对最关键、最敏感的资产和运作,估计威胁发生可能造成的潜在损失或破坏。

(5) 识别经济有效的措施以减轻或降低风险。

(6) 将结果形成文件并建立活动计划。

相比而言,风险评估指南具有如下特点。

(1) 标准中提出了风险评估过程的基本要素。

(2) 标准提出了在对信息系统进行风险评估过程中可能影响风险的因素。

(3) 标准通过选取了四个具有代表性的组织(跨国石油公司、金融服务公司、政府组织、计算机软/硬件公司)对风险评估过程进行了分析和说明,为对不同组织如何进行风险评估提供了依据。

4) ISO/IEC 27000 系列标准

ISO/IEC JTC1 SC27 对信息安全管理系统(ISMS)国际标准族进行开发,此标准族采用 27000 系列号码作为编号方案,将原先所有的信息安全管理标准进行综合,并进行进一步的开发,形成一整套包括 ISMS 要求、风险管理、度量和测量以及实施指南等在内的信息安全管理体系。形成综合信息安全管理系统要求、风险管理、度量和测量以及实施指南等一系列国际标准。

(1) ISO/IEC 27001—2005《信息安全管理体系要求》。该标准源于 BS7799-2,主要提出 ISMS 的基本要求为建立、实施、运行、监视、评审、保持和改进信息安全管理体系(Information Security Management System,ISMS)提供模型。一个 ISMS 的设计和实施受业务需求和目标、安全需求、所采用的过程以及组织的规模和结构的影响,上述因素及其支持过程会不断发生变化。ISO 27001 标准可以作为评估组织满足顾客、组织本身及法律法规的信息安全要求能力的依据,无论是组织自我评估还是评估供方能力,都可以采用,也可以用作独立第三方认证的依据。

(2) ISO/IEC 27002—2005《信息安全管理实用规则》。该标准取代了 ISO/IEC 17799—2005,直接由 ISO/IEC 17799—2005 更改标准编号为 ISO/IEC 27002,已于 2007 年 4 月实施。本标准为在组织内启动、实施、保持和改进信息安全管理提供指南和通用的原则。本标准的控制目标和控制措施预期被实施以满足由风险评估所识别的要求。可以作为一个实践指南服务于开发组织的安全标准和有效的安全管理实践。

(3) ISO/IEC 27003—2010《信息安全管理体系实施指南》。该标准为按照ISO/IEC27001 建立信息安全管理体系(ISMS)实施计划提供应用指南。通常将ISMS 作为一个项目实施。该标准已于2010 年2 月正式发布。

(4) ISO/IEC 27005—2008《信息安全风险管理》。该标准以 BS7799 - 3 和ISO13335 为基础,已于2008 年6 月正式发布。本标准描述了信息安全风险管理的要求,可以用于风险评估,识别安全要求,支撑信息安全管理体系的建立和维持。

5) NIST 系列标准

2009 年5 月,NIST 发布了由其计算机安全部研究的风险管理框架的 FAQs 和快速指南(Quick Start Guides,QSGs)的进展情况,其中第1 步"分类"和第6 步"监控"的 FAQs 和 QSGs 已经制定完成,并可以投入使用,第2 至5 步的 FAQs 和 QSGs 仍在研发中。这些 FAQs 和 QSGs 文档与 NIST SP 系列标准、FIPS 标准共同指导风险管理框架中每一步骤的具体实施。

2009 年7 月7 日,NIST 在其官方网站发布了 FISMA 实施项目开发和修订的关键出版物的重要事件进展情况,其中所列的出版物包括:

(1) SP 800 - 53 修订版3:Recommended Security Controls for Federal Information Systems and Organizations。

(2) SP 800 - 37 修订版1:Guide for Applying the Risk Management Framework to Federal Information Systems: A Security Life Cycle Approach(原联邦信息系统安全性认证认可指南)。

(3) SP 800 - 39:Integrated Enterprise - wide Risk Management: Organization, Mission, and Information Systems View(原信息系统管理风险:组织视角)。

(4) SP 800 - 53A 修订版1:Guide for Assessing the Security Controls in Federal Information Systems and Organizations。

(5) SP 800 - 30 修订版1:Guide for Conducting Risk Assessments(原信息技术体系风险管理指南)。

(6) SP 800 - 115:为组织计划和执行信息安全测试和评估、分析发现的安全问题、开发减缓策略提供指南。该指南为设计、实施和维护关于安全测试和评估过程的技术信息提供了可实践的建议。

(7) SP 800 - 117:文档为 SCAP 综述,重点描述组织如何使用支持 SCAP 的工具增强其安全态势,说明 IT 产品和服务提供商如何能够使其产品具有 SCAP 能力。SCAP 提供一种标准化的方法来维护企业系统的安全,如自动化验证当前安装的补丁、核查系统安全配置设置、发现系统在受攻击后留下的痕迹。

(8) SP 800 - 128:安全信息系统的配置管理指南草案。该草案提供了管理信息系统架构的配置和相关的安全处理组件,以及信息传输。安全配置管理是一项重要的职能,建立和维护安全信息系统的配置,并提供了组织管理信息系统风险的重要支撑。NIST 的 SP 800 – 128 安全配置管理实践过程包括:规划安全配置的组织管理活动;规划安全配置管理活动信息系统;配置的信息系统安全状态;保持在安全状态下的信息系统配置、监测信息系统的配置,以确保配置不是无意中改变成批准的状态。

目前 FISMA 项目的实施,是由 NIST 和国防部、国家情报总监办公室和国家安全体系委员会成立的联合任务工作组共同开发的联邦政府及其承包方的信息安全标准和指南,上述公开出版物完成时间的调整,是与当前项目实施要求的优先级保持一致的。

6) 我国信息安全测评标准

我国于 1999 年前后开始信息安全测评工作。1999 年,我国颁布了国家标准《计算机信息系统安全保护等级划分准则》(GB 17859—1999)。1999 年 2 月,国家质量技术监督局正式批准了国家信息安全测评认证管理委员会章程及测评认证管理办法。2001 年,我国根据 CC 标准颁布了国家标准《信息技术 安全技术 信息技术安全性评估准则》(GB 18366—2001)。

8.2 安全性测试

本节总结了安全性测试方法、常用工具以及面向大型信息系统进行安全性测试的相关技术。

8.2.1 安全性测试常用方法

信息系统的安全性测试常见方法可分为正向安全性测试及反向安全性测试。正向安全性测试重点在于分析信息系统架构、协议设计及软件系统的设计和实现过程中的缺陷,即考虑“safety”安全;而反向安全性测试是检测信息系统运行过程中表现出的安全脆弱性,这种安全脆弱性是信息系统前期设计、实施以及信息系统运行期间各种因素综合导致的结果,也就是“security”安全。

1) 正向安全性测试

信息系统安全性测试发源于软件测试,正向安全性测试与软件测试类似,从系统设计、实现的角度正向进行测试,测试重点在于系统的安全功能。正向安全性测试是信息系统安全性的一个基础性和支撑性的安全控制措施,测试信息系统不会因为设计和实现问题而引起的部件自身问题影响整个信息系统的安全。

信息系统最基本安全功能包括保密性、完整性和可用性。

(1) 保密性是确保计算机的相关资源仅被合法用户访问,它强调的是用户和系统只有授权后才能访问被保护了的数据,从而保持数据的机密性、私密性和个人专有性。

（2）完整性是指系统中的资源只能由授权的方式进行修改，从而保证信息不受非法操作的破坏，其中修改包含了写入、替换、复制、状态转换、创建和删除等操作。

（3）可用性是指系统中的资源对授权方是有效可用的，用户和系统如果有访问资源的合法权限，那么访问就不能被拒绝。扩展的安全功能包括不可否认性、身份认证、授权、访问控制、审计跟踪、隐私保护、安全管理等。

2）反向安全性测试

反向安全性测试以信息系统为目标，从使用者、攻击者的角度对信息系统的安全属性进行测试，反向安全性测试内容包括安全漏洞测试、渗透测试[59]等。

（1）安全漏洞是指系统在设计、实现、操作、管理上存在的可被利用的缺陷或弱点。漏洞被利用可能造成系统受到攻击，使系统进入不安全的状态，从而对系统造成危害。安全漏洞测试包括对已知漏洞的检测和对未知漏洞的挖掘两个方面。对已知漏洞的检测主要是通过漏洞扫描技术，测试系统是否存在已公布的安全漏洞，可用于对信息系统建设中所使用的商业操作系统、数据库、应用软件等的安全性测试。而对未知漏洞挖掘的目的在于发现系统中存在但尚未被发现的漏洞，主要用于对信息系统建设中的专用软件或自研软件的安全性测试。现有的未知漏洞挖掘技术从操作的自动化程度角度，可分为手工分析和自动/半自动化分析；从软件的运行态角度，可分为静态检测和动态检测；从软件代码的开放性角度，可分为白盒测试、黑盒测试和灰盒测试。

（2）渗透测试是从黑客的角度，模拟黑客攻击行为，对目标信息系统及网络进行攻击性测试的活动。具体是指系统安全性测试工程师从黑客的角度审视信息系统，对被测目标采取一系列的攻击手段（如信息探测、漏洞扫描等措施），对目标安全性做出深层挖掘，发现目标薄弱点，并试图用一些工具、手段对这些薄弱点进行攻击的过程，在攻击渗透之后利用安全漏洞进行进一步维持操作，同时基于整个过程获取的数据评估信息系统安全漏洞可能造成的危害程度。通过对目标攻击和漏洞利用的分析，了解掌握被测目标的安全薄弱点，指导信息系统管理人员采取有针对性地措施加强其安全防护能力。

8.2.2 安全性测试常用工具

早期的安全性测试通常基于测试人员的经验，人工进行系统安全性检查。随着网络和信息技术的发展，逐渐开发出自动化工具用于安全性测试以替代人工操作。这些安全性测试工具可基于本地也可基于网络，实现本地和远程测试操作。测试工具的使用也使得检查结果更具有真实性、可靠性、参考性，为信息系统安全管理人员、开发人员、系统管理人员提供维护和保障系统安全的重要数据。

目前安全功能测试仍需要依据系统的安全需求说明，人工编写测试用例进行测试验证,安全漏洞测试和渗透测试都已经实现了自动化或半自动化的测试,有一系列成熟的工具。

8.2.2.1 漏洞扫描工具

漏洞扫描工具[59,60]是一种自动检测远程或本地系统安全性的工具。一般可将漏洞扫描工具分为主机漏洞扫描和网络漏洞扫描两种类型。主机漏洞扫描工具只在系统本地运行,用于检测主机系统漏洞的工具,如 COPS、tiger 等软件。网络漏洞扫描工具基于 Internet 远程检测目标网络和主机系统漏洞的工具,对于信息系统的安全性测试一般采用网络漏洞扫描工具。

随着安全产业的不断细分,部分漏洞扫描工具也根据其扫描目标进行了进一步细化,有专门针对 Web 服务的网站漏洞扫描系统,如 N – Stalker;也有专门针对数据库服务的数据库漏洞扫描系统,如安信通数据库漏洞扫描系统。

1) 绿盟极光远程安全评估系统

绿盟极光远程安全评估系统是一款通用漏洞扫描系统,不仅能对网络上的主机、设备进行全面的漏洞扫描,也包含了对 Web 应用扫描功能。该系统采用 B/S 架构,运行在经过优化的专用安全系统平台,具有很高的安全性和稳定性,用户能够以 SSL 加密通信方式通过浏览器进行远程管理。

通过提供多种二次开发接口,极光远程安全评估系统可以与其他安全产品进行协作互动。在最新的极光产品中,通过提供验证方法和工具,使用户可对扫描出的漏洞进行进一步的确认。

2) Nessus

Nessus 是由法国人 Renaud Derasion 编写的,它是第一个使用插件的漏洞扫描工具,支持插件的实时升级,具有检测漏洞多、准确、速度快的特点使其在众多漏洞扫描器中脱颖而出。

Nessus 的强大的功能是依赖于其丰富的插件来实现的,在 Nessus 的最初测试版本中仅能够检测 50 个漏洞,那时的插件是使用 C 语言编写的,需要编译后才能运行。在 Nessus 正式版发布后不久,C 语言编写插件的弊端显现出来:为了支持插件的升级,用户每次都要重新编译整个程序才能完成插件的升级,为此,Renaud Derasion 又为 Nessus 开发了 NASL 插件编写语言。

Nessus 的特点在于其扫描功能全部由插件实现,其开源版本虽然已经老旧,但仍可通过编写新的漏洞插件,使其具有扫描新漏洞的功能。

3) N – Stalker

N – Stalker 是一款著名的 Web 扫描工具,在业界处于世界领先水平。作为第一款商业化的 HTTP 安全扫描工具,N – Stalker 维护着一个超过 39 000 个攻击签名的数据库。

N – Stalker 的新版本提出了面向组件的 Web 应用安全分析技术,并推出了保障用户的 Web 应用开发生命周期的 Web 应用安全套件，使其不仅是一个 Web 资源的安全扫描工具，更成为一个 Web 应用开发全生命周期的安全解决方案。

N－Stalker 通过提供验证工具，帮助用户对 Web 漏洞进行进一步的分析、验证，见表 8.1。

表 8.1 N－Stalker 提供的验证相关工具

工具名	用途
Web Proxy	该工具可基于关键字监听、截获 HTTP 通信信息，包括经 SSL 加密的通信信息
HTTP Brute Force	该工具用于获取 HTTP 登录证书
Web Discovery	用于发现 HTTP 服务，并对其进行指纹识别，指出其运行的平台
Encoder Tool	用于对信息进行加解密
GHDB Tool	GHDB 即 Google Hacking Database，用于帮助用户搜索站点的缺陷
HTTP Load Tester	用于测试并发处理的性能

4）安信通数据库漏洞扫描系统

安信通数据库扫描系统通过创建和执行安全策略来保护数据库的安全，能自动检测出当前主流数据库 Oracle、SQL Server、Sybase、MySQL 和 IBM DB2 等的安全隐患，帮助用户更快、更准确、更及时地发现数据库系统中的漏洞。

安信通数据库扫描系统采用 C/S 架构，其产品分为软件和硬件两种形态，其支持扫描的数据库包括 Oracle 数据库、Microsoft SQL Server 数据库、Sybase 数据库、MySQL 数据库和 IBM DB2 数据库，暂时还不支持对国产数据库的扫描。

安信通数据库扫描系统将数据库安全分为软件相关、管理相关和用户相关等方面，提供授权检测、非授权检测和渗透检测三种扫描检测方式进行全面的漏洞扫描。在数据库漏洞详细报告中提供了详细的漏洞修复建议和方法，并对部分漏洞提供了自动修复的功能，有效地提高了漏洞修复的效率。

8.2.2.2 渗透测试工具

自动化的渗透测试工具可以有效提高渗透测试的效率和准确性，同时可以有效降低测试的成本。渗透测试工具从黑客的角度审视信息系统，攻击系统存在的安全弱点和漏洞，对目标信息系统及网络的安全性进行测试，了解和掌握信息系统存在的安全问题，为加强安全防护能力提供有力支持。目前比较流行和成熟的渗透测试工具有 Core Impact、Canvas 和 Metasploit Framework，其中 Metasploit Framework 为开源的渗透测试工具。

1）Core Impact

Core Impact 是 Core Security Technology 公司开发的自动化渗透测试工具，为渗透测试人员提供了一个全面、高效的平台，通过自动化的渗透测试流程提高测试的效率，通过实时的更新确保渗透方法的有效性，并为管理者制定安全决策提供详尽的结果报告。Impact 有三个主要组成部分,分别为 Impact 代理、Impact 模块和控制台,三者相互配合完成对目标系统的信息搜集和处理。Impact 代理实际上是一个应用程序,主要实现执行控制主机下发的运行任务,并且通过建立代理链实现一个代理在另一个代理上执行任务。代理链使得测试者从目标的一个缺口进行深入渗透测试成为可能。Impact 模块指一个或一组可单独执行并完成某项任务的操作,如执行某特定攻击的模块或通过包嗅探搜集端口信息的模块。控制台是 Impact 呈现给测试者的图形化界面,包括所有模块的启动点,被攻击网络的控制面板以及观察结果的报告工具。

2) Canvas

Canvas 是 ImmunitySec 公司推出的渗透测试框架,与 Impact 不同的是它没有渗透测试向导,自动化程度较低。通过搜索指定的主机的漏洞,利用漏洞进行攻击并在目标主机建立监听器。该监听器可用来传送文件、启动进程、执行命令。Canvas 包含大量的模板库,可用来开展高效的渗透测试工作。并且用户可按照购买的框架源代码自行编写脚本,利用 Canvas 的内建函数以及动态 shellcode 产生器,生成针对发现的漏洞集成的 Canvas 攻击模块。另外,Canvas 有一个独特的功能,可通过调节界面上的滑块,控制测试操作的速度,可能能够躲避 IDS 等网络安全设备的检测,有助于实现隐秘测试,这是 Canvas 与众不同且非常有用的特性。

3) Metasploit Framework

Metasploit Framework(MSF)是安全风险信息解决方案提供商 Rapid7 推出的渗透测试框架。Rapid7 公司的渗透测试工具包括 Metasploit Pro、Metasploit Express 和 Metasploit Framework,其中前两个为企业版渗透测试工具,而 MSF 则是完全开源的框架。最新版本 MSF 包含了超过 750 种流行的操作系统及应用软件的漏洞,以及 224 个 shellcode。MSF 是一个开源的渗透测试框架,用户可自行编写攻击载荷或 shellcode,搭载到 MSF 进行渗透攻击。也正是由于这个特性,使得 MSF 容易被恶意攻击者利用,利用 MSF 框架中提供的高危险等级的漏洞对目标系统进行恶意攻击。

MSF 的设计采用模块化方式,以提升代码复用效率,MSF 的体系结构如图 8.2 所示。在基础库文件(lib)中提供了核心框架和一些基础功能。实现渗透测试功能的主体部分以模块化方式组织,按照不同用途分为六种类型的模块(Modules)。为了扩充 MSF 框架对渗透测试全过程的支持功能,Metasploit 采用插件(Plugins),支持将外部的安全工具与框架进行集成。Metasploit 通过用户接口(Interface)和功能程序(Utilities)与渗透测试者和安全研究人员进行交互。

8.2.3 大型信息系统安全性测试技术

大型信息系统搭建或评估中,评估人员需要借助安全性测试技术获得反映系统安全性的数据。测试技术需要准确、经济地为评估提供指标值或相关数据,测试

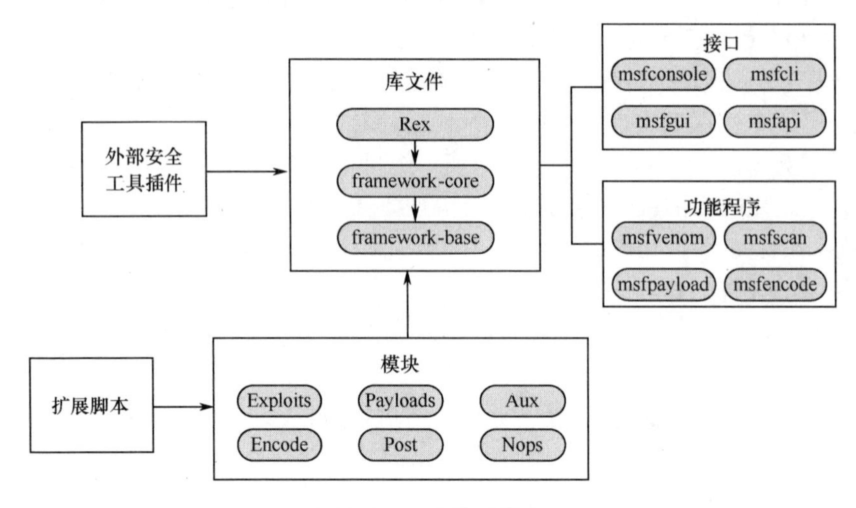

图 8.2　MSF 体系结构

数据反映信息系统在安全功能符合性和一致性、安全性能、抵御攻击的稳定性等方面的情况，为提高信息系统的质量或准确评估系统等级提供依据。

1）测试环境的构造与仿真

在传统的测试方法中[61,62]，测试人员通过构建实际运行环境进行测试，在构造的实际环境中，测试人员使用专用的测试工具获得系统的运行数据。随着网络的发展和系统规模的增加，构造实际运行环境变得越来越复杂、代价越来越高，如测试并发压力需要大量的计算机终端，另外在实际系统中控制终端，采集和分析数据难度较大。

在这种情况下出现了各种测试环境构造与仿真技术，例如，流量仿真技术可以模拟不同带宽、连接数和种类的网络流量，适合于针对测试对象的背景流量或所需处理的流量；攻击仿真技术模拟攻击者的主机向被测系统发起的攻击数据；通信仿真技术可以模拟所需的通信流量，也可以通过加入人为的噪声或损失；设备仿真技术可以模拟终端，与被测试系统通信。在技术研究基础上，研发了针对不同仿真应用的测试仪。Spirent 和 IXIA 等企业的测试仪集成了多种仿真技术支持测试环境的构造和仿真。

IXIA 测试仪是用于测试多层 10/100Mbit/s 以太网、千兆以太网、USB 的设备和网络，可用于多种网络设备性能测试。IXIA 测试仪的特点是提供最大的端口密度，支持广泛的接口种类。IXIA 的接口模块支持：155M、622M、2.5G 和 10G 的 POS 接口，10M、100M、1000M 和 10G 的以太网接口。此外 IXIA 采用上行和下行 FPGA 技术，在每个端口上实现线速的流量发生和统计分析，包括时延的实时测试。IXIA 支持 4～7 层网络仿真，支持 RFC2544、RFC2285、QoS 测试、IP 多播测试、服务负载均衡测试、路由能力及收敛测试等。测试连接图如图 8.3 所示，一般的测试仿真通过发送端口发送数据包,经过被测设备或网络到达接收端口,测试仪对数据报文的传输过程加以分析,得出测试结论。

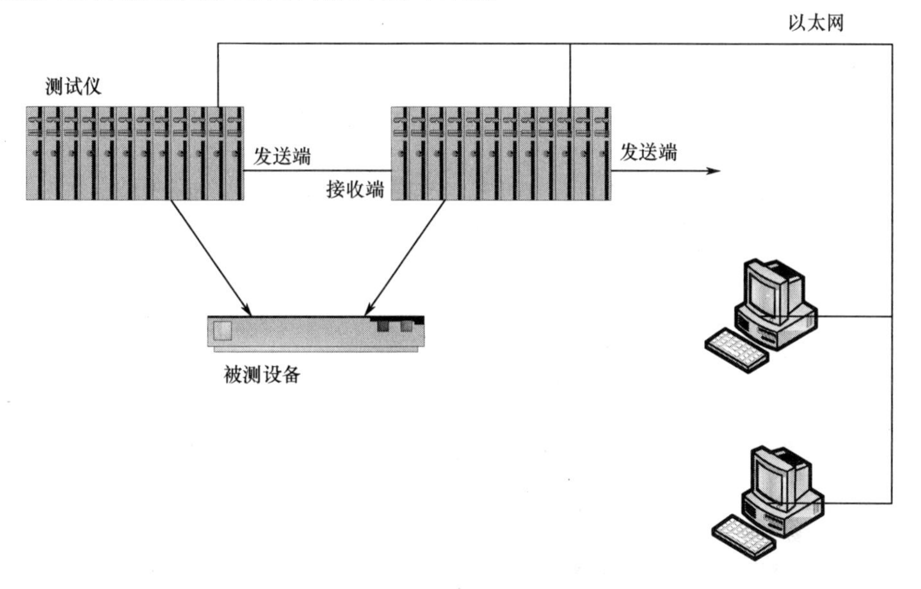

图 8.3　IXIA 测试连接图

2）安全功能测试

安全功能测试检查信息系统、其子系统、模块或信息安全产品是否具备安全功能要求,制定的安全策略是否符合安全功能要求,也包括通过测试相应的指标量衡量信息系统安全功能的程度和效果,该部分的测试方法主要基于信息系统分级保护、等级保护及其他相关标准。

安全功能测试通常通过信息调研和人工测试两个阶段展开。信息调研包括系统调查和访谈两种手段。在信息调研阶段,测试人员通过书面或者访谈的形式收集目标信息系统安全功能的相关信息,对目标要点进行摸底。收集的信息大体包括系统组成、分布、网络拓扑,信息产品的功能、运行平台、数据库和网络协议等。人工测试阶段测试人员对信息系统具备的以及实现信息安全必须的安全功能进行测试,安全功能测试的测试点包括运行安全、数据安全、应用服务安全、通信安全、Web 防护安全等方面。

为了使测试结果更全面、准确地反映实际情况,测试方法需要包括典型的应用实例或输入数据,对输入数据往往还要考察边界值等极端情况。随着根据设计方案描述语言或源代码自动生成测试用例和输入的自动化技术的发展,安全功能测试的效率得到了极大的提高。

3）安全性能测试

对大型信息系统进行安全性能测试的主要目的是测试信息系统应对大量业务访问的情况下保障稳定运行的能力。安全性能测试主要通过输入、下载不同带宽、速率的数据或建立不同数量的通信连接,得到被测信息系统的数据处理能力值及可能的相互影响情况,如最大带宽、吞吐量、最大并发数、最大处理速率等。同时,安全性能测试还包括连接建立速度、通信时延、响应速度、错误率和丢包率等。由于安全性能测试需要模拟大量的流量及用户数据,因此性能测试需要搭建仿真的测试环境。

4) 安全性攻击测试

安全性攻击测试以黑客的视角审视信息系统,利用网络攻击技术或主机攻击技术手段,挖掘信息系统的脆弱性和安全漏洞,根据被测对象特性实施针对性的攻击测试,从整体上全面测试信息系统面临的安全问题。安全性攻击测试分为脆弱性挖掘和模拟攻击两个方面。

脆弱性挖掘包含源代码安全测试和模糊测试等。源代码安全测试主要针对信息系统中具有源代码的安全产品。源代码安全性测试主要使用源代码检测工具,对目标软件源代码进行安全性检测,通过词法分析、语法分析、语义分析,并进一步分析目标代码的数据流、控制流,在安全检测规则的指导下,检测目标代码中可能存在的安全隐患。模糊测试通过对信息系统中数据传输接口所使用数据格式进行分析,并向目标装备发送构造的变异数据,造成目标装备运行异常,以此对目标装备可能存在的安全漏洞进行分析。

模拟攻击需在系统管理人员授权的前提下,通过讨论详细论证测试方法、范围及内容,采用可控制、非破坏性的方法和手段测试大型信息系统中服务器、Web 应用、网络配置、软件程序、主机终端等各方面的安全性。攻击测试实施步骤通常遵循《渗透测试执行标准》(Penetration Testing Execution Standard)给出的七个阶段,测试流程及其详细方法如图 8.4 所示。

(1) 前期交互阶段。该阶段通常是与客户讨论,确定测试的目标和范围,并进一步制定详细的测试步骤,选定测试工具,获取客户的许可并做基本准备。

(2) 情报搜集阶段。在该阶段测试者利用攻击工具和方法搜集目标的各种信息,包括运作模式、行为机理、目标采取的防御机制等。同时确认目标系统存活主机或设备,搜索存活主机的详细信息,包括操作系统版本、运行的服务、特定的厂商和版本以及所有来自主机的公开的可用信息。

(3) 威胁阶段。该阶段主要利用搜集的目标信息,标识目标系统可能的安全漏洞和弱点。建立攻击模型,确定攻击方法,明确下一步攻击系统的突破口。

(4) 漏洞分析阶段。在确定攻击方法后,考虑如何利用搜集的漏洞获得更多的信息或系统控制权。在该阶段,测试者分析前几个阶段获得的信息,特别是对端口和漏洞扫描的分析,找出最适合的攻击路径。

(5) 渗透攻击阶段。渗透攻击阶段是最容易失败的阶段,稍有不慎就会触发目标系统的防御措施。因此,测试者必须充分了解系统存在的漏洞,并很好地加以利用。在渗透攻击中,应尽量采用已经过研究和使用的测试方案,才能最大程度的

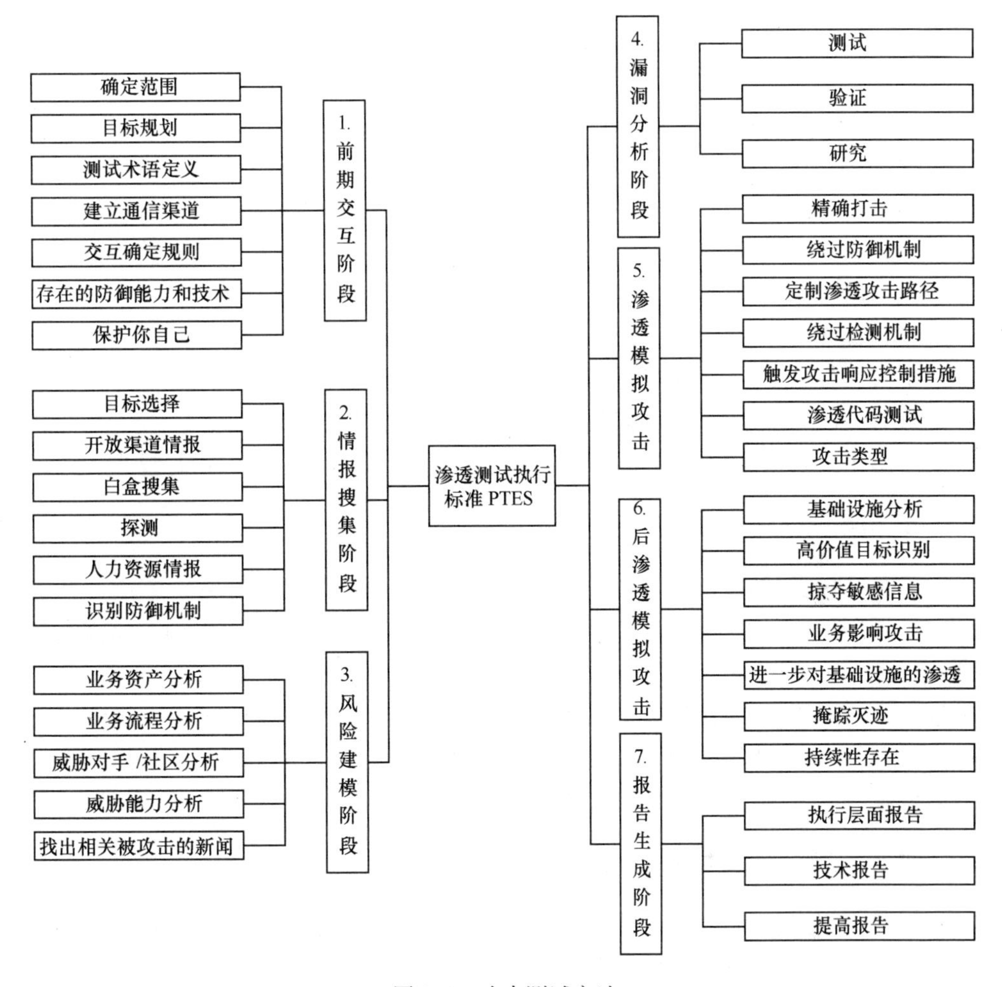

图8.4 攻击测试方法

获得成功。

(6) 后渗透测试阶段。攻陷并获取管理权限之后,还有很多后续的工作,其中每个过程都是关键环节。该阶段将以特定业务为目标,识别关键设施,寻找客户需要进行安全保护的信息和资产,需注意的是在测试过程中要不影响目标组织的正常业务。在该阶段,测试者要考虑清除系统和服务的日志,删除一些为了测试而上传的工具,有时还应该考虑对网络的影响或者可能存在的入侵检测和审计系统。另外,为了确保将来某个时候能拥有远程访问的权限,应该考虑安装后门等。

(7) 报告阶段。报告是渗透测试最为重要的因素,报告文档需提供渗透测试过程中进行的操作,获得的结果,发现的安全漏洞和弱点,以及提出如何修复这些漏洞的建议。

8.3 风险评估

大型信息系统的安全评估从形式上主要分为风险评估和基于标准的评估。

风险评估主要是从产品的角度出发，基于风险评估理论，采用信息资产、面临威胁、存在脆弱性作为计算要素，根据相应算法计算每个信息资产可能存在的安全风险事件和风险值，得到的计算结论是针对每个信息资产的系列风险值，最终也可以根据风险值划分风险等级。

基于标准的评估主要是依据标准、根据标准规定的判断因素，分析评价系统/产品的安全性，也可以根据标准具体规定内容判断分析系统/产品的安全等级。具体的评价方法由标准规定，不同的标准存在不同的评价方法。

本节主要针对大型信息系统风险评估的要素及风险评估流程进行描述。

8.3.1 风险评估的要素

评估指标、评估模型是完成大型信息系统风险评估的关键要素。不同评估需求决定了所使用的评估模型和评估指标。评估指标和评估模型可以为了实现某种评估目的单独使用，也可以结合使用。风险评估[63]主要依据评估模型完成，基于标准的评估主要依据评估指标完成。评估方法是贯穿于评估指标和评估模型中的，它说明的是方法论的问题，是如何使用评估要素计算得到最终所需评估结论的方法问题。

8.3.1.1 安全评估指标

目前不同组织颁布的标准面向对象不同，适用范围也不同，刻画信息安全的角度和层次不同，描述内容的侧重点也不同，导致使用某一信息安全评估标准无法全面覆盖对信息系统的全部安全要求。通过建立全面的整体安全指标体系，用于满足用于分析、评价信息系统安全性的指标体系，综合各方面因素，综合分析得到系统整体安全状况。

大型信息系统安全评估指标体系采用“总目标层—子目标层—要素层—措施层—指标层”的五层基本结构。在五层评估指标体系中，低层要素是对上层要素的细化，对高层要素的评定需要依据低层要素的评定结果。

(1) 总目标层描述了实现信息安全的总体目标。

(2) 子目标层是对总目标层的分解，描述了实现总目标所需达到的更细的目标。

(3) 要素层是对子目标层的分解，描述了达到目标所需评定的要素。

(4) 措施层是对要素层的分解，描述了衡量要素所需采取的措施。

(5) 指标层是对措施层的分解，从更细粒度上描述衡量措施满足要求的指标。

指标层评估指标要素为一系列脆弱性。

各层评估要素对上一层评估要素的关系包括“与”、“或”，描述了低层评估要素的满足与高层评估要素满足之间的关系。大型信息系统安全评估指标体系结构如图8.5所示。

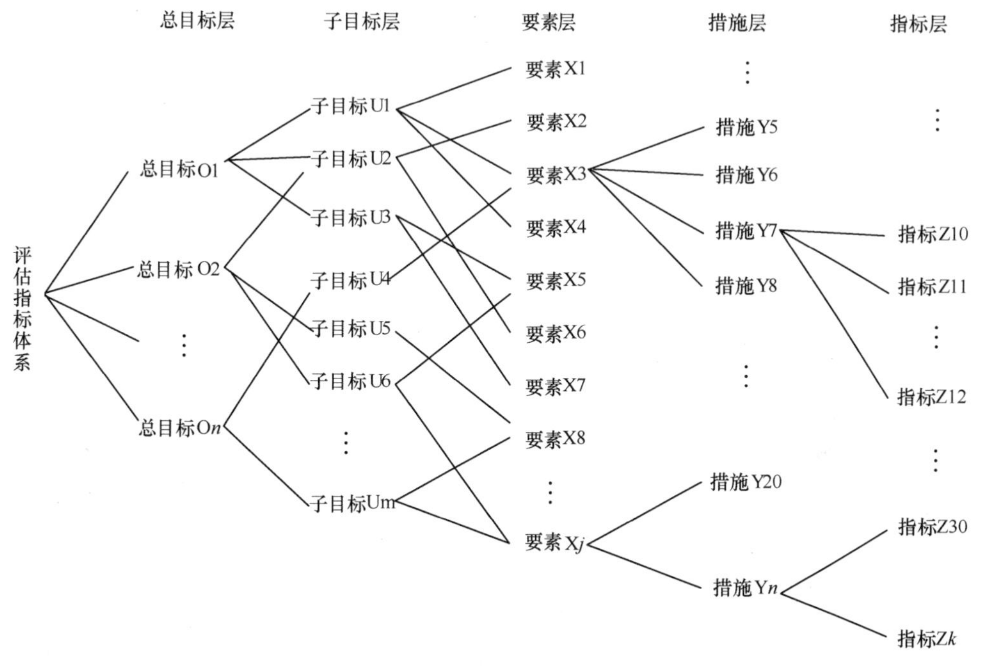

图8.5 大型信息系统安全评估指标体系结构

8.3.1.2 安全评估模型

衡量大型信息系统安全性主要受两方面因素影响：一是具体的评价需求，例如，用户希望重点评价系统的抗攻击性，希望评价系统中安全设备的效能，希望得到网络系统安全整体评价结论等；二是网络系统安全的不同属性，例如，从物理、系统、运行、应用等方面考虑的系统安全性，从终端、服务器、网络设备、网络安全设备等资产组成状况等方面考虑的系统安全性等。

安全评估模型包括评估要素、评估要素关联关系、模型的处理过程三个部分。

安全评估要素指在安全评估过程中必须考虑的影响系统安全性的组成部分、影响因素和相关因素，确定了评估模型所能实现的评估功能。

安全评估要素关联关系指各个要素在安全评估过程中相互之间的因果关系。

模型的处理过程指模型通过分析、计算，得出安全性评估结论。

安全评估模型总体结构如图8.6所示。安全评估模型的输入为进行安全评估所需要的基本要素；模型的处理过程是对评估要素进行组合、关联，并通过相应的计算方法进行计算；模型的输出为信息安全评估的相关结论。

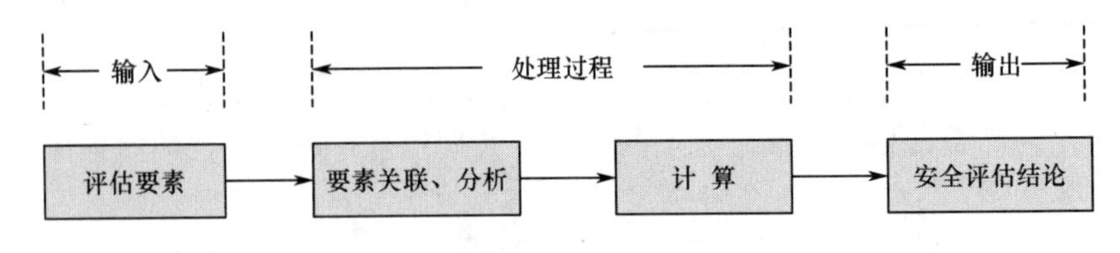

图 8.6　安全评估模型的总体结构

8.3.2　风险评估的流程

大型信息系统风险评估流程如图 8.7 所示，包括风险评估准备、资产识别、威胁识别、脆弱性识别、已有安全措施的确认、风险计算等几个步骤。

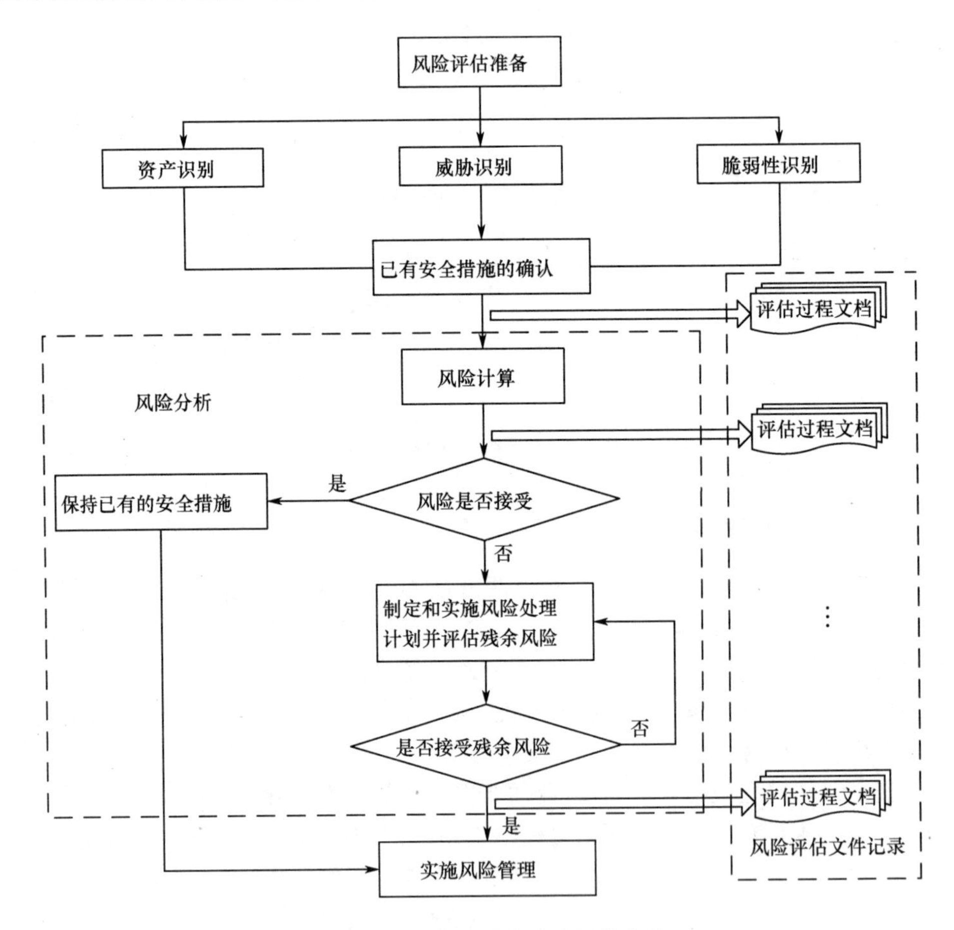

图 8.7　大型信息系统风险评估流程

8.3.2.1　风险评估前期准备

对大型信息系统实施风险评估前，应该进行必要的前期准备工作。前期准备的目的就是为协调和执行所有后继评估活动奠定基础。前期准备阶段的主要工作包括以下四个方面的内容。

1）确定评估团队

评估团队指实施风险评估项目的人员组成。通过选取具有风险评估知识、具有良好沟通交流能力，以及具有良好分析能力的人员，构成了对大型信息系统进行安全性评估的评估团队，并对团队中的成员进行分工。

2）明确评估范围

风险评估范围可能是组织全部的信息及与信息处理相关的各类资产、管理机构，也可能是某个独立的信息系统、关键业务流程、与客户知识产权相关的系统或部门等。

3）确定评估方式

安全性评估从识别系统的资产入手，确定重要资产，着重针对重要资产分析其面临的安全威胁并识别其存在的脆弱性，最后综合评估系统的安全风险。

4）设计调查表

调查表是用来协助完成获取组织信息的一种工具。根据所确定的评估方式，以及系统的实际情况，分别设计资产调查表、威胁调查表、管理方面脆弱性调查表等。

8.3.2.2 资产识别

资产识别主要是确定大型信息系统中的资产类别，并根据资产的相关属性评价资产的价值。

资产有多种表现形式，同样的两个资产也因属于不同的信息系统而重要性不同，而且对于提供多种业务的组织，其支持业务持续运行的系统数量可能更多。对大型信息系统资产识别首先要将信息系统及相关的资产进行恰当的分类，如终端、数据、软件、硬件、服务、文档等。

可以使用保密性、完整性和可用性作为评价资产的三个安全属性。风险评估中资产的价值不是以资产的经济价值来衡量，而是由资产在这三个安全属性上的达成程度或者其安全属性未达成时所造成的影响程度来决定的。安全属性达成程度的不同将使资产具有不同的价值，而资产面临的威胁、存在的脆弱性，以及已采用的安全措施都将对资产安全属性的达成程度产生影响。

8.3.2.3 威胁识别

威胁识别主要是确定大型信息系统面临的安全威胁、威胁发生的频率，以及资产和威胁之间的相互影响关系，即资产面临的威胁。

威胁可以通过威胁主体、资源、动机、途径等多种属性来描述。造成威胁的因素可分为人为因素和环境因素。根据威胁的动机，人为因素又可分为恶意和非恶意两种。环境因素包括自然界不可抗力因素和其他物理因素。威胁作用形式可以是对信息系统直接或间接的攻击,在保密性、完整性或可用性等方面造成损害,也可能是偶发的或蓄意的事件。

判断威胁出现的频率是威胁赋值的重要内容,评估者应根据经验和(或)有关的统计数据来进行判断。在评估中,需要综合考虑以下三个方面,以形成在某种评估环境中各种威胁出现的频率。

(1) 以往安全事件报告中出现过的威胁及其频率的统计。

(2) 实际环境中通过检测工具以及各种日志发现的威胁及其频率的统计。

(3) 近一两年来国际组织发布的对于整个社会或特定行业的威胁及其频率统计,以及发布的威胁预警。

可以对威胁出现的频率进行等级化处理,不同等级分别代表威胁出现的频率的高低。等级数值越大,威胁出现的频率越高。

8.3.2.4 脆弱性识别

脆弱性识别主要是确定大型信息系统存在的脆弱性、脆弱性严重程度,以及威胁可利用的脆弱性,即威胁和脆弱性之间的相互影响关系。脆弱性是资产本身存在的,如果没有被相应的威胁利用,单纯的脆弱性本身不会对资产造成损害,即威胁总是要利用资产的脆弱性才可能造成危害。

脆弱性识别是风险评估中最重要的一个环节。脆弱性识别可以以资产为核心,针对每一项需要保护的资产,识别可能被威胁利用的弱点,并对脆弱性的严重程度进行评估;也可以从物理、网络、系统、应用等层次进行识别,然后与资产、威胁对应起来。脆弱性识别的依据可以是国际或国家安全标准,也可以是行业规范、应用流程的安全要求。对应用在不同环境中的相同弱点,其脆弱性严重程度是不同的,评估者应从组织安全策略的角度考虑、判断资产的脆弱性及其严重程度。信息系统所采用的协议、应用流程的完备与否、与其他网络的互联等也应考虑在内。

脆弱性识别时的数据应来自于资产的所有者、使用者,以及相关业务领域和软硬件方面的专业人员等。脆弱性识别所采用的方法主要有问卷调查、工具检测、人工核查、文档查阅、渗透性测试等。

脆弱性识别主要从技术和管理两个方面进行,技术脆弱性涉及物理层、网络层、系统层、应用层等各个层面的安全问题。管理脆弱性又可分为技术管理脆弱性和组织管理脆弱性两方面,前者与具体技术活动相关,后者与管理环境相关。

可以根据对资产的损害程度、技术实现的难易程度、脆弱性的流行程度,采用等级方式对已识别的脆弱性的严重程度进行赋值。由于很多脆弱性反映的是同一方面的问题,或可能造成相似的后果,赋值时应综合考虑这些脆弱性,以确定这一方面脆弱性的严重程度。

8.3.2.5 已有安全措施确认

安全措施的确认应评估其有效性,即是否真正地降低了系统的脆弱性,抵御了威胁。对有效的安全措施继续保持,以避免不必要的工作和费用,防止安全措施的重复实施。对确认为不适当的安全措施应核实是否应被取消或对其进行修正,或用更合适的安全措施替代。

安全措施可以分为预防性安全措施和保护性安全措施两种。预防性安全措施可以降低威胁利用脆弱性导致安全事件发生的可能性,如入侵检测系统;保护性安全措施可以减少因安全事件发生后对组织或系统造成的影响。

已有安全措施确认与脆弱性识别存在一定的联系。一般来说,安全措施的使用将减少系统技术或管理上的脆弱性,但安全措施确认并不需要和脆弱性识别过程那样具体到每个资产、组件的脆弱性,而是一类具体措施的集合,为风险处理计划的制定提供依据和参考。

8.3.2.6 风险计算

根据资产识别、威胁识别、脆弱性识别的结果,即根据资产的价值、威胁发生频率、脆弱性严重程度,以及资产、威胁、脆弱性之间的相互影响关系,计算资产的风险值,并确定资产的风险等级。

8.3.3 大型信息系统风险评估

大型信息系统[63]中,资产种类、数量多,系统面临的安全威胁多样,安全性评估涉及的范围广,因此在对大型信息系统进行评估时,可以从系统组成和系统安全属性两个层面考虑[64],如图8.8所示。

(1) 从系统组成的层面看大型信息系统的安全性。网络系统由各类信息设备组成,包括终端类、服务器类、网络设备类、安全设备类、存储设备类等,每个设备的安全性,包括终端N1…、服务器S1…、存储设备G1…,都是刻画网络系统安全性的必要组成部分。

(2) 从系统的安全属性看大型信息系统的安全性。目前主要从物理安全、网络安全、数据安全、应用安全、安全管理等方面衡量系统的安全性,每个安全属性下又包含多个衡量指标,包括物理安全Pv1…、运行安全Rv1…、安全管理Mv1…,针对这些安全属性的判断是刻画网络系统安全性的必要组成部分。

由此可见,对于大型信息系统的安全评估,可以从系统组成维度开展,通过判断每个组成设备的安全状况,进而判断系统整体安全性;也可以从系统不同安全属性维度开展,通过判断系统不同属性的安全状况,进而判断网络系统整体安全性。而且可见对于大型信息系统的评估,不论从哪个维度开展,实际都存在横纵维度的交叉。例如,分析终端、服务器等的安全性,其存在脆弱性的分类也是遵循物理安

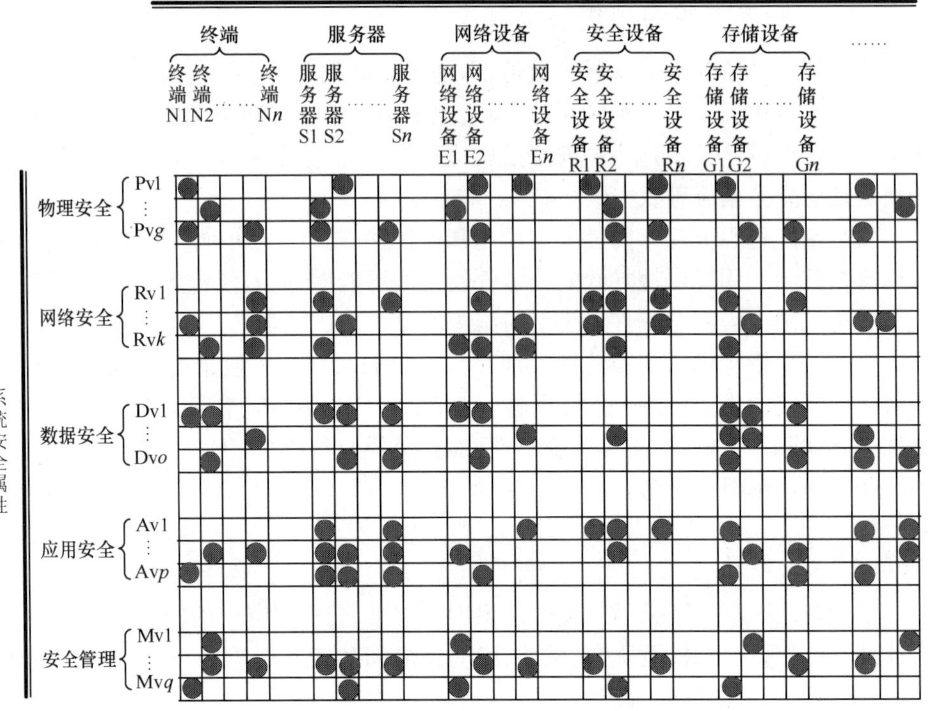

图 8.8　大型信息系统安全评估维度

全、运行安全等划分；而在分析网络系统物理安全、运行安全等属性时，其安全性的判断最终也是落实在物理安全、运行安全等涉及的终端、服务器等设备上。

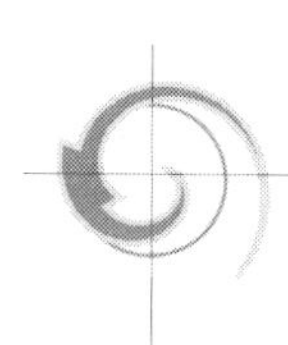

第9章 大型信息系统信息安全工程与自主可控

随着现代科学技术的发展，以及信息技术广泛深入的应用，信息系统在政府、企业、军事、金融、交通等领域的应用越来越广、规模越来越大、结构越来越复杂，并逐渐成为国家建设的重要基础设施，关乎各行各业的稳定、健康运转。由于大型信息系统往往关乎国计民生，确保其自主可控至关重要。

本章首先对大型信息系统自主可控的必要性进行论述，其次对自主可控的概念、自主可控技术和产品的发展现状进行分析，最后结合大型信息系统的特点提出了信息安全工程自主可控建设的基本原则。

9.1 大型信息系统自主可控的必要性

国家政府部门、企业、通信、金融、交通等领域中用来感知、接收、存储和传输信息的系统已经发展到了前所未有的规模。由于这些大型信息系统应用众多、结构复杂、覆盖地域广阔、涉及的部门和人员众多，面临的信息安全问题也越来越突出。尤其是一些涉及国家秘密、关系国民经济和社会发展的重要业务系统的信息，安全级别也就更高，必须在安全机制上做到万无一失。

但是，由于我国在信息技术领域关键核心技术受制于人的问题仍然十分突出，国防、政府、金融、能源、工业控制等关键基础设施仍过分依赖国外的产品和技术。产品中无意的漏洞，以及基于某种敌意设置的后门，都将严重地威胁到国家安全。在国外网络攻击的强大威胁下，面临的信息安全风险将不断加大。当前，我国关键基础设施的芯片处理器、元器件、网络设备、存储设备、操作系统、通用协议和标准等大都依赖进口。这些国外技术和产品难以控制的木马、漏洞和后门问题，使得网络和系统更易受到攻击，敏感信息泄露、系统停运等重大安全事件多发，安全状况堪忧。由于关键基础设备不自主所带来的安全风险日趋严重，因此，迫切需要确保信息系统的自主可控、安全可信。

1）为适应高强度的网电空间对抗形势，必须建立自主可控的信息系统

随着信息技术的发展，网络电磁空间对抗已成为新的信息战对抗形式。西方发达国家通过制定与推行国家政策、完善网络战组织机构、大力发展网络攻击技术、研制网络对抗武器装备、开展大规模网络对抗演练等手段，积极抢占网络电磁空间优势，以咄咄逼人之势，竭力谋求其在网络电磁空间领域的霸主地位。

在高强度网电空间对抗形势下，我国信息基础设施面临严峻的安全威胁，急需提升信息安全防护能力，而自主可控正是信息安全的基石。目前，我国大量使用国外软硬件基础设施，存在木马、后门、漏洞等严重的安全隐患。在近期的“棱镜”事件中显示，美国国家安全局通过棱镜项目，数百次入侵中国网络，持续攻击香港互联网中枢和清华大学主干网计算机，并通过 Google、微软、思科等厂商监控中国网络和电脑，窃取大量信息，极大威胁了我国信息网络及系统的安全。为此，需要基于自主的软硬件技术，构建自主可控的信息系统，消除因依赖国外产品而带来的安全隐患，从根本上筑牢安全防护根基。

2）为响应国家信息安全战略，必须提升自主可控的信息安全防护能力

针对当前日益严峻的网络和信息安全问题，党中央、国务院及国家有关部委高度重视信息安全保障工作，要求加强信息安全体系建设，并发布了一系列政策性文件用于指导信息安全体系建设。

2004 年 9 月，中共十六届四中全会把信息安全与政治安全、经济安全和文化安全提到同等高度。2011 年 3 月，发布《国民经济和社会发展第十二五个五年规划纲要》，对“加强网络与信息安全保障”提出了明确要求。2011 年 11 月，工业与信息化部发布《信息安全产业“十二五”发展规划》，对信息安全产业的发展进行了顶层规划和指导，要求加强基础安全软硬件平台架构研究。2012 年 6 月，国务院发布《关于大力推进信息化发展和切实保障信息安全的若干意见》，对重要信息系统和基础信息网络的安全防护能力提出了新的要求，用以指导我国的信息化推进和信息安全保障规划。

目前，我国信息系统安全防护能力明显不足，信息安全防护体系建设滞后于信息化整体发展：信息安全总体水平不高，专业力量不足，技术手段比较薄弱，关键软硬件自主可控程度较低，与信息技术快速发展、大规模应用的趋势不相适应，与日益增长的信息资源开发利用需求不相适应。因此，急需面向我国关键行业的信息防护需求，开展自主可控信息安全防护系统建设，提升信息安全防护的整体水平。

3）为确保大型信息系统安全、可信、可靠运行，必须建立互相依存、相互支撑、一体化的自主可控安全防护体系

近年来，国产化软硬件平台的推进速度得到极大的提高，以龙芯系列处理器、飞腾系列处理器为代表的国产 CPU，以麒麟操作系统为代表的国产基础软件等都取得了巨大突破，产品成熟度大大提高，已基本可满足信息系统的基本能力要求。这些国产化软硬件平台主要侧重于自主化相关功能的设计实现，能够有效防范国

外产品可能存在的后门、木马等安全隐患。但自主并不等同于安全[65]，国产软硬件平台仍无法满足高安全等级的应用要求，需要对其进行安全加固。而目前传统的安全防护技术、网络安全产品甚至安全体系架构，核心部件均由国外的通用软硬件平台构成，导致其自身的安全性和抗攻击性不足。同时部分安全防护产品主要采取“打补丁式”的外围加固防护机制和策略进行设计，难以应对高强度对抗条件下的安全威胁。为此，必须基于国产软硬件平台建立一套适合于大型信息系统安全防护需求的自主可控安全防护体系。

9.2 自主可控的概念辨析

最近，在国家和政府部门的相关政策、发展规划，学术会议上，经常能够发现“自主可控”的身影，并且往往和“安全”一词关联在一起，有的甚至将“自主可控”和“安全”等同起来，提安全必提自主可控。这一现象在斯诺登曝光的“棱镜门”计划之后变得更加普遍。实际上不能简单地将“自主可控”和“安全”等同起来，没有自主可控无法最终解决安全问题，但是做到了自主可控未必能够绝对的安全。要真正地理解“自主可控”首先需要辨析清楚“自主”、“国产化”、“可控”和“安全”这四个词的内涵[65,66,67]。

“自主”简单说来就是现有的技术和产品能够完全自主研发、完全拥有技术和产品的知识产权，并按照自己的意愿自主控制技术和产品的发展，真正做到了核心技术和产品在手。“自主”不能简单地理解成“国产”，目前很多产品的国产化在核心技术方面还依赖与国外的商业或开源产品，只是进行了二次封装开发。这样的国产化产品的核心技术并不真正掌握在自己手中，只能是一种半自主化，核心技术依然受制于人，仍然存在不可控的因素，安全隐患依然存在。“可控”可以理解为虽然东西不一定是自己自主生产的，但是能够保证它的行为轨迹和发展方向都在自己的掌控之中。“安全”也就是保证信息的机密性、完整性、可用性等。

“自主可控”，就是技术及产品自主设计研发，具有完全知识产品，且技术产品的发展以及行为都能由自己真正掌控。“自主可控”，首先是“自主”，其次才是“可控”，只有做到真正的自主，才能达到真正的可控，可以说“自主”是“可控”的必要条件。尽管自主可控不是安全的充分条件，但是只有真正做到了自主可控，才有可能进而实现真正的安全。大型信息系统往往关系国计民生，其自身建设以及安全防护系统的建设只有做到自主可控才有可能确保其安全运行。

大型信息系统的自主可控可以从狭义和广义两个方面来理解。从狭义上来讲，大型信息系统的自主可控主要是大型信息系统及其安全防护系统的相关产品技术的自主可控，即在大型信息系统及安全工程建设中，使用真正具有国产自主化的软硬件产品和技术，这是大型信息系统自主可控的实现基础。从广义上讲，大型信息系统的自主可控应该涵盖了大型信息系统信息安全工程规划、设计、研发、建设、运维建设的全过程、各环节的自主可控,而不是简单地使用自主可控的产品,这样才能构建完整的大型信息系统自主可控的安全防护体系。

9.3 自主可控技术和产品的发展现状

面对前所未有的网络空间信息安全威胁,党中央、国务院及有关部委高度重视信息系统的自主可控和信息安全,发布了一系列的政策规划,进行顶层规划和指导。在相关政策和具体项目的支持下,自主可控技术和产品得到快速发展,取得不少成果。

9.3.1 国家相关政策与项目支持

为大力扶持和发展自主可控技术和产品,国家通过"863"计划、"973"计划在基础研究领域提供支持,并专门设置了"核高基"(核心电子器件、高端通用芯片、基础软件产品的简称)重大科技专项。国家及相关部门提供相应的政策和项目支持,支持自主可控技术研究和产业化发展。

2006 年 1 月,国务院发布《国家中长期科学和技术发展规划纲要(2006—2020 年)》,规定要在未来 15 年加快发展 16 个重大专项,以解决信息、生物、资源、健康等战略领域的重大紧迫问题以及军民两用技术和国防技术。信息领域的"核高基"专项是 16 个重大专项中的第一项,由科技部领导,工业与信息化部牵头组织,它的实施将奠定我国信息产业的硬件和软件基础。2009 年 12 月 30 日,隶属工信部的核高基重大专项实施管理办公室发布了《关于组织"核心电子器件、高端通用芯片及基础软件产品"国家科技重大专项 2010 年课题申报的通知》,开始第一批课题申报。对该项目扶持将持续 15 年,国家财政每年专项资金投入规模将达到 20 亿元,加上地方配套资金后,平均每年投入规模将超过 40 亿元,前后项目累计投入资金 600 亿元。

在我国《信息产业科技发展"十一五"计划和 2020 年中长期发展规划纲要》的指导思想中,确立了"以提高自主创新能力为中心,坚持服务国家目标"的总体思路,并提出"通过关键信息技术的突破,解决信息网络与系统的自主可控问题,保障国家安全"的要求。自主可控成为我国信息网络和系统安全建设的指导原则。

工业与信息化部在文件《信息安全产业"十二五"发展规划》中对信息安全产业的发展提出顶层规划和指导,强调"发展安全芯片、安全操作系统、安全数据库、安全中间件以及高可靠基础密码设备、可信主机与可信终端设备、可信计算平台、可信软件配置管理工具等部署在主机及其计算环境中的产品,加强对基础安全硬件平台架构研究,促进安全硬件平台快速发展"。

为大力推广自主产品的使用,国家在等级保护、政府采购等相关政策上提供支持。《信息安全等级保护管理办法》第二十一条明确规定:"第三级以上信息系统应当选择使用符合以下条件的信息安全产品：产品研制、生产单位是由中国公民、法人投资或者国家投资或者控股的，在中华人民共和国境内具有独立的法人资格；产品的核心技术、关键部件具有我国自主知识产权。”我国《政府采购法》也明确要求政府采购应当采购本国货物、工程和服务，并强调了国产优先的原则和支持自主创新的要求。

9.3.2 典型的自主可控技术与产品

为了突破发达国家在计算机关键部件和器件上对我国的制约，在国家有关部门大力支持下，经过多年技术积累，我国自主可控技术已经取得较大突破，形成了涵盖处理器、外围器件、操作系统、中间件、数据库在内的国产关键软硬件体系和系列化产品。

9.3.2.1 国产处理器

经过多年发展，目前已经形成了包含通用处理器、嵌入式处理器和DSP的系列化自主产品。通用处理器以龙芯系列处理器、飞腾系列处理器以及PKUnity86系列处理器为典型代表；嵌入式处理器以聚芯处理器、UniCore系列处理器、天睿-1000处理器以及C*core系列处理器为典型代表；在DSP领域也具有系列化的自主产品。

9.3.2.2 芯片

目前，国内在套片组、外围总线控制器、显示芯片、FPGA等方面取得了一定成果。

龙芯、飞腾、UniCore等国产处理器已经把北桥功能和功能接口模块集成到处理器芯片中，目前国内正在开展南桥芯片的研制工作；目前已经实现了部分总线控制器的国产化，如深圳国微研制的1553B控制器SM61865、RS-422控制器SM16C552均可替代国外公司的相应产品；目前国产自主显示芯片主要以景嘉微电子有限公司生产的高性能专用图形芯片JCGF1109为代表。该芯片支持OpenGL ES，支持2D/3D硬件图形加速，最高分辨率支持1600×1200，支持2通道1GB DDR II显存；采用PCI接口，66MHz/32bit；芯片运行时钟150MHz，整体性能与ATI公司的M9相当；目前国内典型的FPGA产品主要是深圳国微研制的SMQV600，该产品与国外Xilinx公司的XQV600相兼容。

9.3.2.3 国产基础软件

目前国产自主操作系统已取得阶段性成果，出现了银河麒麟服务器操作系统、中标麒麟桌面操作系统等通用自主操作系统；在嵌入式领域形成了“天熠”、ReWorks等嵌入式实时操作系统，技术上已经达到2005年国外同类产品的水平。

国产数据库以达梦 DM、神州软件 OSCAR 等通用数据库,以及"天熠"、金仓 KingbaseES 等嵌入式实时数据库等为代表。目前达梦 DM、神州软件 OSCAR 等通用国产数据库已经在我国部分省市的政府、银行和消防部门中得到应用,产品部分性能已经达到或超过 Oracle 9i。

在字处理软件方面,以 WPS Office、中标普华 Office、永中 Office 为代表的字处理软件产品已经在我国部分省市的政府部门中得到应用。

9.3.2.4 自主可控信息安全产品

自主可控信息安全产品主要包括防火墙/VPN、IDS/IPS、UTM、信息加密/身份认证、终端安全管理、安全管理平台、操作系统安全加固产品、内容安全管理等多种软硬件产品,涉及企业众多,如启明星辰、网神、东软、天融信、北信源、卫士通等。目前国产信息安全产品可基本替代国外同类低端产品。

9.4 大型信息系统信息安全工程自主可控的建设原则

自主可控是确保大型信息系统安全、可靠、可信运行的首要前提,因此大型信息系统及其信息安全系统建设都应在规划、设计、研发、建设、运维等过程中综合考虑自主可控的问题[66]。由于我国自主可控的技术和产品无论是在功能上还是性能都与实际应用还存在一定差距,尚无法完全满足大型信息系统的建设需求,无法做到软硬件平台完全的自主。在实际的系统建设过程中,为确保自主可控可以遵循以下要点:首先,要确保安全防护体系的自主可控,即大型信息系统的安全防护体系需要自主构建,综合考虑多方面的因素确保其可控;其次,要确保安全产品的自主可控,即在自主可控安全防护体系的指导下尽可能选用自主的安全产品,确实无法自主的产品应对其采用相应的防护手段确保其可控;最后,要确保安全技术的自主可控,即在安全防护体系、安全产品自主可控的基础上,尽可能采用自主可控的安全技术,采用非自主的技术需使用相应的技术来防范。

由于完整的大型信息系统信息安全工程自主可控是一个体系,要做到整体自主可控和局部自主可控的协调统一,大型信息系统信息安全工程的规划设计、产品选购、建设实施、应用研发、运维管理等各个环节都要符合自主可控的要求[66,67]。

9.4.1 自主规划设计、构建自主可控的安全防护体系

自主可控的规划设计是实现大型信息系统安全防护的基础。在规划设计时从指导思想、业务需求、技术使用、安全保密需求和运维管理需求等方面都要考虑到自主可控安全性的要求。大型信息系统信息安全工程规划时可以参考吸收国外的先进的理念和技术,但不能照搬照用,必须符合系统建设实际需要和满足安全保密、可管可控要求。

大型信息系统信息安全防护系统的管理者和使用者要提高规划设计的自主参与性，从开始就介入到整个系统的规划建设中，从而确保建设主动权时刻掌握在自己手中。同时，要根据国家关于信息安全等级保护和涉密信息系统分级保护的有关规定，同步落实等级保护和分级保护的相关要求，形成与业务应用紧密结合、技术上自主可控的信息安全防护体系。

9.4.2 做好产品选型、实现国外产品可替代

大型信息系统的信息安全工程建设往往涉及大量的子系统和产品，这些系统和产品不可能也没有必要完全重新开发，可以选购已有的成熟产品。在建立了自主可控的信息安全防护体系之后，产品的选型成为实现大型信息系统自主可控的关键环节。因为，不管构建的信息安全防护体系再怎么完善，再怎么自主，如果支撑它的基础产品全部选的国外产品，那么也还是做不到自主可控，更谈不上安全。

产品的选型涵盖大型信息系统及其信息安全工程建设的各个环节，只有各环节产品的自主可控，才有可能做到整个系统的自主可控。同时，为鼓励采用自主产品，《信息安全等级保护管理办法》、《政府采购法》等都有着明确的规定。

因此，大型信息系统自主产品的选择不仅是系统自身自主可控的需要，也是国家的明确要求。为了提高自主可控性的程度，大型信息系统建设中涉及软硬件产品的使用要做到同步自主化，即尽可能全面的实现全系列软硬件产品的自主化，形成一条完整的自主化产品使用链，自主化硬件产品与自主化软件产品、自主化软件产品之间紧密结合、环环相扣，构建信息安全防护的基石。但是，由于国内关键软硬件以及信息安全技术离国外还有一定差距，目前尚无法完全做到在大型信息系统信息安全工程建设过程中完全选用自主可控的产品。在自主可控信息安全防护体系的指导下，安全产品的选型应该遵循以下原则。

1）建立选型对比测试验证环境

在安全产品选型过程中，应该建立对比测试验证环境，通过典型应用验证来确定产品的最终选择。确定测评指标和模型，建立典型应用模拟测试验证环境，验证自主设备和产品对各类典型应用的支持能力；加强软件兼容性测试验证，验证自主产品对软件的支持、运行能力；加强基于关键软硬件的自主产品环境适应性验证，考核自主产品对应用环境的适应能力；建立功能性能测试环境，对自主产品进行全面的功能性能测试，并对测试结果进行评估，作为自主产品选型、采购、使用的参考依据。

2）国内有替代产品的，选用自主产品

对于大型信息系统中的核心和关键区域，国内有替代产品的一定选自主产品，尤其是国家重点扶持的产品；涉及国家秘密信息的业务系统，更要选择国家保密局认可的我国自主知识产权的产品。

3）必须采用国外产品的应做好风险评估和技术防范措施

在产品选型的过程中，能选择自主产品的选择自主产品，如确实是出于功能和性能考虑国内没有相应替代者，为了业务正常运行而必须选用国外产品的，要做到细致的风险评估，并根据风险评估的结果做好严格的技术防范措施，确保其可控。

9.4.3 做到核心技术在手、落实自主研发

要确保安全技术的自主可控，即在安全防护体系、安全产品自主可控的基础上，尽可能采用自主可控的安全技术，采用非自主的技术需使用相应的技术来防范，构建自主的信息安全技术体系。

技术最终落实在产品和系统上，因此相关的产品应该尽可能的自主研发。在研发过程中要注重安全编程，要加大对研发人员在安全开发方面的教育，使他们编出来的程序安全可靠。另外还要加强第三方检测方面的工作，已经编好的软件要从第三方加强漏洞的分析和处置等方面的检测，漏洞处置方面只靠供应商和用户，有时候是不够的。

9.4.4 自主建设实施

大型信息系统在建设实施过程中的自主可控也不容忽视，要重视数据中心选址和专网建设问题。重要业务系统信息中心应建立在专用可控场所内，涉密信息系统的信息中心更要远离涉外场所和人员复杂的公共场所，确保只有内部管理人员才能自主的对信息中心进行控制管理。

承载关键业务系统必须构建专网，对网络和服务器等设施的控制权要掌握在内部管理人员手中，在大型信息系统建设实施的全过程要做到可控，避免出现隐患环节。

9.4.5 做好自主运维管理

大型信息系统安全防护系统的运维管理，同样离不开自主可控。为避免管理人员和维护人员具有的高特权对大型信息系统的安全性和保密性带来隐患，必须构建完善的自主管理机制，建立相应的制度、规范和标准，确保大型信息系统的运行维护的可控。

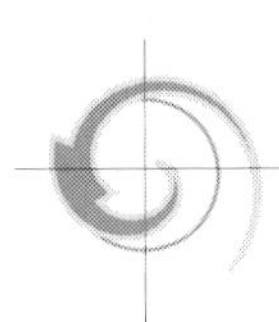

第10章 大型信息系统信息安全工程实践

随着我国的综合国力不断增强,近年来承办了很多世界级的大型赛事和活动,信息技术贯穿了大型赛会和活动的始终,为赛事的成功举办发挥了至关重要的作用。随着国家对信息化的重视,物联网、智慧城市项目在一些城市试点应用,对网络和信息安全也提出了新的技术需求。信息化技术的应用与新兴技术的发展,安全解决方案也应与时俱进,从而为信息系统的高效、可靠、可控的运行提供保障。

作者单位作为信息安全保障技术总体单位,负责了北京奥运会、上海世博会等大型赛事活动安保科技系统建设,涉及公共安全、安居、政务、交通等多个领域的物联网、智慧城市项目的信息安全规划设计、建设实施和运维,应用了多项信息安全技术,积累了深厚的大型信息系统信息安全工程实践经验。

同时,作者所在单位承担了大量国防科工局军民两用领域的国防基础科研课题、预先研究、型号研制等课题,涉及的大型网络的应用系统安全需求分析技术、信息安全保障体系构建、可信计算技术、网络安全管理和态势感知、应急响应技术、安全性测试评估技术等关键技术在大型活动安保系统安全保障体系中得到了成功应用,为规模大、结构复杂的信息系统网络安全保障提供了有力技术支撑,提升了网络安全整体协同防控能力。

本章分别以大型活动安保系统、智慧城市信息系统的网络安全保障工程的建设实例,阐述大型信息系统的信息安全工程建设经验和要点。

10.1 大型信息系统安全工程建设原则

大型信息系统安全工程的建设和实施遵循以下原则。

1) 系统安全工程思想的指导

以系统安全工程思想为指导,遵循系统安全工程生命周期,完成大型新信息系统安全工程建设。

2）充分考虑与应用系统的结合

信息系统安全的出发点和最终目的是保证信息系统的安全运行，因此安全设计要充分考虑与应用的融合，坚持满足应用需求，紧密结合应用，充分认识潜在的安全风险和威胁，立足安全防御，加强预警和应急处置，采取多种措施，重点保护基础设施和应用系统的安全。

3）整体安全体系的重要性

只有从整体规划、设计信息系统的安全体系，才能全面解决大型信息系统的安全问题，从而从全局纵观把握安全态势，以达到整体防护、不断改进提高安全性的效果，形成大型信息网络安全工程设计整体方案，作为工程分阶段实施和安全系统运行的指导依据。

4）技术体系遵循可靠性、实用性、合规化、可扩展性原则

在系统设计和设备选型方面充分考虑软件的健壮性和硬件的可靠性；紧密结合大型信息系统应用和特点，重点考虑系统的性能和用户接口，注重实用性和使用简便性；严格遵循相关的系统建设、软件开发标准、管理规范等，提高系统的标准化程度，符合国家网络安全和信息化的发展战略和政策、等级保护、分级保护；考虑到网络技术具有动态发展的特点，系统设计必须提供可扩展的体系结构，能根据业务发展的需要进行扩充而不影响或较少影响已建系统的正常运行，安全措施能随着安全需求、技术发展的变化扩展和升级，尽可能利用已有的设备投资。

5）安全体系自主化、可控性原则

大型信息系统中的设备、软件，优先选用国内自主研发产品；系统开发、实施、运维及服务提供商的选择，以国内厂商（不含外资背景）技术支持为主；选用国外产品的情况，应提前提交申请，且须经过充分的调研和技术论证，说明国内确实无该类产品的或国内同类产品不满足实际需求。

10.2 大型活动安保系统信息安全工程建设

大型活动[68,69]安保系统是集指挥、情报、综合通信、监视与控制、RFID、计算机与网络为一体的信息化系统，其目的是满足大型活动期间安保业务部门实现全方位、快速和准确的指挥控制，提高安保工作的反恐和处突能力。

大型安保信息网网络节点多、分布广、应用多样，同时介入安保指挥的部门较多，用户身份复杂，安全防控难度大，作者单位针对大型活动安保科技系统特点开展了信息安全保障体系框架规划设计、安全管理规范和标准制订等建设工作，利用综合的安全防护、安全监控管理、安全测试评估、应急协同响应等技术手段构建了大型活动安保科技系统信息安全保障体系。多项关键的网络安全技术的应用，成功保障了大型活动安保系统可靠、稳定地运行。

10.2.1 大型活动安保系统特点

总结归纳大型活动安保系统特点，对信息安全保障体系规划和建设具有重要的指导意义。大型活动安保系统主要具有以下特点。

1）系统部署范围广

安保系统部署物理位置分散，如2008年北京奥运会涉及北京全境，涵盖了安保前沿指挥中心、数个分区指挥中心、多个竞赛场馆、训练场馆和相关附属设施。部分应用系统如电子票证系统向京外延伸至全国赛区。

2）网络连接多

大型活动安保系统是一个业务相对独立的网络，内部涉及指挥中心与各分区指挥中心、各类场馆的连接，对外涉及与安保业务部门现有网络的连接，以及与其他非安保业务部门外部网络的连接。安全保障涉及服务、数据、网络、应用及设备等各个层面的安全。

3）业务应用多样、信息流复杂

大型活动安保系统业务应用系统多，涉及多类新建系统（如电子证件查验系统、安保指挥系统等）及已有业务系统的接入和融合，应用模式多样，设备分布广，数量多，管理复杂，多个应用系统间存在多种类型的信息流（视频、音频、数据）传递，部分业务系统还涉及和其他外部网络的数据交换。如电子票证系统需要从销售、注册、采集、制作等其他系统获得的信息进行正确关联、核对校验，再正确分发到查验前端设备上，才能实现观众和注册人员的正确电子查验并放行。部分业务系统支持的数据量达到TB级以上。

4）参与部门多，人员角色复杂

大型活动安保系统建设以公安部门为主体，因此安保力量以公安为主，辅以武警、安全等国家其他部门，还涉及保安、志愿者等社会相关力量。不同部门具体需求定位不一，涉及系统使用角色及权限亦有区别。

5）业务可靠性要求高，时效性强

大型活动的安保区别于常规的安保任务，活动或比赛期间，一旦系统出现问题，瞬间的业务中断将可能影响安保指挥，并可能造成负面的社会影响和舆论，由此引发的后果难以控制或弥补。因此大型活动的安保科技系统需要确保稳定、可靠运行，避免活动或赛事期间发生系统遭受破坏或停止运转，关键点须确保万无一失。

6）信息安全保障系统须满足灵活多变的安保目标需求

并非所有的大型活动和赛事的安全保障体系都是一成不变的，随着技术的更新和发展，以及具体承担安保工作的安保业务部门的建设现状和实际需求，不同的大型活动安保系统亦有个性的需求。如有的大型活动需要根据赛事或活动安排灵活机动成立临时指挥中心，安保系统应能随需应变满足要求。有的大型活动有固定的指挥中心，网络的顺畅则成为业务持续运行的关键。将大型活动安保系统和将来更为长远的赛后利用等结合的体系化建设，都是构建安全保障体系需要考虑的因素。

可以说，大型活动安保系统的巨复杂性、高可用性、强实效性、高安全性要求对系统的信息安全保障提出了挑战。

10.2.2 大型活动安保系统安全体系

10.2.2.1 大型活动安保系统安全域划分

针对大型活动安保网络和应用架构，划分其安全域为网络安全域和应用安全域。

1）网络安全域

网络安全域的划分如图 10.1 所示。

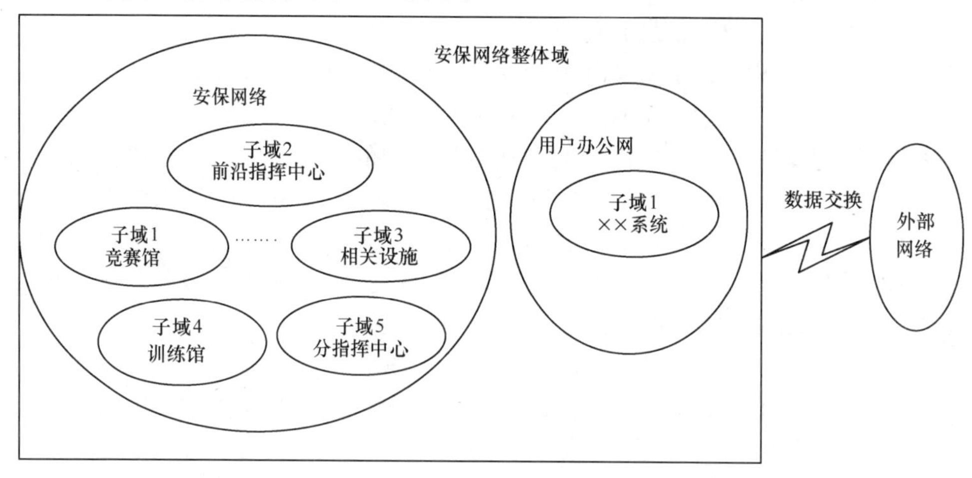

图 10.1 网络安全域划分

各子域就是前沿指挥中心、分区指挥中心、各连接场馆网（包括竞赛场馆、训练场馆网络和相关设施），以及用户现有的办公专网的系统等。整体域是全部子域的集合。全部子域共同构成了安保专网的整体安全域。

安保专网对应的网络安全域主要考虑的问题包括以下几点。

（1）在网络整体域需考虑的问题包括：

① 整体网络安全需求及措施。

② 子域网络间的关系。

③ 整体域与外部网络的关系。

（2）在网络子域需考虑的问题包括：

① 子域网络安全需求及措施。

② 子域网络与整体网络间的关系。

(3) 这种安全域划分方法在具体的实施中应遵循以下原则:

① 整体域的安全需求应覆盖各子域的安全需求。

② 不同子域的安全需求可以不同。

2) 应用安全域

应用系统域的划分方法与网络域的划分方法类似,也分为整体域和多个子域,如图 10.2 所示。

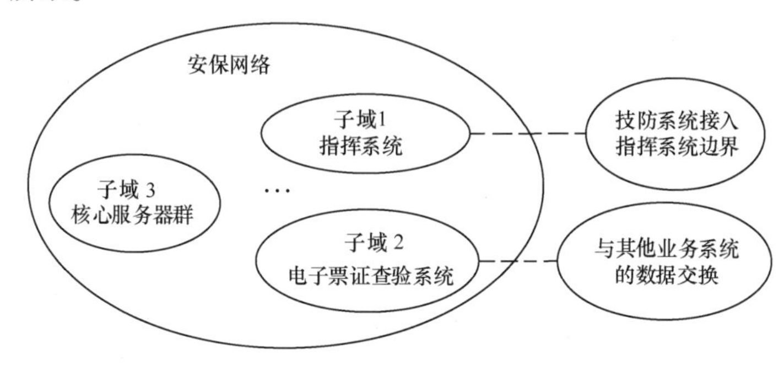

图 10.2 应用安全域划分

各子域重点考虑应用系统内部的安全需求及与整体域的接口关系,包括运行在安保专网上的安保指挥系统、电子证件查验系统等应用系统自身的安全,同时要考虑场馆业主自建技防系统、周界防范系统等接入安保指挥系统的接入点安全。其整体域安全重点考虑安保科技各应用系统的统一管理及相互关系。

安保应用系统域其在实施过程中也要遵循网络安全域的上述两条原则。

10.2.2.2 大型活动安保系统安全体系架构

要构建大型活动安保科技系统网络安全保障体系,达到整体安全效果,应全面考虑人、操作、技术因素,从组织管理、技术防护、服务保障三方面进行规划,实现对于安保专网动态、全面、深层次的信息保障,如图 10.3 所示。组织管理体系主要包括为了实现安保系统安全保障所需成立的组织和人员设置,制定相关管理规范、制度和策略。技术防护体系为实现信息保障采取的技术措施。服务保障贯穿系统建设、运维等系统生命周期过程,提供必要的技术支持和培训、安全测试评估、快速的应急处置等安全服务,全面保障安保系统的安全。

1) 组织体系

组织体系确定信息安全保障系统的实施、运行维护所需成立的组织以及人员设置,包括信息保障领导组、运行维护组、应急服务组。信息保障领导组负责信息安全系统信息保障系统的规划、设计、实施、运行维护等方面的决策制定。

运行维护组和应急服务组均属技术支持组织,接受领导办公室的协调管理,分别完成安全系统建设实施、运行管理、应急协调处置、测试评估等职能。

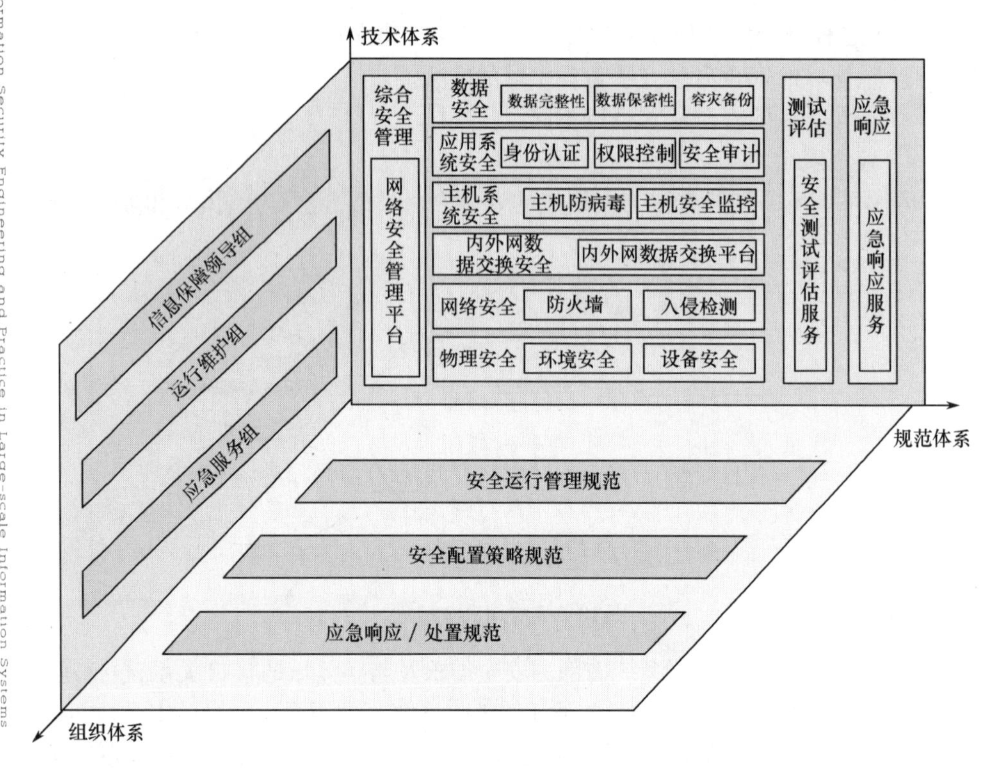

图 10.3　大型活动安全保障体系

2）规范体系

规范体系是对安保系统信息保障的有力支撑，明确规定信息安全保障系统运行、维护所需的相关标准、规定和制度等，和技术体系相辅相成，确保信息安全保障体系效能得以最充分的发挥。安全规范制度应贯穿安全系统工程生命周期全过程，包括实施（安装、调试、维护）过程规范、安全配置策略规定、安全接入规范、服务器、终端使用管理规范、网络运行规范、安全测试评估、应急预案等内容。

针对安保信息化的各类应用，建立完善的信息安全管理制度，规范安保系统相关应用系统的信息安全技术使用，规范信息系统安全建设的各项活动。对要求管理人员或操作人员执行的日常管理操作建立操作规程；形成由安全策略、管理制度、操作规程等构成的全面的信息安全管理制度体系。

3）技术体系

大型活动安保系统的安全保障系统技术中，安全防护和监测分别从网络安全、内外网数据交换安全、主机系统安全、应用系统安全、数据安全等几个方面进行建设，运营管理安全涵盖了网络安全管理平台、安全测试评估及安全保障服务。安保内外网数据交换平台实现安保专网与外网的数据交换。其中物理安全主要以相关的安全标准为依据,在具体建设时,由施工方和具体应用系统建设方在安全规划的指导下自行建设。对应用系统安全和数据安全制定安全规范和要求,指导应用系统建设方在系统设计和开发过程中,遵循安全需求和规程,实现应用系统自身的应用和数据安全。

10.2.3 大型活动安保系统信息安全关键技术应用

全面有效的安全技术体系是关键,在整个安保系统工程建设中,主要应用的关键技术包括:

1）大规模网络安全可信接入及运维的测试评估

细粒度的终端安全策略如图10.4所示。接入安保网络的终端安全策略包括监控策略和阻断策略。阻断策略适用于非法接入终端或未满足安全配置的接入终端,终端监控服务器执行阻断策略,从而对非法接入的终端进行阻断。终端监控策略适用于合法接入终端,终端监控服务器下发所有审计策略,根据不同类型的终端下发能产生网络阻断、设备禁用或报警提示等强制性策略。终端监控策略再细分为基础监控策略集和扩展监控策略集。基础监控策略集是针对所有接入终端制定的通用监控策略集合,扩展监控策略集是针对有特定应用需求的接入终端而定制的安全监控策略集合。

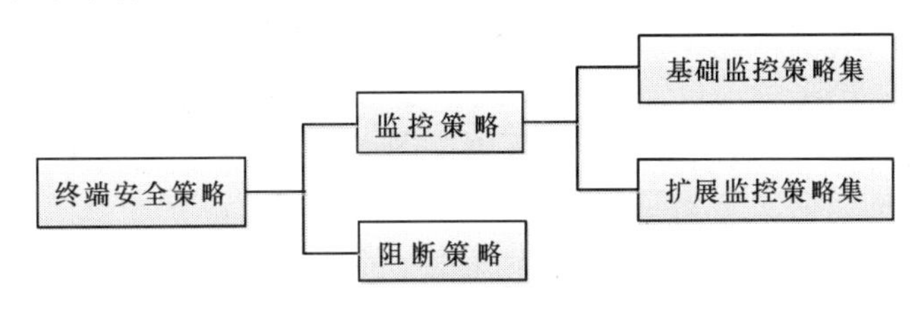

图10.4 细粒度的终端安全策略

安保工作介入的部门较多,需要根据各个部门的角色,在满足其特定应用需求的同时,也应对其资源访问、权限有所限制。细粒度的终端安全策略能够满足众多参与安保工作的部门各自的应用需求和安全防控要求。通过细化安全策略,能够杜绝非法的访问控制和合法用户的权限滥用。

多级防护机制强化安全和适时的运维评估。对接入安保网络的设备需经过主机登录认证、入网认证、应用访问认证等多层防护机制,确保入网设备和用户的安全可信,如图10.5所示。安保网络节点多、规模大,任何系统或设备在接入网络前,都要根据既定的安全测试评估方法进行安全测评,对不满足安全可信接入要求的进行修复和改进。对建设完成的场馆,根据相关权威机构发布的漏洞和安全事件信息公告,及时进行再次评估,从而实现循环的、动态的安全加固和提升。

2）网络安全事件源追踪及阻断技术

对正在发生或已发生的网络安全事件进行溯源,综合系统日志、安全审计信息

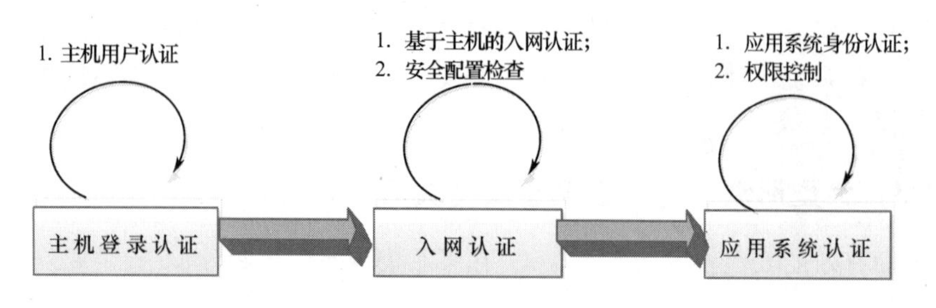

图 10.5　多级认证机制

等进行细致分析,追踪安全事件发生路线,过程主机、时间、内容等,最终定位事件源。对已确定的威胁源,可随时阻断其与安保网络的连接,或根据实际情况控制停止其对服务的请求。

3）跨域数据安全交换与隔离

为达到安保科技系统的安全需求,安保专网与其他网络之间采用物理隔离的措施,保障专网安全。但部分应用存在与其他网络间的数据交换,为满足相关需求,建设跨域隔离与数据交换系统,在满足物理隔离的条件下实现数据的安全交换。主要包括数据交换服务系统和网络隔离设备。数据交换服务系统由内交换系统和外交换系统两个子系统组成,能实现应用级身份认证、访问控制、应用代理、数据暂存等功能。网络隔离设备实现安保专网与其他网络间的安全隔离,根据安全策略,对出入安保专网的数据分别进行协议剥离、格式检查和过滤,实现安保专网和其他网络间的数据安全交换。

应用层面上,严格控制各类应用系统相互的信息交换安全策略,保障高安全等级的业务系统数据安全和业务可持续性。对于业务系统重要过程的严格权限控制,通过强身份认证和审计保障操作过程的安全性。

4）关键设备、链路、数据和应用的容灾

整体上,针对大型活动安保指挥中心、活动或比赛举办的主会场或场馆相关的网络链路、设备等实现了冗余备份措施,关键数据和应用设计了实时备份和热切换,全面考虑物理损毁和网络故障等情况下关键数据和应用的快速恢复。局部上,充分评估单点故障产生的后果,避免单点失效对全局安保指挥决策带来的不良影响。考虑第一时间内针对各类事件采取应急响应措施,保证业务的连续性。

5）大规模网络安全管理技术

针对安全设备和系统部署分散,管理复杂的问题,通过网络安全管理运维平台能够对异构安全设备集中的安全策略配置管理,实现了应急响应处理过程中安全策略的快速调整,缩短响应时间。

基于多源事件关联的安全动态管理技术实现了对分散的安全系统、大规模的、多源的安全事件的动态采集和分析,其部署示意如图 10.6 所示。综合各个场馆的

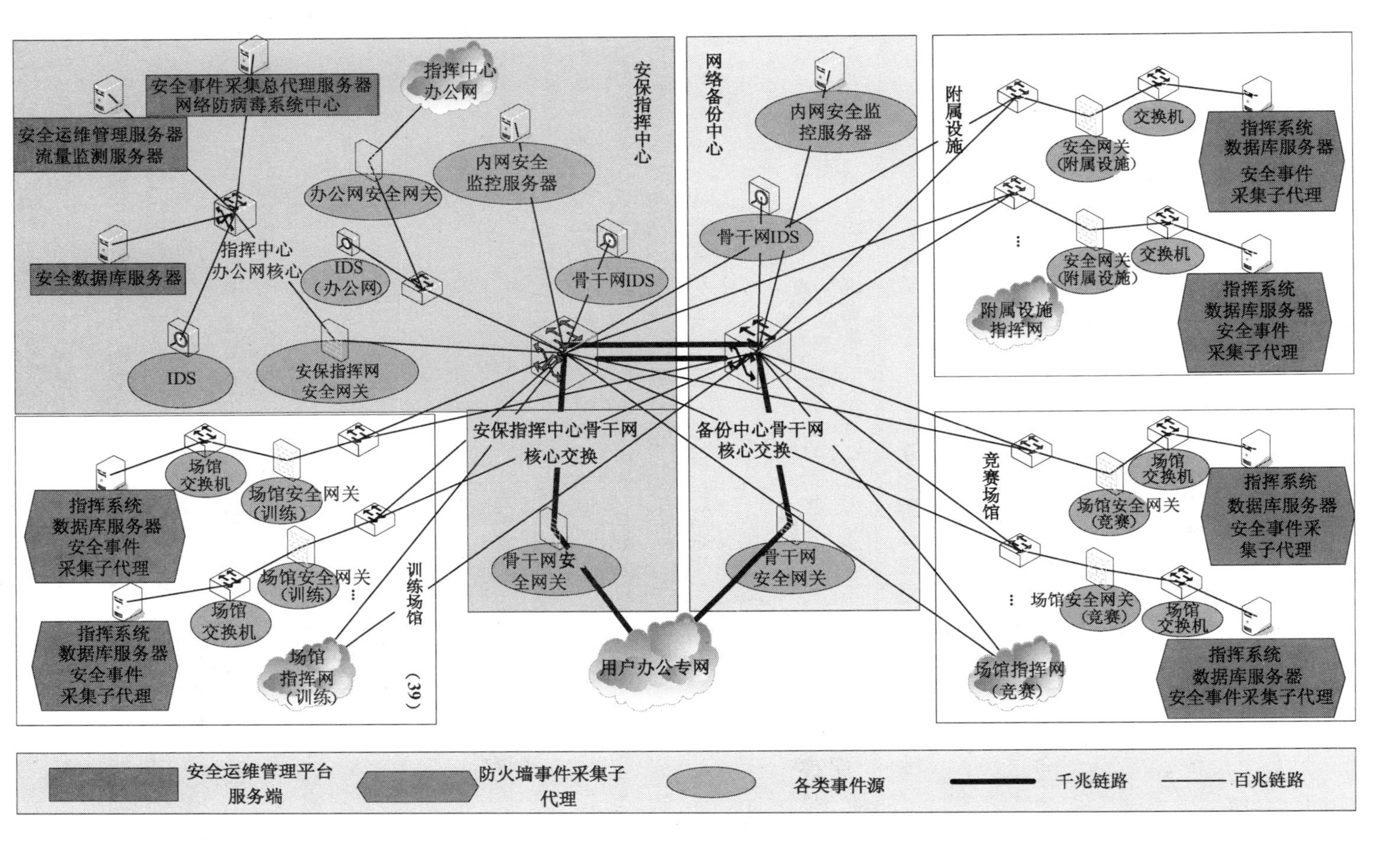

图10.6 安全运维管理部署示意图

各类安全事件,包括病毒、入侵信息、漏洞信息、终端安全事件、异常流量、审计日志等进行关联分析,去除误报,提炼出可能造成安全隐患的安全告警及安全预警态势。以此为依据,从全局角度出发,及时动态地调整网络安全系统,达到整体安全策略配置最优化。实现了在安保指挥中心集中统一的、实时的侦测和展示,随时掌控各个网络域及整体网络安全的运行动态和趋势。

6) 应急协同技术

大型活动安保系统接入设备、系统较多,当出现问题时,通常需要各方人员共同协同处理,及时定位并解决问题。通过应急响应协同技术,能够使得基于文本的应急响应预案过程电子化、可视化,能够实现应急响应任务执行过程的监控,辅以即时会话让参与应急响应的人员及时交流和协商具体问题处置情况,为应急预案的可控执行、快速的应急处置争取了时间。

10.2.4 信息安全工程项目管理要点

结合大型赛事活动安保信息系统特点,在信息系统安全工程中,其方案设计、建设实施和运维保障过程中项目的管理要点如下。

10.2.4.1 方案设计阶段

(1) 充分调研,确定信息安全需求,有针对性地构建安全体系。

构建信息安全技术体系时,调研应用系统和网络状况,包括系统的设计结构、部署和使用模式、应用和数据的流向、安保信息网络状况等,如各场馆的带宽需求(包括最大峰值情况)、每一个接入网络的设备的型号参数和配置、网络具体连接等,从而有针对性地制定安全方案和安全策略,并对应用和网络建设的安全提出指导建议,保障了后续安全方案实施和运维的可行性。

(2) 管理上了解应用的计划、进度等安排,制定可行的信息安全保障计划,确保项目进度有序和可控。

了解安保各个应用系统的计划进度安排,根据应用系统的建设方案、建设进度、各环节的相关人员,提前制定安全管理规范,落实好各实施环节的联系机制,便于及时发现问题,及时通报,及时响应和处理。

在系统安全过程生命周期发现问题随时记录,随时汇报,根据问题的重要、紧急、解决的难易程度,信息安全项目组会及时组织商讨,及时提出问题的解决方案并确保解决方案的落实。

安全满足于应用,服务于应用,信息安全项目组通过了解应用系统的计划、进度等安排,从而制定可行的信息安全保障计划,确保项目有序和可控的开展。

10.2.4.2 建设实施阶段

(1) 做好入网设备的登记备案管理,先行进行安全配置,确保设备和系统在建设实施过程的安全性。

任何一台接入安保信息网的机器在入网前，记录该机器的信息，指定唯一的IP 地址，在完成操作系统的安装后，首先进行安全配置，然后应用系统的建设人员按照安全管理的操作规范进行应用系统的安装，保证了入网机器的合法性、机器接入网络前的安全性，规范了所有接触设备和系统人员的安全操作。

(2)“最小访问控制原则”严格控制各个终端用户的访问权限。

根据应用的需求制定安全策略配置原则，在安全系统上设置既定席位可访问的权限，仅开放必要的服务和资源。如使用部门有额外需求，需向相关用户主责部门提出申请，提交信息安全组备案，再作策略的调配。

(3) 适时的安全测评，及时发现问题并改进。

跟进安保项目在各个场馆的建设进度，信息安全项目组在重要场馆建设完成后适时进行安全扫描、安全检查测评和渗透测试，及时发现和修复问题。在所有场馆建设完成，进行全网网络测试评估，根据评估结果进行修复和改进，减少了安全漏洞被利用从而导致安全隐患的概率。

10. 2. 4. 3 运维保障阶段

(1) 信息安全应急处置队伍的建立和培训。

构建一支以系统使用人员、系统设计研发人员、系统建设人员、安全专家、系统运维人员为主体的安全服务技术保障团队，赛前做好规划和培训，包括各类网络安全事件应急处置预案，通过讲座、现场指导操作、演练等多种方式结合提升人员安全意识，强化实际培训效果。

为保障赛时的快速应急响应，实行多级应急保障制度，每位保障人员利用移入期时间，必须了解各自负责的场馆路线、现场情况，熟悉系统，并配合指挥中心保障人员完成工作。现场保障人员的任务要求包括：对已建设完成的场馆进行安全系统运行状态检查，对新建设的场馆跟进安全配置，记录包括场馆位置、路线、网络结构、设备具体安装位置、安全系统运行状况、比赛场馆赛程信息、场馆联系人等详尽的信息。

(2) 活动举办期间/赛时的实时监控和保障服务。

赛时每天都对各个场馆采集的安全事件(包括入侵信息、病毒信息、漏洞信息等)进行综合分析，形成全网网络安全状况报告。根据网络安全状况，动态的调整安全策略，加固整体的安全防线。

保持各安全系统的及时更新，及时地进行漏洞检测和修复、安全事件预警，保障整体网络安全的可控性。例如，某个场馆发生了病毒，其他场馆能够及时获悉并作好防范。发现有漏洞的主机，适时地推送补丁，防止系统漏洞被利用而产生网络攻击事件。

(3) 结合活动日程/赛程安排,突出重点区域,强化保障措施。

结合大型活动和比赛的强时效性,部署的安全管理运维系统可结合各个场馆举办的活动和比赛日程,动态将当日有赛程的场馆网络安全级别提升,加强预警及处突机制,突出保障重点。

10.3 智慧城市信息安全工程建设

2008 年以来,"智慧地球"理念即在世界范围内悄然兴起,许多发达国家积极开展智慧城市建设,将城市中的水、电、油、气、交通等公共服务资源信息有机互联,智能化作出响应,更好地服务于市民学习、生活、工作、医疗等方面的需求,以及改善政府对交通的管理、环境的控制等。在我国,一些地区在数字城市建设基础上,开始探索智慧城市的建设。智慧城市[70]涵盖了城市管理运行的各个领域,涉及政府、企业和公众三大类服务对象,是一个典型的大型信息系统。智慧城市建设标准尚未形成,全面落地还未展开,信息安全保障体系还有较大的完善提升空间,本节结合实践,着重介绍智慧城市信息安全技术架构和几个关键技术点的应用。

10.3.1 智慧城市信息系统特点

智慧城市信息系统建设以物联网、云计算、大数据、移动互联等新兴信息技术[71,72]为核心,其特点主要概括如下。

1) 全面感知

感知是实现各类"智慧应用"的基础,全面感知即通过各类传感节点,如RFID、摄像头、二维码、红外感应器、GPS、智能终端等采集各类信息,并将不同类型、不同属性的信息传入智慧城市信息系统,实现智慧城市各个方面的智能分析和应用。

2) 广泛互联

智慧城市信息传输融合了多种信息网络,通过互联网、通信网、传感网、工业以太网等形成可以广泛承载各方面信息的网络基础,将各类数据和控制信息进行传递,实现物与物、人与人、人与物之间的互联互通。

3) 协同共享

智慧城市强化实现部门、行业之间的资源整合、信息共享,使得数据价值的利用达到最大化,打破原有的资源和应用孤岛模式,使得各个参与主体有机融合、高效协作,达到各类智慧应用的最佳运行状态和目标。

4) 智能应用

通过感知数据采集、多种互联方式接入、海量数据的协同共享,能够对信息的需求者,对城市管理、产业运作、公众服务等社会活动的各类主体做出智能响应,从而实现城市智慧化的管理和运行,促进城市的和谐以及可持续发展。

10.3.2 智慧城市信息系统安全技术体系

智慧城市信息安全技术体系服务于智慧物流、智慧制造、智慧安居等各类智慧应用，是其稳定可靠运行的基础，包括智慧城市基础平台安全、云安全服务和云安全智能三方面的内涵，如图 10.7 所示。

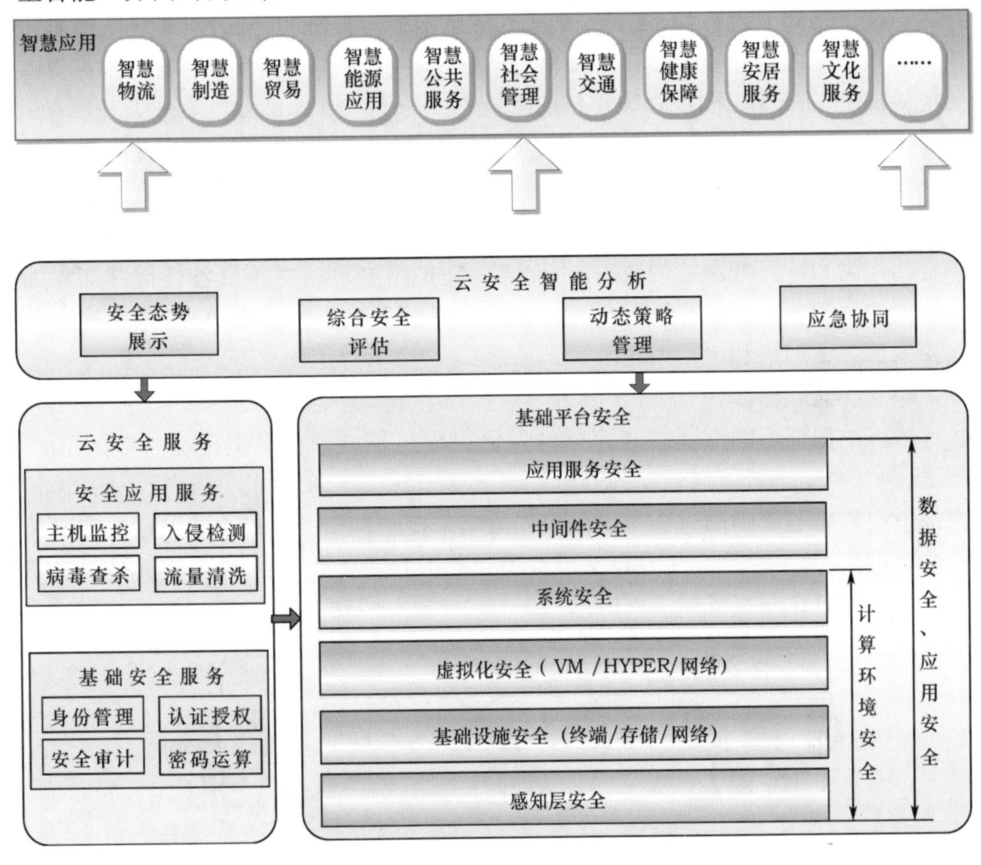

图 10.7 智慧城市信息安全技术体系

1）智慧城市基础平台安全

智慧城市基础平台的安全，即是保护以云计算、物联网、大数据等新兴技术为核心所构建的智慧城市信息系统平台本身的安全性，贯穿了感知层安全、基础设施安全、虚拟化安全、中间件安全、应用服务安全等方面。

2）云安全服务

云安全服务，主要是利用云计算技术给用户提供安全服务，遵循“安全即为服务”的理念，实现提供用户身份管理、认证授权、病毒防护、主机监控等安全功能。

3）云安全智能分析

云安全智能分析，主要利用云的技术增强信息安全分析和决策的技术能力，更及时地发现网络异常，进行更准确的态势预测分析以及更智能的协同防御。

10.3.3 智慧城市信息安全关键技术应用

1）感知层的安全设计

感知层的安全主要解决感知节点的认证、感知信息内容安全、感知传输安全等问题。其中感知节点认证，主要保证接入的感知节点身份的合法性、有效性和唯一性。感知信息内容的安全包括感知信息的保密性和完整性。感知信息传输安全包括传输加密、抗干扰、抗重放等安全措施。

实际建设中，感知设备类型多样，实现机理不一，标准尚未形成，因此感知层的安全保障需要从技术角度对感知设备进行分类，根据分类情况进行安全个性化的安全防护。比如具备存储和处理能力的感知节点，需要结合感知信息的重要性、其本身的存储和计算处理能力，选择不同强度的加密处理。对不具备任何存储和处理能力的感知节点，则通过汇聚信息的方式，将信息接入至安全节点，通过安全节点接入至骨干网络和应用系统。

2）可信虚拟数据中心

通过虚拟资源的强隔离和完整性保证提供可信的虚拟数据中心。如图 10.8 所示，同一个安全域依据相同的安全策略进行控制，而对资源的分配、资源的访问、内部虚拟机的通信则通过强制访问控制策略来控制。安全策略主要包括标签定义和冲突定义，其中标签定义是定义虚拟机和资源的安全上下文，冲突定义是限制哪些虚拟机可以在同一系统上同时运行。

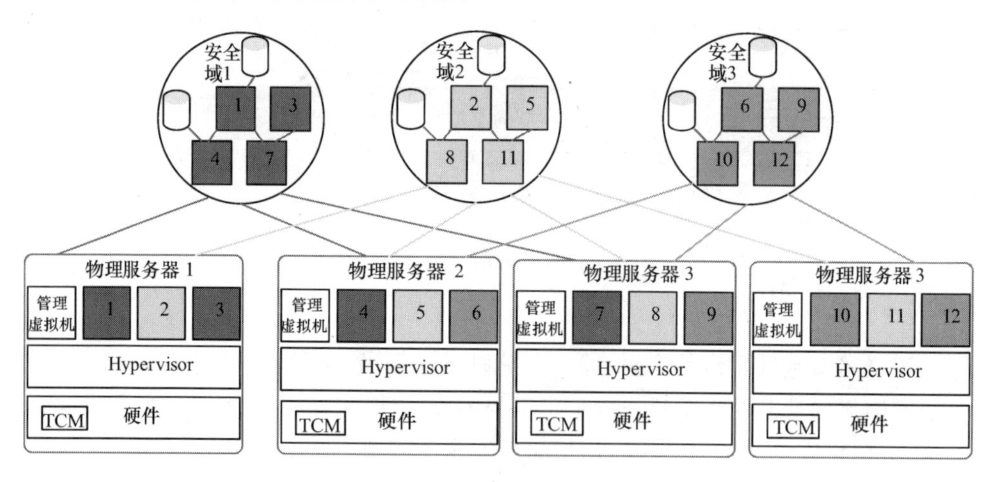

图 10.8 可信的虚拟数据中心视图

（1）多重安全隔离机制：采用基于角色的访问控制、分组管理实现物理数据中心管理员、虚拟数据中心管理员、多租户管理员等管理员权限划分与隔离；采用安全 Hypervisor 框架、基于策略的隔离控制实现虚拟资源隔离控制与共享；基于安全

标签的 VLan 划分与控制实现网络隔离。

（2）可信机制实现完整性保证：将物理服务器嵌入物理信任根 TCM，平台实现可信启动；通过 TCM 虚拟化、平台远程证明实现虚拟环境中的信任传递与管理。

（3）统一安全管理：实现用户身份与认证统一管理，对资源访问和行为进行审计，构建证据链，形成数据中心资源访问行为的统一监控与审计，采用虚拟防火墙、虚拟入侵检测系统实现虚拟环境的入侵防护。

3）集中管控安全

采用虚拟桌面的集中管控（即终端无存储），基本无计算或处理，系统以虚拟机形式在可信虚拟数据中心运行，如图 10.9 所示。

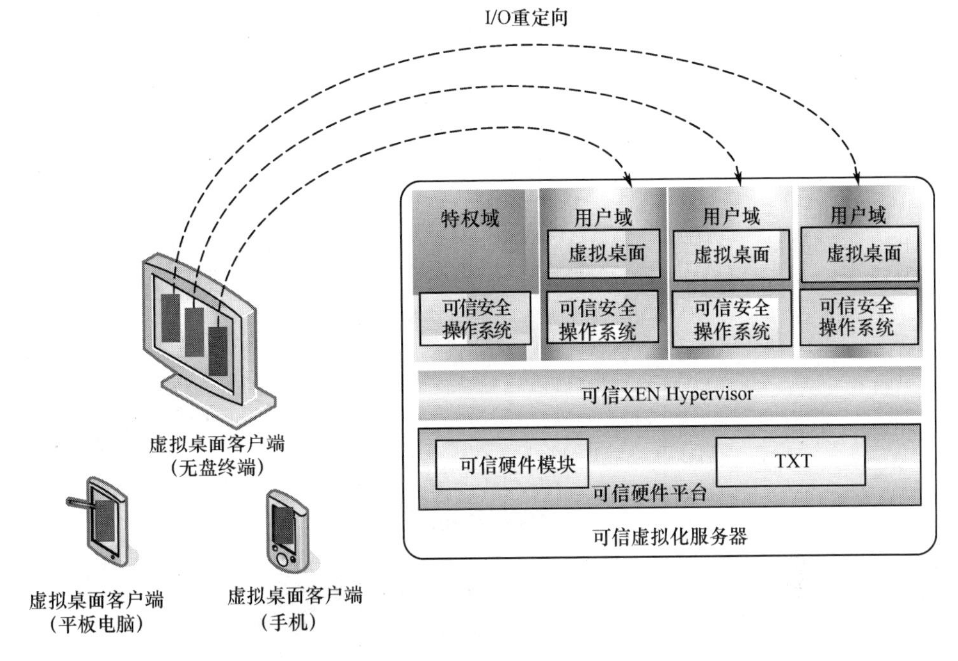

图 10.9 基于虚拟桌面的数据集中管控

操作系统流方式，终端有存储（可选），系统运行在本地，本地有处理能力，可信虚拟数据中心进行统一的操作系统镜像管理和应用软件管理，如图 10.10 所示。

无论是 I/O 重定向还是镜像加载，结合可信接入认证为各安全域建立专用安全通道，防止数据或控制命令被截获。对于采用操作系统流的集中管控，并且终端有数据处理和存储的需求的项目，还可采用专有文件系统进行终端数据存储，这样即使数据存储介质失窃或脱离可信数据中心的管控，数据也无法被读取，增强了安全保障，如图 10.11 所示。

4）IPV4/IPV6 双协议栈的安全保障

智慧城市结合下一代互联网，通常会出现 IPv4/IPv6 双协议网络共存的情况，安全考虑主要包括两个方面：一是安全设备或系统自身要适应 IPv4/IPv6 协议的

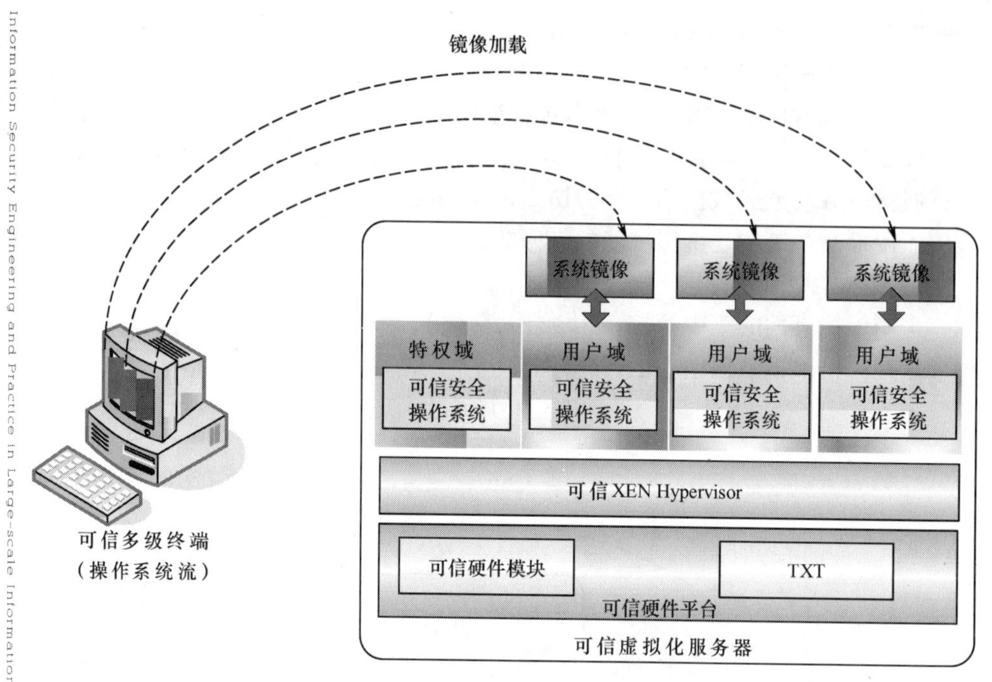

图 10.10　基于操作系统流的集中管控

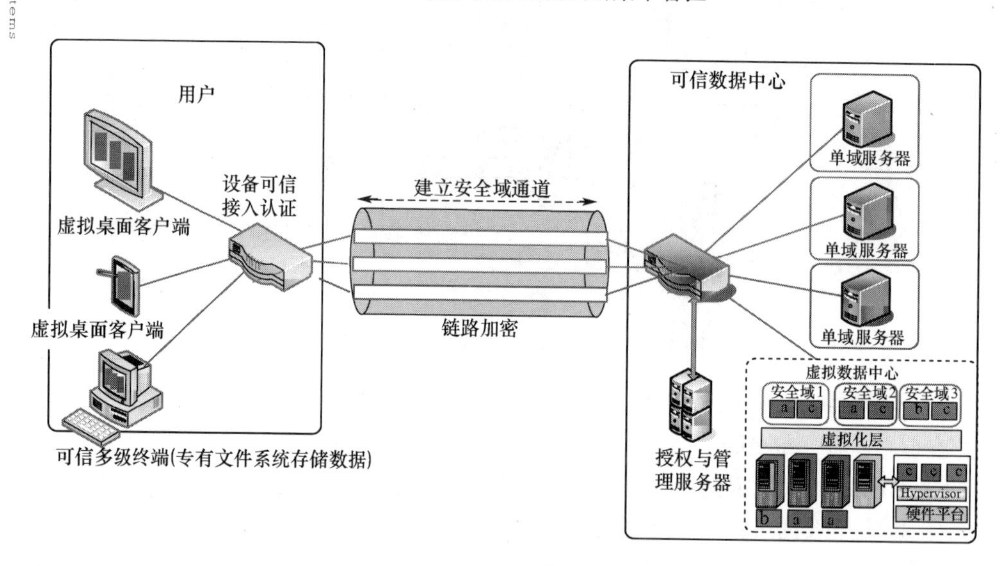

图 10.11　集中管控安全

通信，这是安全设备和系统正常运行的基础；二是安全设备和系统所具备的安全防护或检测功能能够支持 IPv4 和 IPv6 协议，防止基于协议分析的漏检测。

5）以云安全中心的模式提供云安全服务

把安全作为服务，面向用户进行发布，用户可自由选择所需的安全服务是智慧城市云安全服务的核心。由于有大量的用户会访问云计算中心的应用，访问终端所处的物理环境不确定、接入网络不确定、接入终端的形式不确定等多种因素构成了终端对云中心访问的巨大风险。例如，在终端访问发起时，云中心可以首先对终端进行基线检查，不符合最低安全要求的终端可以向云安全中心请求安全服务，提升安全性，满足基线要求后即可访问云计算中心资源。

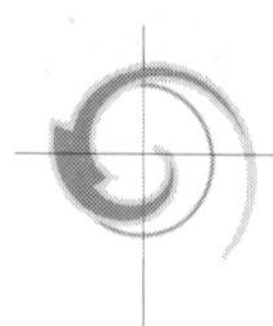

参考文献

[1] 涂彦序,王枞,郭燕慧. 大系统控制论[M]. 北京:北京邮电大学出版社,2005.

[2] 孟凡强. 大系统理论及其在工业中应用[OL]. 中国工控网,http://blog. gkong、com/meng fanqiang 22151. ashx, 2006.

[3] Mohammad Jamshidi. Large scale systems:modeling,control,and fuzzy logic[M]. Upper Saddle River,NJ,USA: Ptentice - Hall,Inc. 1996.

[4] Ultra - large - scale system[OL]. http://www. wikipedia. com.

[5] Ultra - Large - Scale Systems The Software Challenge of the Future, SEI, 2006.

[6] 透视美国. 网络空间国际战略[R]. 赛迪报告, 2011.

[7] 透视美国. 网络空间行动战略[R]. 赛迪报告, 2011.

[8] 李一军. 基于 SSE - CMM 的信息安全工程的开发思想和方法[J]. 情报学报,2002(5).

[9] 谢小权, 马瑞萍. 系统安全工程能力成熟度模型(SSE - CMM)及其应用[C]. 第十八次全国计算机安全学术交流会论文集,2003.

[10] 刘颖, 基于 SSE - CMM 的电子政务安全体系结构的研究[D]. 北京:电子科技大学,2007.

[11] 郭乐深. 信息安全工程技术[M]. 北京:北京邮电大学出版社, 2011.

[12] 石文昌, 梁朝晖. 信息系统安全概论[M]. 北京:电子工业出版社, 2009.

[13] 沈昌祥. 可信计算的研究与发展[J]. 中国科学杂志,2010(9).

[14] 冯登国. 可信计算技术研究[J]. 计算机研究与发展,2011(8).

[15] 张焕国, 赵波. 可信计算[M]. 武汉:武汉大学出版社,2011.

[16] 彭双和. 信息系统认证体系结构及相关技术研究[D]. 北京:北京交通大学,2006.

[17] 许大卫. 基于主机入侵检测的先进智能方法研究[D]. 无锡:江南大学,2010.

[18] 王志鹏. 基于 IntelVT 的内存虚拟化技术的研究与实现[D]. 北京:电子科技大学,2010.

[19] Pfleger C, Pfleeger S. 信息安全原理与应用(第四版 英文版)[M]. 北京:电子工业出版社,2007.

[20] 刘建伟, 王育民编著. 网络安全—技术与实践[M]. 北京:清华大学出版社,2005.

[21] Menezes A, Oorschot P, Vanstone S. Handbook of Applied Cryptography[M]. CRC Press, October 1996.

[22] Li J, Krohn M, Mazires D. Secure untrusted data repository (SUNDR)[C]. In OSDI, December 2004.

[23] Vishal K, Yongdae K. Securing Distributed Storage: Challenges, Techniques, and Systems[C]. In Proceeding of the 1st ACM Workshop on Storage Security and Survivability, Fairfax, Virginia, USA, November, 2005.

[24] Freier A, Karlton P, Kocher P. The SSL Protocol Version 3. 0. Internet Draft [C]. Networking Group, March 1996.

[25] Kent A , Atkinson R. Security architecture for the Internet protocol[C]. RFC 2401, Network Working Group,

November 1998.

[26] D. E. Denning and D. K. Branstad. A taxonomy for key escrow encryption systems. Communications of the ACM, 39(3), 1996.

[27] Denning D, Bellare M, Goldwasser S. Descriptions of Key Escrow Systems [OL]. http://www.cosc.georgetown.edu/~denning/crypto/Appendix.html, February 1997.

[28] Axelsson S. Intrusion detection systems: A survey and taxonomy[R]. White Paper, Chalmers University, Sweden, 2000.

[29] The NFS distributed file service[R]. SunSoft, November 1995.

[30] Pawlowski B, Shepler S, Beame C. The NFS version 4 protocol[S]. SANE 2000, May 2000.

[31] Shepler S, Callaghan B, Robinson D. NFS version 4 protocol[S]. RFC 3530, April 2003.

[32] Gibson G, Nagle D, Amiri K. A case for network - attached secure disks[R]. Technical Report CMU - CS - 96 - 142, Carnegie Mellon University, Pittsburgh, Pennsylvania 15213 - 3890, 26 September 1996. http://www.pdl.cs.cmu.edu/NASD/.

[33] Gibson G, Nagle D, Amiri K. Filesystems for network - attached secure disks[R]. Technical Report CMU - CS - 97 - 118, Carnegie Mellon University, Pittsburgh, Pennsylvania 15213 - 3890, July 1997.

[34] Reed B, Chron E, Burns R. Authenticating network - attached storage[C]. IEEE Micro 20, 1 (Jan. 2000), 49 - 57.

[35] Azagury A, Canetti R, Factor M. A two layered approach for securing an object store network[J]. In Proceedings of the First IEEE International Security in Storage Workshop, December 2002.

[36] Factor M, Nagle D, Naor D. The OSD security protocol[C]. In Proceedings of the 3rd International IEEE Security in Storage Workshop (2005): 29 - 39.

[37] Leung A, Miller E, Jones S. Scalable security for petascale parallel file system[C]. in Proc. of SC07, Reno, NV, USA, Nov. 2007.

[38] Kher V, Kim Y. Decentralized authentication mechanisms for object - based storage devices[J]. In Proceedings of the Second IEEE International Security in Storage Workshop (SISW'03).

[39]薛矛,薛巍,舒继武,等. 一种共享存储环境下的安全存储系统[J]. 计算机学报,2011.

[40]陈兰香,网络存储中保障数据安全的高效分法研究[D]. 武汉:华中科技大学,2010.

[41] 伏晓,蔡圣闻,谢立. 网络安全管理技术研究[J]. 计算机科学,2009,36(2).

[42] 牛晓丽,王荣. 网络安全管理平台专利技术现状与发展简析[J]. 计算机安全,2011(3).

[43] 2012—2013 中国信息安全产品市场研究年度报告[R]. 赛迪报告,2013.

[44] Mark N, Kelly M. Magic Quadrant for Security Information and Event Management[J]. 24 May, 2012, ID:G00227899.

[45] 王红艳. 大数据处理技术初探[C]. 中国宇航学会计算机分会专业委员会 2013 年度技术交流会议文集,2013,(5):245 - 253.

[46] 中国电信安全管理平台(SOC)推广和建设指导意见[R]. 2009.

[47] 51CTO 技术博客. 专注安管平台[R/OL]. http://yepeng.blog.51cto.com.

[48] Endsley M. Situation awareness global assessment technique (SAGAT)[C]. Aerospace and Electronics Conference. 1998.

[49] Bass T, Gruber D. A glimpse into the future of id[OL]. 2010 - 04 - 01. http://citeseerx.ist.psu.edu/viewdoc/summary? doi = 10.1.1.27.7115.

[50] Bass T. Intrusion Detection Systems and Multi - sensor Data Fusion: Creating Cyberspace Situational Awareness[J]. Communications of the ACM. 2000.

[51] Shafer G. A Mathematical Theory of Evidence[M]. Princeton: Princeton University Press, 1976.

[52] 石波,谢小权. 基于D-S证据理论的网络安全态势预测方法研究[J]. 计算机工程与设计,2013,3(34):821-825.
[53] [美]沙姆韦. 网络安全事件响应[M]. 段海新,译. 北京:人民邮电出版社,2004.
[54] 马欣,张玉清,顾新,等. 一种面向响应的网络安全事件的分类方法[J]. 计算机工程,2004.
[55] 刘宝旭,马建民,池亚平,等. 计算机网络安全应急响应技术的分析与研究[C]. 2007.
[56] 陈晨. 操作系统安全测评及安全测试自动化的研究[C]. 北京:北京交通大学,2008.
[57] 吴峰,贲可荣. 系统安全测试能力成熟度模型框架研究[J]. 计算机与数字工程,2011,36(2):128-132.
[58] 郑理华. Web应用安全测试评估系统的研究与实现[D]. 国防科学技术大学,2005.
[59] Kennedy D, Gorman J, Kearns D. Metasploit渗透测试指南[M]. 北京:电子工业出版社,2012.
[60] 于磊,屈樊,吴礼发. 漏洞扫描技术研究[J]. 2007通信理论与技术新发展——第十二届全国青年通信学术会议论文集,2007.
[61] 赵俊阁. 信息安全工程[M]. 武汉:武汉大学出版社,2008.
[62] 徐中伟,吴芳美. 基于测试的安全性评估[J]. 计算机工程与科学, 2001,23:(5):94-96.
[63] 冯登国,赵险峰. 信息安全技术概论[M]. 北京:电子工业出版社,2009.
[64] 向宏,傅鹂,詹榜华. 信息安全测评与风险评估[M]. 北京:电子工业出版社,2012.
[65] 杜跃进. 自主可控不等于安全[J]. 信息安全与通信保密,2010(12).
[66] 梁明君,张莉莉. 电子政务系统自主可控的研究与实践[J]. 信息网络安全,2010(5).
[67] 朱培栋,胡罡,等. 自主可控信息系统研发建设需求与计算机网络人才培养[J]. 教育教学论坛,2011(9).
[68] 高建新,舒首衡. 大型活动信息系统网络安全监控研究[J]. 实践探究, 2010(1).
[69] 宋媛媛. 大型安保与我国警务机制改革法律研究[J]. 济南:山东大学,2010.
[70] 张永民. 智慧城市总体方案[J]. 中国信息界,2011(3).
[71] 中国通信学会. 智慧城市白皮书. 智慧城市论坛,2012.
[72] 云安全联盟. 云计算关键领域安全指南[S]. 云计算安全论坛,2009.

内 容 简 介

本书共分为 10 章。第 1 章介绍大型信息系统的概念、分类、特点，提出其存在的安全脆弱性和面临的挑战；第 2 章介绍大型信息系统在建设过程中必须考虑的信息安全目标，提出信息安全需求分析方法、技术，对安全标准和规范进行总结，提出在信息安全方案设计过程中的元素、方法、技术；第 3 章至第 7 章对大型系统信息安全建设过程中重点的计算环境安全、网络安全、数据安全、安全管理、应急响应等关键技术进行讲解，提供实际解决案例分析；第 8 章结合大型信息系统的特点论述实施安全性测试与评估的过程与方法；第 9 章面向自主可控的发展需求，提出大型信息系统信息安全工程自主可控建设的原则；第 10 章从大型活动安保系统网络安全保障系统和智慧城市信息安全保障系统两个方面论述大型系统信息安全的实践过程。

本书能够为大型系统信息安全工程实践的规划、实施、管理提供有效的行业指导，适用于从事信息系统建设、实施，以及系统测评的技术和管理人员，适用于信息安全从业人员。

The book is made up of 10 chapters. Chapter 1 introduces the concept, classification and characteristic of large - scale information systems, and indicates threatens and challenges the large - scale information system is facing. Chapter 2 introduces the information security target in the construction process of large - scale system, and put forward the demand analyses methods and information security standard. Chapter 3 to Chapter 7 focuses on environment security, network security, data security, security managing, emergency and responding, and provides cases and schemes. Chapter 8 discusses the procedure and method in carrying outsecurity testing and assessing. Chapter 9 puts forward mastered principles of information security engineering in large - scale information system. Chapter 10 presents practical experiences in large - scale security - guard system and smart city security system.

This book may help those who are planning, implementing or managing information security engineering in large - scale information systems, it is also for those engaged in information security industry.